田中宗

轟木義一
田村亮
白井達彦
所裕子 著

弱点克服

大学生の
熱力学

東京図書

まえがき

　本書『弱点克服　大学生の熱力学』では，多くの大学の理工系学部や教養課程において初期に触れるであろう熱力学の基本や，今後，基本的な熱力学を応用させたより専門的な学問を学ぶ上での基礎となる概念をおさえるための標準的な問題を取りまとめました．筆者自身の経験を踏まえても，大学理工系学部において初期に触れる物理学の中で，熱力学の理解のハードルは高いものです．物理的実体を掴むことが困難な抽象的な概念が次々に登場することがその一因でしょう．物理学は長年の蓄積に基づく学問ですから，じっくりと腰を落ち着けて着実に理解することが大切です．その際に理解の助けとなるのが，実際に自分自身で問題を解き，また，その解説をしっかり読み解くことだと筆者は考えます．

　本書は6章から成ります．1章では，熱力学の基礎を学びます．ここでは温度の導入や理想気体，実在気体などの導入など，熱力学を学ぶ上で基本となる事項について取り上げました．2章と3章ではそれぞれ熱力学第1法則や熱力学第2法則を学びます．この部分は，大学の理工系学部において初期に学ぶ熱力学の中心的話題です．4章と5章は熱力学の講義の最後の方で触れる話題となるかもしれません．これらは統計力学と呼ばれる現代物理学の分野にもつながる重要な話題です．6章では，1章から5章までで取り扱わなかった発展的なトピックについて触れています．

　大学理工系学部や教養課程における熱力学の初学者や，大学院入試を控え熱力学を復習したいという人たちなど，様々な人々に利用していただくため，問題はなるべく標準的な問題とし，解説と解答を充実させました．必要に応じて，最低限知っておくべき数学的な話題についても取り扱っています．本書の問題を何度か解いた後，本書の問題の条件を少し変えて自作問題を作って解いてみるなどの工夫をすると，より深い理解をすることが可能になります．本書を学び，より発展的なことについて学びたいという意欲ある人たちが増え，より進んだ話題に挑戦されることを心より願っています．

　1章は所と田中が，2章は轟木と田中が，3章は田中が，4章は田村が，5章と6章は白井が主に担当し，最後に互いにすり合わせを行いました．本書の企画と

iv

編集の過程において，東京図書のみなさんには大変お世話になりました．原稿の再三の遅れにも関わらず辛抱強く対応いただき，深く感謝の意を表します．

2021 年 9 月

田中 宗，轟木 義一，田村 亮，白井 達彦，所 裕子

★問題の頁数のあとのマス目は，自分の理解の度合いを記入しておくのにご利用ください.

Chapter **3** 熱力学第 2 法則 **75**

Chapter **4**　微視的熱理論　　　　　　　　　　　　　　　**117**

Chapter **5**　相平衡・相転移　　　　　　　　　　　　　　**161**

Chapter **6** 発展的なトピック 　　　　　　　　　　　　　**203**

■カバー・表紙デザイン 高橋敦

Chapter 1

熱力学の基礎

　温かい，冷たい，というのは，物体の状態の違いである．
この状態の違いを温度として表すことが，熱力学の出発
点である．ふたつの物体を接触させるとき，熱が出る方
（熱を提供する方）を温度が高いといい，熱が入る方（熱
を受け取る方）を温度が低いという．ふたつの物体の間
に熱の移動がない場合は，そのふたつの物体の温度は同
じで，熱平衡の状態にあるという．熱平衡状態にある物
体の物理量は，状態方程式を用いて表すことができる．
この章では，まず温度の概念や状態方程式を学び，これ
から熱力学を学ぶための準備をしよう．

| 問題 | 01 | 水熱量計 | 基本 |

熱容量 70 J/K の容器に，20 °C，100 g の水が入った水熱量計がある．これに，100 °C に熱した 200 g の金属球を入れて十分に時間が経つと容器，水，金属球の温度は共に 30 °C となった．ただし，水の比熱を 4.2 J/(K·g) とする．

1. 熱が外に逃げて行かないとして，金属球の比熱を求めよ．
2. 実際に実験を行うときには，熱は外部に逃げていく．実際の金属球の比熱は 1 で求めたものより大きくなるか，小さくなるか，変わらないか．

解説　**熱容量**：ある物体の温度を 1 K だけ上昇させるのに，必要な熱量を熱容量という．熱容量の単位は，J/K である．すなわち，ある物体に熱量 Q を加えたとき，温度が T から $T + \Delta T$ だけ上がったとき，温度 T における熱容量を $C(T)$ とすれば

$$Q = \int_{T}^{T+\Delta T} C(T)dT, \quad C = \frac{\partial Q}{\partial T} \tag{1.1}$$

と書ける．特に，熱容量が温度によらず一定の場合には，上の関係は

$$Q = C\Delta T, \quad C = \frac{Q}{\Delta T} \tag{1.2}$$

と書ける．

熱容量の大きさは，物体の材質や質量に依存する．熱容量が大きいものほど，温まりにくく冷めにくい．

比熱：単位質量の物体を 1 K だけさせるのに，必要な熱量を比熱という．単位質量として，熱力学では単位質量として 1 g を用いることが多いので，比熱の単位にも J/(K·g) がよく用いられる．比熱を c，熱容量を C，物体の質量を M とすれば，比熱と熱容量の関係は，

$$C = Mc \tag{1.3}$$

と書ける．

比熱の値は温度に依存するが，室温以上での比熱の温度変化はほとんどの物質ではごくわずかなので，特に断らない限り，本書では，比熱は一定であるとする．代表的な物質の比熱の値を表 1.1 に示す．

表を見てわかるように，水の比熱は他のものに比べて大きい．そのため，海は陸地に比べて温まりにくく冷めにくい．海沿いでは，日中は海に比べて陸地の温度が高くなり，海から陸への海風が吹き，夜間は海に比べて陸地の温度が低くなり，陸から海への陸風が吹く．また，この海風から陸風へ切り替わるときに無風になる状態が凪である．

表 1.1 物質の比熱（25 °C）

物質名	比熱 [J/(K·g)]
鉛	0.13
金	0.13
銅	0.39
鉄	0.45
アルミニウム	0.90
水（0 °C）	2.10
水銀	0.14
エタノール	0.25
水	4.18

熱量の保存：物体 A と物体 B の 2 つの物体の間だけで熱のやりとりがある場合，物体 A が失った熱量と，物体 B が得た熱量は等しい．これは 2 章で学ぶ熱力学第 1 法則の特別な場合である．熱量の保存を利用して熱量を求める装置に水熱量計がある．水熱量計は，水の入った容器中に熱した物体を入れ，物体から水へ移った熱を，水の温度変化から求める装置である．

解答

1. 水と容器が吸収した熱は

$$(70 + 4.2 \times 100) \times (30 - 20) = 4.9 \times 10^3 \tag{1.4}$$

金属球の比熱を $c[\mathrm{J/(K \cdot g)}]$ とすると，金属球が放出した熱は

$$c \times 200 \times (100 - 30) = 1.4 \times 10^4 \mathrm{K \cdot g} \times c \tag{1.5}$$

となる．両者が等しいとして，c について解くと

$$c = \frac{4.9 \times 10^3}{1.4 \times 10^4} = 0.35 \ \mathrm{J/(K \cdot g)} \tag{1.6}$$

となる．

2. 熱は外部に逃げていくとすると，金属球からの熱の一部が水と容器の温度上昇に使われないので

$$4.9 \times 10^3 < 1.4 \times 10^4 \times c \tag{1.7}$$

となる．よって

$$c > 0.35 \ \mathrm{J/(K \cdot g)} \tag{1.8}$$

となり，実際の金属球の比熱は 1. で求めたものより，大きくなる．

問題	02	温度：温度の計測	基本

1. 絶対温度 T [K] と摂氏温度 t [°C] の関係式を示せ.
2. 熱容量 C_A，温度 t_A の物体 A と，熱容量 C，示度が t の温度計がある.この温度計を使って A の温度を計ると，t' であった.t_A はどのように計算したら良いか説明せよ.ただし，熱は A と温度計の間でのみやりとりするものとする.

解説　冷たい，熱いなどの感覚は，"温度"という概念のはじまりと考えられる.数値として温度を捉える概念が確立したのは，16 世紀末以降に"温度計"が使われるようになってからである.温度を数値で表すには，温度にともなって変化する物質の諸性質を利用する.例えば，氷の融解や水の沸騰は決まった温度で起こる現象なので，このときの温度を決まった数値で表すことにすれば良い.

　これまでに，温度を数値で表す多くの方法が提唱されてきたが，現在でも使われているのは，1724 年にドイツの物理学者 Gabriel Fahrenheit（ガブリエル・ファーレンハイト，1686〜1736）が提唱した華氏温度（単位：°F）[1]，1742 年にスウェーデンの天文学者 Anders Celsius（アンデルス・セルシウス，1701〜1744）が提唱した摂氏温度（単位：°C）[2]，1848 年にイギリスの物理学者ケルビン卿 William Thomson（ウィリアム・トムソン，1824〜1907）が提唱した絶対温度（単位：K）[3]である.

　華氏温度は，氷の融点を 32 °F，水の沸点を 212 °F とし，間を 180 等分した目盛りを用いたものである.摂氏温度は，氷の融点を 0 °C，水の沸点を 100 °C とし，間を 100 等分した目盛りを用いたものである.絶対温度は，絶対零度を 0 K とし，1 K を水の三重点の熱力学温度の 1/273.16 であるとしたもので，氷の融点と水の沸点の間隔に 100 という値を与えたものである.したがって，摂氏温度の値は絶対温度の値から 273.15 を減じたものである.米国などでは華氏温度が日常的に使われているが，国際的には通常摂氏温度が用いられる.固体物理などの科学分野では，絶対温度を用いるのが一般的である.

解答

1. 摂氏温度 (Celsius 温度) の値 は，絶対温度の値から 273.15 を減じたものであるから

$$\frac{t \ [\text{°C}]}{1 \ \text{°C}} = \frac{T \ [\text{K}]}{1 \ \text{K}} - 273.15 \tag{1.9}$$

　である.

---

[1] Fahrenheit 温度ともいう.
[2] Celsius 温度ともいう.日本では，Celsius 温度と呼ぶよりも摂氏温度と呼ぶ方が一般的である.
[3] 熱力学的温度ともいう.

2. 温度を計る際には，温度計と物体 A を接触させる．そして，温度計と物体 A が熱平衡に達したところで温度を読み取る．このとき，熱量保存則より，温度計が放出（または吸収）した熱量と，物体 A が吸収（または放出）した熱量が等しいから

$$C_{\mathrm{A}}(t_{\mathrm{A}} - t') = C(t' - t) \tag{1.10}$$

が成り立つ．これを t_{A} について解けば

$$t_{\mathrm{A}} = t' + \frac{C}{C_{\mathrm{A}}}(t' - t) \tag{1.11}$$

となる．

| 問題 | 03 | 気体定数と絶対温度 | 基本 |

物質量 n の理想気体の状態方程式は，次の式で表される．

$$pV = nRT \tag{1.12}$$

ここで，p は気体の圧力，V は気体の体積，T は気体の絶対温度である．定数 R は気体定数と呼ばれ，その値は，絶対温度の目盛りと摂氏温度の目盛りの大きさが同じになるように決められている．

1. 摂氏温度 0 °C のときの pV の値を $(pV)_0$，100 °C のときの pV の値を $(pV)_{100}$ とする．物質量と気体定数の積 nR を，$(pV)_0$ および $(pV)_{100}$ を用いて示せ．

2. 0 °C の温度に相当する絶対温度の値 T_0 を，$(pV)_0$ および $(pV)_{100}$ を用いて示せ．

3. 気体の体膨張率の定義は，0 °C における気体の体積 V_0 を用いて，

$$\beta = \frac{1}{V_0}\left(\frac{\partial V}{\partial T}\right)_p \tag{1.13}$$

で与えられる．一定の圧力のもとでの理想気体の膨張率は $1/T_0$ であることを示せ．

解説　**理想気体**　気体の圧力 p，体積 V，温度 T の関係が理想気体の状態方程式

$$pV = nRT \tag{1.14}$$

に従う気体を理想気体という．第 4 章で学ぶように，これは，気体を構成する個々の分子の体積を無視し，さらに，気体分子間には相互作用が働かない気体である．実際には分子の体積がなく，相互作用が働かない気体は存在しないが，気体は密度が小さいときには良い近似で理想気体とみなすことができる．理想気体の熱平衡状態は，圧力 p，体積 V，温度 T のような巨視的な物理量によって指定される．このような系の熱平衡状態を指定するための巨視的な物理量を状態量という．状態量のうち，系の大きさに比例するものを示量変数，系の大きさが変わっても変わらないものを示強変数という．

この問題は，理想気体を用いた温度計についての問題である．

解答

1. 摂氏 100 °C に対応する絶対温度を T_{100} とすると，下記の式が書ける．

$$(pV)_{100} = nRT_{100} \tag{1.15}$$

摂氏 0 °C に対応する絶対温度を T_0 とすると，下記の式が書ける．

$$(pV)_0 = nRT_0 \tag{1.16}$$

絶対温度の目盛りと摂氏温度の目盛りの大きさは同じになるように決められているので

$$T_{100} - T_0 = 100 \text{ K} \tag{1.17}$$

となる．したがって，

$$\frac{(pV)_{100}}{nR} - \frac{(pV)_0}{nR} = 100 \text{ K} \tag{1.18}$$

$$R = \frac{(pV)_{100} - (pV)_0}{n \times 100 \text{ K}} \tag{1.19}$$

が得られる．

ここで，$(pV)_0$ および $(pV)_{100}$ は実験的に測定して求めることができる量だから，求めた値を代入すると物質量と気体定数の積 nR の値を求められる．ところで，第 4 章で学ぶように，この値は Boltzmann 定数（ボルツマン定数）と Avogadro 定数（アボガドロ定数）と呼ばれる 2 つの定数の積で与えられる．ここで，SI（国際単位系）において Boltzmann 定数と Avogadro 定数は定義値であるので，気体定数 R も定義値であり，その値は $R = 8.31446261815324$ J/(K·mol) である．

2. T_0 を $(pV)_0$ および $(pV)_{100}$ を用いて表すには，1. で求めた R の式を，摂氏 0°C のときの状態方程式 $(pV)_0 = RT_0$ に代入すれば良い．代入して整理すると下記の式が得られる．

$$T_0 = \frac{100 \text{ K} \times (pV)_0}{(pV)_{100} - (pV)_0} \tag{1.20}$$

T_0 の値は気体の密度が十分に小さいときには，気体分子の種類によらず一定値になる．この場合，実験で測定した $(pV)_0$ および $(pV)_{100}$ の値を代入すると $T_0 = 273.15$ K となる．

3. 理想気体の状態方程式 $pV = nRT$ より，$V = nRT/p$ であるから，理想気体の膨張率 β は

$$\beta = \frac{1}{V_0} \left(\frac{\partial V}{\partial T} \right)_p = \frac{1}{V_0} \frac{R}{p} = \frac{R}{RT_0}$$

$$= \frac{1}{T_0} \tag{1.21}$$

となる．

| 問題 | 04 | 温度：定積気体温度計と定圧気体温度計 | 基本 |

1. 圧力 $p_1 = 1.00 \times 10^5$ Pa，摂氏温度 $t_1 = 20.0$ °C，物質量 1 mol の理想気体が入った定積容器がある．この容器を，ある物体に接触させて十分な時間が経ったとき，気体の圧力は $p_2 = 1.10 \times 10^5$ Pa であった．このときの気体の摂氏温度 t_2 [°C] を求めよ．

2. なめらかなピストンの付いたシリンダー内に物質量 1 mol の理想気体が封入してあり，圧力が一定に保たれている．はじめ，気体の体積は $V_1 = 20.0$ L，摂氏温度は $t_1 = 20.0$ °C であった．この容器をある物体に接触させて十分な時間が経つと，気体の体積は $V_2 = 24.0$ L に変化していた．このときの摂氏温度 t_2 [°C] を求めよ．

解 説　1. は定積気体温度計の原理について，2. は定圧気体温度計の原理に関する問題である．物質量 1 mol 当たりの理想気体の状態方程式

$$pV_m = RT \tag{1.22}$$

に各状態量を代入すると，2 つの式が得られる．ここで，V_m はモル体積（1 mol 当たりの気体の体積）である．この 2 つの式から，気体定数 R，定積の場合は V_m，定圧の場合は p を消去すると，気体が物体に接触した後の温度を求めることができる．

解 答

1. 容器を物体に接触させる前の絶対温度と接触させたあとの絶対温度を，それぞれ，T_1，T_2 とし，気体の体積を V_m とする．容器を物体に接触させる前の状態 (p_1, V_m, T_1) と，容器を物体に接触させた後の状態 (p_2, V_m, T_2) は，それぞれ理想気体の状態方程式に従うので

$$p_1 V_m = RT_1 \quad (\text{容器を物体に接触させる前}) \tag{1.23}$$
$$p_2 V_m = RT_2 \quad (\text{容器を物体に接触させた後}) \tag{1.24}$$

が成り立つ．(1.24) を (1.23) で割ると，

$$\frac{p_2}{p_1} = \frac{T_2}{T_1} \tag{1.25}$$

であるから，

$$T_2 = \frac{p_2}{p_1} T_1 \tag{1.26}$$

となる．したがって，摂氏温度 t_2 は

$$\frac{t_2}{1\,°C} = \frac{p_2}{p_1} \frac{T_1}{1\,K} - 273.15 \tag{1.27}$$

より求まる．数値を代入して

$$t_2 = \frac{1.10}{1.00} \times (273.15 + 20.0) - 273.15 = 49.32$$
$$= 49.3 \,^\circ\mathrm{C} \tag{1.28}$$

を得る．

2. 容器を物体に接触させる前の状態 (p, V_1, T_1) と，容器を物体に接触させた後の状態 (p, V_2, T_2) は，それぞれ理想気体の状態方程式に従うので

$$pV_1 = RT_1 \quad (容器を物体に接触させる前) \tag{1.29}$$
$$pV_2 = RT_2 \quad (容器を物体に接触させた後) \tag{1.30}$$

が成り立つ．

式 (1.30) を式 (1.29) で割ると，

$$\frac{V_2}{V_1} = \frac{T_2}{T_1} \tag{1.31}$$

であるから

$$T_2 = \frac{V_2}{V_1} T_1 \tag{1.32}$$

となる．したがって，摂氏温度 t_2 は

$$\frac{t_2}{1\,^\circ\mathrm{C}} = \frac{V_2}{V_1} \frac{T_1}{1\,\mathrm{K}} - 273.15 \tag{1.33}$$

より求まる．数値を代入して

$$t_2 = \frac{24.0}{20.0} \times (273.15 + 20.0) - 273.15 = 78.63$$
$$= 78.6 \,^\circ\mathrm{C} \tag{1.34}$$

を得る．

| 問題 | 05 | 密度と平均分子量，モル体積 | 基本 |

1. 大気圧 1.013×10^5 Pa($= 1$ atm)，温度 0.000 °C における酸素の密度を求めよ．ただし，酸素は理想気体とみなすことができるとする．また，気体定数は 8.314 J/(K · mol) であり，酸素 O_2 の分子量は 32.00 である．

2. 空気を窒素 N_2，酸素 O_2，アルゴン Ar の混合気体とし，空気の平均分子量を計算せよ．ここで，窒素 N_2，酸素 O_2，アルゴン Ar の質量比は，それぞれ，$N_2 : O_2 : Ar = 75.53 : 23.14 : 1.28$ であり，分子量は，それぞれ，28.01，32.00，39.94 である．

3. 温度 20 °C，圧力 1.013×10^5 Pa での水とアルミニウムの密度は，それぞれ 0.998 g/cm^3，2.700 g /cm^3 である．このときの水 H_2O とアルミニウム Al のモル体積を，それぞれ計算せよ．ただし，水 H_2O の分子量は 18.02，アルミニウム Al の原子量は 26.98 である．

解説　1. 理想気体の密度を求める問題である．酸素を理想気体とみなし，状態方程式に圧力，温度，気体定数を代入することにより，1 mol 当たりの酸素の体積を求めることができる．また，分子量に 1 g/mol を掛けることにより，酸素のモル質量（1 mol 当たりの質量）を求めることができる．

2. 混合気体の平均分子量を求める問題である．混合気体（空気）の成分である窒素，酸素，アルゴンの物質量と質量比を関係式に代入すると，混合気体の分子量を求めることができる．

3. 液体（水）と固体（アルミニウム）のモル体積を計算する問題である．密度が与えられれば，分子量および原子量を調べることによって，簡単に求めることができる．

解答

1. 酸素 O_2 を理想気体とみなす．理想気体の状態方程式 $pV = nRT$ より，

$$\frac{n}{V} = \frac{p}{RT} \tag{1.35}$$

$p = 1.013 \times 10^5$ Pa，絶対温度 $T = 273.15$ K($= 0$ °C)，気体定数 $R = 8.314$ J/(K · mol) を代入すると

$$\frac{n}{V} = \frac{1.013 \times 10^5}{8.314 \times 273.15} = 44.606$$
$$= 44.61 \text{ mol/m}^3 \tag{1.36}$$

となる．なお，導出からも明らかなように，この値は理想気体であれば物質によらない．酸素 O_2 の分子量は 32.00 であるから，密度 ρ は

$$\rho = 32.00 \times 44.61 = 1.4275 \times 10^3 \text{ g/m}^3 = 1.428 \text{ kg/m}^3 \tag{1.37}$$

となる．

2. 空気の物質量を n，質量を M，平均分子量を m とすると，次の式が成り立つ.

$$n = M/m \tag{1.38}$$

窒素 N_2，酸素 O_2，アルゴン Ar の物質量を，それぞれ，n_{N_2}，n_{O_2}，n_{Ar} とすると，n との間には次の関係が与えられる.

$$n = n_{N_2} + n_{O_2} + n_{Ar} \tag{1.39}$$

窒素 N_2，酸素 O_2，アルゴン Ar の質量を，それぞれ，M_{N_2}，M_{O_2}，M_{Ar}，分子量を m_{N_2}，m_{O_2}，m_{Ar} とおくと，$n = n_{N_2} + n_{O_2} + n_{Ar}$ は

$$\frac{M}{m} = \frac{M_{N_2}}{m_{N_2}} + \frac{M_{O_2}}{m_{O_2}} + \frac{M_{Ar}}{m_{Ar}}$$

$$\frac{m}{M} = \frac{1}{\left(\dfrac{M_{N_2}}{m_{N_2}} + \dfrac{M_{O_2}}{m_{O_2}} + \dfrac{M_{Ar}}{m_{Ar}} \right)}$$

$$m = \frac{M}{\left(\dfrac{M_{N_2}}{m_{N_2}} + \dfrac{M_{O_2}}{m_{O_2}} + \dfrac{M_{Ar}}{m_{Ar}} \right)} \tag{1.40}$$

と書き換えることができる. $m_{N_2} = 28.01$，$m_{O_2} = 32.00$，$m_{Ar} = 39.94$ を代入すると

$$m = \frac{M}{\dfrac{M_{N_2}}{28.01} + \dfrac{M_{O_2}}{32.00} + \dfrac{M_{Ar}}{39.94}} \tag{1.41}$$

質量比は，空気：N_2：O_2：Ar $= 99.95 : 75.53 : 23.14 : 1.28$ だから，空気の平均分子量は

$$m = \frac{99.95}{\dfrac{75.53}{28.01} + \dfrac{23.14}{32.00} + \dfrac{1.28}{39.94}} = 28.97 \tag{1.42}$$

3. 水 H_2O の分子量は 18.02，アルミニウム Al の原子量は 26.98 である. したがって，物質量 1 mol あたりの体積（モル体積）は

$$\text{水の場合} \quad : \quad \frac{18.02 \text{ g/mol}}{0.998 \text{ g/cm}^3} = 18.05 = 18.1 \text{ cm}^3$$

$$\text{アルミニウムの場合} \quad : \quad \frac{26.98 \text{ g/mol}}{2.70 \text{ g/cm}^3} = 9.992 = 9.99 \text{ cm}^3 \tag{1.43}$$

| 問題 | 06 | 熱平衡：気体の熱平衡，膨張，収縮 | 基本 |

温度 $T_1 = 300$ K，大気圧 $p = 1.0 \times 10^5$ Pa の環境下で，なめらかに動く軽いピストンが付いたシリンジに理想気体を封入し，ピストンをストッパーで固定した．このときの気体の体積は V_1 [m^3] であった．次に，このシリンジを，温度 $T_2 = 360$ K に保たれた湯に浸し，十分な時間放置した．このときの気体の圧力は p_1 [Pa] であった．その後，ピストンのストッパーを外し，十分な時間放置したところピストンは静止した．このときの気体の体積は V_2 [m^3] であった．最後に，シリンジを温度 $T_3 = 279$ K に保たれた水に浸し，十分な時間放置したところピストンは静止した．このときの気体の体積は V_3 [m^3] であった．以下の問いに答えよ．ただし，気体定数を R [J/(K·mol)] とし，シリンジの熱容量は無視できるとする．ピストン部分は湯または水に浸さないとする．

1. この理想気体の物質量を R と V_1 で表せ．
2. シリンジを湯に浸し十分な時間放置したときの，気体の圧力 p_1 を答えよ．
3. ピストンのストッパーを外し十分な時間放置したときの，気体の体積 V_2 を求めよ．
4. シリンジを水に浸し十分な時間放置したときの，気体の体積 V_3 を答えよ．

解説 1. 理想気体の状態方程式に，各状態量を代入すれば求められる．

2. 湯に浸して十分な時間が経つと，シリンジ内部の気体は熱平衡に達する．気体はシリンジで囲まれており，物質量は一定に保たれる．また，ピストンがストッパーで固定されているため，気体の体積は V_1 から変化しない．この条件を使えば，圧力を求められる．

3. ストッパーを外すと，気体はピストンを押して膨張し，やがて静止する．静止したときの気体の圧力は大気圧 p と等しくなる．ストッパーを外す前と後の状態方程式を立てれば，求めたい気体の体積を計算できる．

4. シリンジを湯から取り出して水に浸すと，気体は収縮する．十分な時間放置された気体の圧力は，大気圧 p と等しいと考えることができる．気体が湯に浸されたときと，水に浸されたときの状態方程式を立てれば，求めたい気体の体積を計算できる．

解答

1. 理想気体の状態方程式

$$pV = nRT \tag{1.44}$$

に，$p = 1.0 \times 10^5$ Pa，$V = V_1$，$T = T_1 = 300$ K を代入して，気体の物質量 n は

$$n = \frac{pV_1}{RT_1} = \frac{V_1}{R \times (300 \text{ K})} \times (1.0 \times 10^5 \text{ Pa}) \tag{1.45}$$

と求まる.

2. シリンジを湯に浸し十分な時間放置したときの，理想気体の状態方程式から，

$$p_1 = \frac{nRT_2}{V_1} = \frac{nR \times 360 \text{ K}}{V_1} \tag{1.46}$$

であるから，(1.45) を代入して整理すると

$$p_1 = \frac{360}{300} \times (1.0 \times 10^5 \text{ Pa}) = 1.2 \times 10^5 \text{ Pa} \tag{1.47}$$

と求まる.

3. ストッパーを外す前の理想気体の状態方程式は

$$(1.2 \times 10^5 \text{ Pa}) \times V_1 = nR \times (360 \text{ K}) \tag{1.48}$$

であり，ストッパーを外した後の理想気体の状態方程式は

$$(1.0 \times 10^5 \text{ Pa}) \times V_2 = nR \times (360 \text{ K}) \tag{1.49}$$

であるから，$V_2 = 1.2V_1$ である.

4. 湯に浸した状態の理想気体の状態方程式は

$$(1.0 \times 10^5 \text{ Pa}) \times (1.2V_1) = nR \times (360 \text{ K}) \tag{1.50}$$

であり，水に浸した状態の理想気体の状態方程式は

$$(1.0 \times 10^5 \text{ Pa}) \times V_3 = nR \times (279 \text{ K}) \tag{1.51}$$

であるから，

$$V_3 = \frac{279}{360} \times 1.2 \times V_1 = 0.93V_1 \tag{1.52}$$

となる.

| 問題 | 07 | 理想気体の状態方程式と気体定数の値 | 基本 |

1. 圧力 p, 体積 V_m, 温度 T, 物質量 1 mol の理想気体の状態方程式 $pV_m = RT$ がわかっているとする. ただし, R [J/(K·mol)] は気体定数である. これより物質量 n [mol] の理想気体の状態方程式を導け. ただし, 話を簡単にするために, n の値を自然数としてよい.

2. 物質量 1 mol の理想気体の体積は, 0 °C, 1 atm ($= 1.013 \times 10^5$ Pa) の条件下で 22.4 L である. 気体定数 R [J/(K·mol)] の値を有効数字 3 桁で求めよ.

解 説　　1. 物質量 1 mol の理想気体の状態方程式がわかっていることから, 物質量 n [mol] の理想気体が充填されたある容器を, 仕切りを使って n 等分し, n 個の部屋に同じ状態の理想気体が物質量 1 mol ずつ入っていると考える. この状態から仕切りを除去すれば, 物質量 n の理想気体の状態方程式を導くことができる.

2. 理想気体の状態方程式を使って計算する. 気体定数を J/(K·mol) の単位で求めるので, 圧力の単位はパスカル (Pa) に, 体積の単位は立方メートル (m^3) を用いることに注意する.

解 答

1. 図 1.1(a) のように, 理想気体が充填され, 断熱材で囲まれたある容器を $n-1$ 枚の仕切りを使って n 等分し, n 個の部屋に, 圧力 p, 体積 V_m, 温度 T の同じ状態の理想気体が物質量 1 mol ずつ入っているとする. $n-1$ 枚の仕切りを同時刻に取り除くと (図 1.1(b)), 圧力 p と温度 T は示強変数なので変化しないが, 体積は nV_m となる. すなわち, 物質量 n の気体の体積を V とすれば, $V = nV_m$ である.

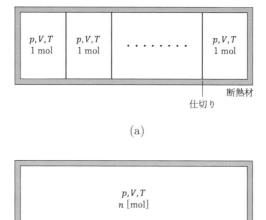

図 **1.1**　(a) 仕切りがある容器内の理想気体，(b) 仕切りを取り除いた場合の容器内の理想気体.

圧力 p, 体積 V_m, 温度 T の状態は物質量 1 mol 当たりの理想気体の状態方程式

$$pV_m = RT \tag{1.53}$$

を満たす. これに $V_m = V/n$ を代入して

$$p\frac{V}{n} = RT \tag{1.54}$$

となり，物質量 n の理想気体の状態方程式

$$pV = nRT \tag{1.55}$$

が得られる.

2. 物質量 n [mol] の理想気体の状態方程式は $pV = nRT$ で与えられるので，$R = pV/nT$ である. $p = 1.013 \times 10^5$ Pa ($= 1$ atm), $V = 22.4 \times 10^{-3}$ m^3 ($= 22.4$ L), $T = 273.15$ K ($= 0\ ^\circ$C), $n = 1$ を代入すると，

$$R = \frac{pV}{nT} = \frac{1.013 \times 10^5\ \text{Pa} \times 22.4 \times 10^{-3}\ \text{m}^3}{1\ \text{mol} \times 273.15\ \text{K}}$$
$$= 8.31\ \text{m}^3 \cdot \text{Pa}/(\text{K} \cdot \text{mol}) \tag{1.56}$$

ここで，単位を考えると，m$^3 \cdot$ Pa $=$ m$^3 \cdot$ N/m$^2 =$ N$\cdot$m $=$ J であるから，$R = 8.31$ m^3 Pa/(K$\cdot$mol) $= 8.31$ J/(K$\cdot$mol) と求まる.

問題	08	大気圧の高度依存性 1	応用

温度 $T =$（一定）の下で，基準点からの高さ h の位置での大気圧が

$$p(h) = p(0)e^{\frac{-mgh}{RT}} \tag{1.57}$$

と書けることを示せ．ただし，$p(0)$ は基準点（$h = 0$）における位置の気圧である．また，m は物質量 1 mol 当たりの空気の質量，g は重力加速度の大きさ，R は気体定数である．

解 説　式 (1.57) は温度が高度に依存しない場合に成り立つ式である．大気圧の温度依存性は図 1.2 のようになる．成層圏の下部，高度 10 km から 20 km では温度の高さ依存性は小さいので，式 (1.57) は良い近似で成り立つ．一方で，高度 10 km より下の対流圏では，空気は対流を繰り返している．そして，空気は上昇すると膨張して温度が下がり，下降すると圧縮して温度が上がるので，この式は成り立たない．

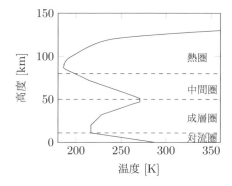

図 1.2　大気圧の温度依存性

解 答　高さ h における気体の密度を，$\rho(h)$ とする．図 1.3 のように，鉛直に立てられた底面積 S の円筒の容器を考える．容器を高さ Δh の微小部分を考えると，大きさ $p(\Delta h)S$ の上底面に働く力と大きさ $p(0)S$ の下底面に働く力の合力が，大きさ $\rho S\Delta hg$ の重力とつり合っているから，

$$(p(\Delta h) - p(0))\,S = -\frac{\rho(\Delta h) + \rho(0)}{2}S\Delta hg \tag{1.58}$$

と書ける．ここで，微小部分の空気の密度を，上底面の密度と下底面の密度での平均値 $(\rho(\Delta h) + \rho(0))/2$ とした．これは，Δh が十分に小さければ成り立つ．

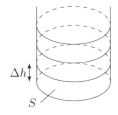

図 1.3 鉛直に立てられた底面積 S の円筒の容器

物質量 1 mol 当たりの空気の質量を m とすると，密度の定義 $\rho = mN/V$ と理想気体の状態方程式 $pV = nRT$ より，$\rho = mp/(RT)$ と書ける．これを式 (1.58) に代入すると

$$p(\Delta h) - p(0) = -\frac{mg(p(\Delta h) + p(0))}{2RT}\Delta h \tag{1.59}$$

となる．さらに，両辺を Δh で割り，$\Delta h \to 0$ の極限をとると

$$\frac{dp}{dh} = -\frac{mg}{RT}p \tag{1.60}$$

となり，両辺を p で割ると

$$\frac{1}{p}\frac{dp}{dh} = -\frac{mg}{RT} \tag{1.61}$$

となる．

温度 T を定数としていることに注意して，式 (1.61) の両辺を h について 0 から h まで積分すれば，

$$\int_{h=0}^{h=h} \frac{1}{p}\frac{dp}{dh}dh = -\int_{h=0}^{h=h} \frac{mg}{RT}dh \tag{1.62}$$

$$\ln p(h) - \ln p(0) = -\frac{mg}{RT}h \tag{1.63}$$

となる．ただし，$\ln(x)$ は底がネイピア数 e の対数関数であり，自然対数という．これを整理すると

$$p(h) = p(0)e^{-\frac{mgh}{RT}} \tag{1.64}$$

を得る．

問題 09 van der Waals の状態方程式　　　　　**基本**

現実の気体（実在気体）は，理想気体とよばれる仮想的な気体の性質から外れた挙動を示す．実在気体の理想気体からのずれの起源としては，気体分子が大きさ（体積）を持つこと，分子間力に力が働くことが考えられる．すなわち，理想気体の状態方程式 $pV = nRT$ では，気体分子の大きさと分子間力が無視されている．分子間力についての補正の定数を a，分子の大きさについての補正の定数を b とし，**van der Waals の状態方程式**

$$\left\{ p + a\left(\frac{n}{V}\right)^2 \right\}(V - nb) = nRT \tag{1.65}$$

を導け．

解説　実在気体の状態方程式を近似的に表すものとして，有名な式が，van der Waals の状態方程式である．この方程式は，オランダの物理学者 Johannes Diderik van der Waals（ヨハネス・ディーデリク・ファン・デル・ワールス，1837～1923）が 1873 年の博士論文で提案した．

van der Waals の状態方程式は，実在気体の理想気体からのずれを，2 つのパラメータを導入することで表現する．2 つのパラメータだけで，種々の実在気体の振る舞いを再現できるため，van der Waals の状態方程式は現在でも広く用いられている．

van der Waals の状態方程式の他にも，実在気体を表すさまざまな方程式が提案されている．例えば，ビリアル方程式や Dieterici の状態方程式などがある．自身でさらに調べてみると良い．

解答

まず，気体分子の大きさについての補正を考える．実際の気体分子は大きさをもっているので，気体分子が自由に動きまわれる空間の体積（実効体積）は容器の体積 V よりも小さくなる．物質量 1 mol 当たりの気体分子が占めている体積を b とすると，物質量 n の気体では，体積 V から nb だけ引いたものが，実効体積である．したがって，体積についての補正を考慮した状態方程式は

$$p(V - nb) = nRT \tag{1.66}$$

より

$$p = \frac{nRT}{V - nb} \tag{1.67}$$

となる．このとき，b を**排除体積**という．

次に，圧力に注目して分子間力についての補正を考える．圧力の起源は，気体分子の容器の壁への衝突である．分子間に引力が働く場合，容器内部にいる分子は，周囲の分

子からの分子間力がつり合っているが，容器の壁付近にいる分子は容器の壁側の周囲の分子の数が他に比べて少ないのでつり合いが破れている．そのため，分子は内向きの力を受け，圧力も理想気体の圧力 p より小さくなる．このとき，分子に働く内向きの力は分子の密度 n/V に比例する．さらに，分子の壁への衝突頻度も分子の密度 n/V に比例する．このように考えれば，圧力の減少分は $(n/V)^2$ に比例すると言える．したがって，式 (1.67) に分子間力に対する補正を加えると

$$p = \frac{nRT}{V - nb} - a \left(\frac{n}{V} \right)^2 \tag{1.68}$$

この式を整理して，(1.65) を得る．

　特に，物質量 1 mol について考えれば

$$\left(p + \frac{a}{V_m{}^2} \right) (V_m - b) = RT \tag{1.69}$$

となる．また，a, b を van der Waals 定数とよぶ．表 1.2 に，例として，いくつかの代表的な気体の van der Waals 定数を示す．

表 **1.2**　一般的な気体における van der Waals 定数 a, b

気体	$a\ [\mathrm{Pa \cdot m^6/mol^2}]$	$b\ [\mathrm{m^3/mol}]$
水素 H_2	24.8×10^{-3}	26.7×10^{-6}
窒素 N_2	141×10^{-3}	39.2×10^{-6}
酸素 O_2	138×10^{-3}	31.9×10^{-6}
水蒸気 H_2O	554×10^{-3}	30.5×10^{-6}
二酸化炭素 CO_2	365×10^{-3}	42.8×10^{-6}

問題 | *10* | **van der Waals 気体の性質** | 基本

van der Waals の状態方程式

$$\left(p + \frac{n^2 a}{V^2}\right)(V - nb) = nRT \tag{1.70}$$

で表される物質量 n の実在気体の等温圧縮率 κ_T，等温体積弾性率 k_T，体膨張率 β，熱圧力係数 γ_p を計算せよ．ただし，p, V, T はそれぞれ実在気体の圧力，体積，温度であり，R は気体定数，a, b は正の定数である．

解 説　気体の等温圧縮率 κ_T，等温体積弾性率 k_T，体膨張率 β，熱圧力係数 γ_p は，それぞれ次のように表される．

$$\kappa_T = -\frac{1}{V}\left(\frac{\partial V}{\partial p}\right)_T \tag{1.71}$$

$$k_T = -V\left(\frac{\partial p}{\partial V}\right)_T = \frac{1}{\kappa_T} \tag{1.72}$$

$$\beta = \frac{1}{V}\left(\frac{\partial V}{\partial T}\right)_p \tag{1.73}$$

$$\gamma_p = \left(\frac{\partial p}{\partial T}\right)_V \tag{1.74}$$

これらの式と，van der Waals の状態方程式を見比べてみる．定積条件下で p を T で微分して得られる式と，等温条件下で p を V で微分して得られる式を使って計算すれば良い．

解 答　van der Waals の状態方程式を p について解くと，下記のように，p を T と V の関数として表すことができる．

$$p = \frac{nRT}{V - nb} - \frac{n^2 a}{V^2} \tag{1.75}$$

ここで，V 一定で p を T で微分すると

$$\left(\frac{\partial p}{\partial T}\right)_V = \gamma_p = \frac{nR}{V - nb} \tag{1.76}$$

となる．また，T 一定で p を V で微分すると

$$\left(\frac{\partial p}{\partial V}\right)_T = -\frac{nRT}{(V - nb)^2} + \frac{2n^2 a}{V^3} \tag{1.77}$$

となる．

式 (1.72) と式 (1.77) より，

$$k_T = \frac{nRTV}{(V - nb)^2} - \frac{2n^2 a}{V^2} \tag{1.78}$$

となり，この式と式 (1.71) より，

$$\kappa_T = \cfrac{1}{\cfrac{nRTV}{(V-nb)^2} - \cfrac{2n^2a}{V^2}} \tag{1.79}$$

となる．また，この式と式 (1.73)，式 (1.74)，式 (1.76) より，

$$\beta = \frac{nRV^2(V-nb)}{nRTV^3 - 2n^2a(V-nb)^2} = \cfrac{\cfrac{1}{T}\left(1 - \cfrac{nb}{V}\right)}{1 - \cfrac{2na}{RTV}\left(1 - \cfrac{nb}{V}\right)^2} \tag{1.80}$$

が得られる．

| 問題 | 11 | 理想気体と van der Waals の状態方程式の関係 | 基本 |

　物質量 1 mol の理想気体の状態方程式 $pV_m = RT$ は，温度が一定であれば pV_m の値は一定であることを示している．すなわち，RT の値は圧力 p にもモル体積 V_m にも依存しない．実在気体の場合は，図 1.4 に示すように，$p \to 0$ の極限で pV_m の値は気体の種類によらず RT 値に近づく．このことは，気体の種類によらず，$p \to 0$ の極限では理想気体の状態方程式が成り立つことを示している．図 1.4 では，どの気体も p が非常に小さいときは pV_m/RT 値がほぼ直線となり，$p \to 0$ の極限では 1.0 となっている．これを式で表すと，温度が一定で p が小さいときには

$$pV_m \approx RT + B(T)p \tag{1.81}$$

と書ける．$B(T)$ は温度に依存する係数である．

1. van der Waals の状態方程式について，圧力 p が小さいときの近似式を求めよ．また，van der Waals 定数 a および b を用いて，(1.81) 式の $B(T)$ を求めよ．

2. 問題 09 の解答にある表 1.2 で与えられた van der Waals 定数 a および b の値を使って，温度 273.15 K における $B(T)$ の値を H_2, N_2 について計算せよ．

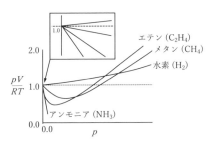

図 1.4　ある温度における気体の圧縮因子 (pV/nRT) と圧力の関係．矢印は，$p = 0$ 付近の拡大図を示す．

| 解説 | 　1. 実在気体は，理想気体 $pV = nRT$ の性質からはずれた挙動を示す．理想気体からどのくらいはずれるか，その程度を圧縮因子 $z (= pV_m/nRT)$ の変化として表すことができる．理想気体の場合は $z = 1.0$ であるから，ここからはずれた程度が，理想気体からのずれになる．図 1.4 は，圧力 p が小さいときには気体の振る舞いは理想気体に近づき，$p \to 0$ の極限では理想気体として振る舞うことを示している．この圧力 p が小さなときについて，解答に示すように近似式を導くことに

より，$B(T)$ を求めることが出来る．

2. 気体定数 R と温度 T の値，そして問題 09 の解答にある表 1.2 で与えられる a および b の値を 1. で求めた $B(T)$ の式に代入することで，求めることができる．

解 答

1. 物質量 1 mol の van der Waals の状態方程式 (1.69) の左辺を展開して整理すると，下記の式が得られる．

$$pV_m = RT + bp - \frac{a}{V_m} + \frac{ab}{V_m{}^2} \tag{1.82}$$

モル体積 V が大きいとき，式 (1.82) は

$$pV_m \approx RT \rightarrow \frac{1}{V_m} \approx \frac{p}{RT} \tag{1.83}$$

と近似できる．式 (1.82) の右辺の V_m に式 (1.83) を代入して p の 1 次まで考えると

$$pV_m \approx RT + \left(b - \frac{a}{RT}\right)p \tag{1.84}$$

得る．式 (1.81) と式 (1.84) とを見比べると，温度に依存する係数 $B(T)$ が以下の式で与えられることがわかる．

$$B(T) \approx b - \frac{a}{RT} \tag{1.85}$$

2. 1. で求めた式 (1.85) に $R = 8.31$ J /(K· mol) と $T = 273.15$ K，問題 09 の解答にある表 1.2 で与えられている a および b の値を代入すれば良い．H_2 の場合，$a = 0.0245$ Pa · m^6/mol^2, $b = 26.5 \times 10^{-6}$ m^3/mol であるから

$$B = 26.5 \times 10^{-6} - \frac{0.0245}{8.31 \times 273.15} = 15.7 \times 10^{-6} \text{ m}^3/\text{mol} \tag{1.86}$$

となり，N_2 の場合，$a = 0.137$ Pa · m^6/mol^2, $b = 38.9 \times 10^{-6}$ m^3/mol であるから

$$B = 38.9 \times 10^{-6} - \frac{0.137}{8.31 \times 273.15} = -21.5 \times 10^{-6} \text{ m}^3/\text{mol} \tag{1.87}$$

となる．

| 問題 | 12 | 状態方程式と状態図 | 基本 |

図 1.5 は, 物質量 1 mol の van der Waals の状態方程式に従うある物質の状態変化の様子を, いくつかの温度について, pV 図に示したものである.

1. 図 1.5 に基づいて, この物質の状態図を p, V, T の 3 次元的な図に曲面として表現するとどのようになるか. 概略図を描け.
2. 図 1.5 の線 AB について, どのような状態であるか述べよ.
3. 図 1.5 の点 A より左側で, 急激に曲線が上昇している理由を述べよ.
4. この物体の気体は, ある臨界温度 T_c 以上ではどんなに圧力を増加させても液化が起こらない. T_c を a と b を用いて表せ.

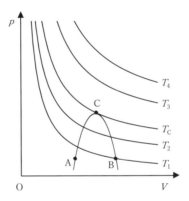

図 1.5　van der Waals の状態方程式に従う実在気体の pV 図.

解説　図 1.5 は, van der Waals の状態方程式を図化したものであり, 気相と液相からなる相図を理解するために用いられる. AB を結ぶ直線上の状態などを, 頭の中でイメージしながら理解すると良い.

解答

1. 問題で示されていた 2 次元的な pV 図を, p, V, T の 3 次元的な図にする. 気体, 蒸気, 液体と蒸気の混合, 液体の, 4 つの領域に分けられる.

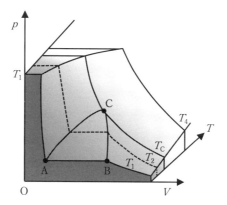

図 1.6 van der Waals の状態方程式に従う実在気体の pVT 図.

2. van der Waals の状態方程式を書き換えると

$$V_m{}^3 - \left(b + \frac{RT}{p}\right)V_m{}^2 + \frac{a}{p}V_m - \frac{ab}{p} = 0 \tag{1.88}$$

となり, V_m の 3 次方程式になる. この方程式は, 温度 T_c 以下, ある圧力 p の範囲で 3 つの実根をもつ. この圧力領域では, pV 曲線は実際には線分 AB のような V 軸に平行な直線になる. 温度 T_1 の曲線に着目すると, 点 B より V_m が大きい領域が気相, 点 A より V_m が小さい領域が液相に対応する. 低い圧力から, 徐々に圧力を大きくしていくと (体積は小さくなる), やがて点 B に到達する. 点 B に到達すると, 気体の液化が始まり, 体積は小さくなるが圧力は変化しないという状態になる. 液化が進むと, 物質全体の体積は小さくなる. やがて点 A に到達して, すべての気体が液体になる.

3. 気体と比較して, 液体では圧力を増加させても体積の収縮はわずかとなる. したがって, 液相である点 A の左側で急激に曲線が上昇する.

4. どんなに圧力を増加させても液化が起こらなくなるのは, 点 C である (臨界点と呼ぶ. 臨界点については問題 60 も参照のこと). 臨界点 C は変曲点であるため, 下記の条件を満たす.

$$\left(\frac{\partial p}{\partial V_m}\right)_T = -\frac{RT}{(V_m - b)^2} + \frac{2a}{V_m{}^3} = 0 \tag{1.89}$$

$$\left(\frac{\partial^2 p}{\partial V_m{}^2}\right)_T = \frac{2RT}{(V_m - b)^3} - \frac{6a}{V_m{}^4} = 0 \tag{1.90}$$

この式を解くと

$$T_c = \frac{8a}{27bR}, \quad V_c = 3b \tag{1.91}$$

が得られる. 物質によって a および b の値は異なるので, 臨界点は異なる.

Chapter 2

熱力学第1法則

物体は運動エネルギーとポテンシャルエネルギーの他に，物質を構成する原子・分子の熱振動の運動エネルギーである内部エネルギーをもっている．また，物体が外部とエネルギーのやりとりをする際に，仕事だけでなく熱によってもエネルギーのやりとりをしている．この内部エネルギーと熱を含めたエネルギーの保存則が熱力学第1法則である．この章では，熱力学第1法則を学ぼう．そして，主に理想気体を例に挙げ，熱力学第1法則を用いることでわかる熱現象の振る舞いを調べよう．

| 問題 | 13 | 気体が外部からされる仕事 | 基本 |

1. 図 2.1 のように，滑らかに動くピストンの付いたシリンダー内に気体が入っている．この気体の体積を V_I から V_F まで，ゆっくりと変化させるとき，気体が外部からされる仕事は

$$W = -\int_{V_I}^{V_F} p\,dV \quad (\text{気体系での仕事}) \tag{2.1}$$

と表されることを示せ．ここで，p は気体の圧力である．

2. 温度を T に保ったまま，物質量 n の理想気体の体積を V_I から V_F まで，ゆっくりと変化させるときに，気体が外部からされる仕事の式を求めよ．ただし，気体定数を R とする．

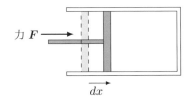

力 F

dx

図 2.1　気体が外部からされる仕事

解説　**過程**　ある熱平衡状態から別の熱平衡状態に系の状態を変化させるとき，その変化を過程という．

準静的過程　状態量は，系が熱平衡状態にあるときに定義できる．常に熱平衡状態であるように系を変化させた場合，その過程を準静的過程という．熱力学において「ゆっくり」と言った場合には「準静的」を意味する．

ところで，ゆっくりとはどの程度なのだろうか．例えば，我々の身の回りにある空気を考えてみよう．空気の熱運動による速さは室温においておおよそ 460 m/s である（第 4 章 問題 58 参照）．また，1 気圧（= 1.01325 × 10⁵ Pa）での平均自由行程（ある衝突から次の衝突までの間に分子が進む平均距離）はおおよそ 70 nm である．したがって，空気を構成する分子は平均で 0.15 ns に 1 回衝突している．厳密に言えば，準静的過程は無限に長い時間をかける過程であるが，我々が通常の速さでピストンを動かすときには，動かしている間に気体分子同士は何回も衝突し，気体はすぐに熱平衡状態へと緩和する．それゆえ，通常の速さでピストンを動かすことは，良い近似で準静的過程と考えられる．

仕事　物体に力 F が働き，物体が微小距離 dx だけ移動したとき，力 F のした仕事 dW は，力の移動方向成分 F_t と dx を用いて $dW = F_t dx$ と書ける．この式を用いて，

ピストンを動かしたときに，シリンダー内の気体が外部からされる仕事を求めよう．

解答

1. ピストンの動く方向に大きさ F の力を加える場合を考える．体積がゆっくりと変化したとき，ピストンが滑らかであれば（ピストンとシリンダーの間に摩擦力が働かなければ），大きさ F の力は，気体がピストンを押す力の大きさとつり合っている．したがって，シリンダーの断面積を S とすると

$$F = pS \tag{2.2}$$

と書ける．一方で，気体が圧縮する方向にピストンが微小距離 dx だけ移動したとき，気体の体積の変化 dV との関係は

$$dx = -\frac{dV}{S} \tag{2.3}$$

である．これらより，ピストンが dx だけ移動する間に気体が外部からされる仕事は

$$dW = -pS \times \frac{dV}{S} = -pdV \tag{2.4}$$

と求まる．気体の体積が V_I から V_F まで変化する場合，その間に気体が外部からされる仕事は

$$W = \int dW = -\int_{V_I}^{V_F} pdV \tag{2.5}$$

となる．ここで，気体の圧力 p は正の値をとるので，気体が圧縮した場合（$V_F < V_I$）は，$W > 0$ となり，気体は外部から仕事をされる．また，気体が膨張した場合（$V_F > V_I$）は，$W < 0$ となり，気体は外部に仕事をする．

2. 理想気体の状態方程式 $p = nRT/V$ を式 (2.1) に代入して計算すれば，気体が外部からされる仕事は，次のように求まる．

$$\begin{aligned} W &= -\int_{V_I}^{V_F} \frac{nRT}{V} dV = -nRT \int_{V_I}^{V_F} \frac{1}{V} dV \\ &= -nRT \left[\ln V\right]_{V_I}^{V_F} \\ &= -nRT \ln\left(\frac{V_F}{V_I}\right) \end{aligned} \tag{2.6}$$

ここでは等温変化を考えているので，温度 T を定数として積分の前に出して計算した．

| 問題 | 14 | 実在気体の等温圧縮 | 基本 |

1. 物質量 n の van der Waals の状態方程式に従う実在気体の体積を，温度を T に保ったまま，V_I から V_F（$V_\mathrm{F} < V_\mathrm{I}$）までゆっくりと圧縮するときに，気体が外部からされる仕事の式は

$$W = -nRT \ln \frac{V_\mathrm{F} - nb}{V_\mathrm{I} - nb} + n^2 a \left(\frac{1}{V_\mathrm{F}} - \frac{1}{V_\mathrm{I}} \right) \quad \text{（実在気体の仕事）} \quad (2.7)$$

　と表されることを示せ．ここで，R は気体定数，a, b は van der Waals 定数である．

2. 気体の圧力が十分に大きい場合と，小さい場合で，van der Waals の状態方程式に従う気体が外部からされる仕事について，どのようなことがいえるか説明せよ．

3. 物質量 1 mol の窒素 N_2 の体積を，温度を 27 ℃ に保ったまま，1 L から 0.1 L までゆっくりと圧縮する．N_2 を van der Waals の状態方程式に従う実在気体と考えて，N_2 が外部からされる仕事を求めよ．また，その値を理想気体と考えた場合と比較せよ．ただし，N_2 の van der Waals 定数を $a = 141 \times 10^{-3}$ Pa·m^6/mol^2，$b = 39.2 \times 10^{-6}$ m^3/mol とし，気体定数を $R = 8.31$ J/(K·mol) とする．

解説　van der Waals の状態方程式（問題 09 参照）に従う実在気体の圧力 p を体積 V の関数として表すと，次のようになる．

$$p = \frac{nRT}{V - nb} - \frac{n^2 a}{V} \quad \text{（実在気体の圧力）} \quad (2.8)$$

実在気体の仕事の式を求めるには，これを気体が外部からされる仕事の式 $W = -\displaystyle\int_{V_\mathrm{I}}^{V_\mathrm{F}} p\,dV$ に代入して積分を実行すればよい．

解答

1. 式 (2.8) を仕事の式に代入し，積分を実行すれば，気体が外部からされる仕事は次のように求まる．

$$
\begin{aligned}
W &= -\int_{V_\mathrm{I}}^{V_\mathrm{F}} p\,dV = -\int_{V_\mathrm{I}}^{V_\mathrm{F}} \left(\frac{nRT}{V - nb} - \frac{n^2 a}{V^2} \right) dV \\
&= -nRT \left[\ln(V - nb) + \frac{n^2 a}{V} \right]_{V_\mathrm{I}}^{V_\mathrm{F}} \\
&= -nRT \ln \frac{V_\mathrm{F} - nb}{V_\mathrm{I} - nb} + n^2 a \left(\frac{1}{V_\mathrm{F}} - \frac{1}{V_\mathrm{I}} \right)
\end{aligned}
\quad (2.9)
$$

ここで，等温変化を考えているので，温度 T を一定として積分の前に出して計算した．

2. 気体の圧力が十分に小さい場合には，気体の体積は十分に大きくなる．したがって，第 1 項の対数の中は $V_{\mathrm{F}}/V_{\mathrm{I}}$ と近似でき，また，第 2 項は無視できる．すなわち，仕事は

$$W \simeq -nRT \ln\left(\frac{V_{\mathrm{F}}}{V_{\mathrm{I}}}\right) \tag{2.10}$$

となり，理想気体が外部からされる仕事（式 (2.6)）に等しくなる．

　一方で気体の圧力が十分に大きい場合には，気体の体積は十分に小さくなる．V_{F} を小さくしていくと，$V_{\mathrm{F}} = nb$ のときに，仕事は正に発散する．これは，排除体積効果のために，これ以上は気体が圧縮できないことを表している．

3. 窒素 N_2 を実在気体と考えた場合には，各値を式 (2.9) に代入して計算すれば，次のように仕事が求まる．

$$\begin{aligned}
W_{\text{実在気体}} = &-8.31 \times 300 \times \ln\left(\frac{1 \times 10^{-4} - 39.2 \times 10^{-6}}{1 \times 10^{-3} - 39.2 \times 10^{-6}}\right) \\
&- 141 \times 10^{-3}\left(\frac{1}{1 \times 10^{-3}} - \frac{1}{1 \times 10^{-4}}\right) \\
= &\, 4.205 \times 10^3 \text{ J}
\end{aligned} \tag{2.11}$$

　一方で，N_2 を理想気体と考えた場合には，次のように仕事が求まる．

$$W_{\text{理想気体}} = -8.31 \times 300 \times \ln\frac{1}{5} = 4.012 \times 10^3 \text{ J} \tag{2.12}$$

したがって，実在気体と理想気体の差は

$$\frac{4.205 - 4.012}{4.205} \times 100 = 4.589\% \tag{2.13}$$

と求まる．ここで，式 (2.11) を見ると，第 1 項と理想気体の仕事との差は $\Delta W_1 = 80.1$ J であり，第 2 項の値は $\Delta W_2 = 112.8$ J である．すなわち，a の寄与が，b の寄与よりも大きい．V_{F} の値をさらに小さくしていくと，図 2.2 のように，ある値で a と b の寄与の大小関係が逆転する．

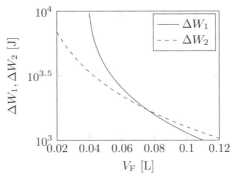

図 **2.2**　実在気体の等温圧縮における仕事

問題 15　磁気系での仕事　　　　　　　　　　　　　　　　　　　　応用

　図 2.3 のように，内部が常磁性体で満たされたソレノイドがある．このソレノイドに電流を流して磁場 $\mathcal{H}$ をつくり，磁性体の全磁化の値をゆっくりと 0 から M にするまでに磁性体がされる仕事 W は，

$$W = \mu_0 \int_0^M \mathcal{H} dM \quad (磁気系での仕事) \tag{2.14}$$

と表されることを示せ．ただし，ソレノイドは十分に長く，端の影響は無視できるものとする．

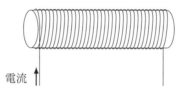

電流

図 2.3　ソレノイド

解　説　ソレノイドの内部の磁場　Ampére の法則により，単位長さ当たりの巻き数 n，流れる電流の強さ I の十分に長いソレノイド内部に生じる磁場は一様で，その大きさは次のように書ける．

$$\mathcal{H} = nI \quad (ソレノイド内部の磁場) \tag{2.15}$$

　Faraday の法則　コイルを貫く磁束 Φ が時間変化するとき，コイルに生じる誘導起電力は次のように書ける．

$$U = -\frac{d\Phi}{dt} \quad (Faraday の法則) \tag{2.16}$$

　いろいろな仕事　ある熱平衡状態から，それに十分に近い別の熱平衡状態への過程の間に，系が外部からされる仕事は，xdX という形で書ける．本書では主に，気体を例に挙げて，力学的仕事 $-pdV$ を扱うが，仕事を，以下に示すようなそれぞれの系のものに置き換えれば，同様の議論を行うことができる．

- 弾性力のする仕事：ゴム紐が大きさ σ を受けてゆっくりと，長さが dL だけ引き伸ばされたとき，ゴム紐が外部からされる仕事は σdL となる．
- 表面張力のする仕事：大きさ S の表面張力を受けて，表面積が dA だけゆっくりと変化するとき，系が外部からされる仕事は SdA となる．
- 荷電粒子を移動するときの仕事：電気量 q の電荷を，大きさ E の電場の下で，電場の方向に dx だけゆっくりと動かすとき，系が電場からされる仕事は $qEdx$ となる．

解答

ソレノイドに電流を流すと，Faraday の法則より，コイルには誘導起電力 $U = -d\Phi/dt$ が生じる．

ソレノイドの断面積を S，長さを L，単位長さ当たりの巻き数を n とし，ソレノイド内部の磁束密度の大きさを B とすると，ソレノイドを貫く正味の磁束は，1 巻きのコイルを貫く磁束 BS と，ソレノイドの巻き数 nL の積であり

$$\Phi = BS \times nL = nVB \tag{2.17}$$

となる．ここで，$V = SL$ はソレノイドの体積である．式 (2.17) を Faraday の法則に代入すると，誘導起電力が次のように求まる．

$$U = -\frac{d\Phi}{dt} = -nV\frac{dB}{dt} \tag{2.18}$$

ソレノイドに流れる電流を I とすると電源は，この誘導起電力に逆らって，電流 I を流し続けるために仕事をしなければならない．時間 dt の間に電源のする仕事は，$dW = -UIdt$ であるから

$$dW = nV\frac{dB}{dt} \times Idt = VnIdB \tag{2.19}$$

となる．

μ_0 を真空の透磁率，$\mathcal{H}$ をソレノイド内部の磁場，m を単位体積当たりの磁性体の磁化としたとき，$B = \mu_0(\mathcal{H} + m)$ と表される．ソレノイド内部に生じる磁場は $\mathcal{H} = nI$ であるから

$$dW = V\mathcal{H}dB = \mu_0 V\mathcal{H}d\mathcal{H} + \mu_0 V\mathcal{H}dm \tag{2.20}$$

となる．

右辺第 1 項は

$$\mu_0 V\mathcal{H}d\mathcal{H} = Vd\left(\frac{\mu_0\mathcal{H}^2}{2}\right) = Vde_{\mathrm{M}} \tag{2.21}$$

である．ここで，$e_{\mathrm{M}} = \mu_0\mathcal{H}^2/2$ は真空における磁場のエネルギー密度であるから，第 1 項は磁性体がない場合に，磁場 $\mathcal{H}$ をつくるのに要する仕事を表している．この項は，通常，磁性体の熱力学を扱うときには，磁性体がされた仕事として考えない．

右辺第 2 項は磁性体の磁化を dm だけ増やすのに要する仕事である．磁性体の全磁化 M（$M = Vm$）を導入すると，磁性体の磁化を 0 から M にするのに要する仕事は，第 2 項を M について 0 から M まで積分して

$$W = \mu_0 \int_0^M \mathcal{H}dM \tag{2.22}$$

と求まる．

なお，熱力学の教科書では $\mu_0 = 1$ とする単位系を用いているものも多い．本書でも簡単のために，$\mu_0 = 1$ とする単位系を用いる．

| 問題 | 16 | サイクルで吸収される熱量と仕事 1 | 基本 |

気体の圧力 p と体積 V を図 2.4 の A→B→C→D→A のように変化させた.

1. 1 サイクル A→B→C→D→A の間に気体が外部からされた正味の仕事を求めよ.
2. 1 サイクル A→B→C→D→A の間に気体が外部から吸収した正味の熱量を求めよ.

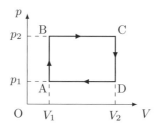

図 2.4　定積過程と定圧過程からなるサイクル

解 説　p–V 図　縦軸を圧力 p, 横軸を体積 V として描いたグラフを p–V 図という. 通常, 1 種類の分子からなる気体の系の熱平衡状態は 2 つの状態量で指定できるので, p–V 図上の 1 点になる. 準静的過程は, その途中も全て熱平衡状態であるので, p–V 図において曲線で表せる. また, 仕事の式から明らかなように, 気体の体積を V_I から V_F まで変化させたときの気体が外部からされる仕事の大きさは p–V 図の $p = p(V)$ の曲線と, $p = 0$ の軸, $V = V_I$, $V = V_F$ の 3 つの直線に囲まれた領域の面積に対応する.

熱力学第 1 法則　系がある変化の間に外部から加えられた熱量 Q と, 系が外部からされた仕事 W の和は系の内部エネルギーの変化 ΔU (= (終わりの内部エネルギー) − (始めの内部エネルギー)) に等しい. これを式で書くと次のようになる.

$$\Delta U = Q + W \quad (熱力学第 1 法則) \tag{2.23}$$

これを熱力学第 1 法則という.

いま, 非常に近い 2 つの熱平衡状態を考えると, 内部エネルギーの変化は全微分で書ける. 一方で, 熱量 Q, 仕事 W は小さい値だが, これらは状態量ではないので, 全微分で書けない. そこで, 全微分ではないが, 微小量であることを明らかにするために, それぞれ, dQ, dW と書く. そうすると, 熱力学第 1 法則は次のようになる.

$$dU = dQ + dW \quad (微小変化での熱力学第 1 法則) \tag{2.24}$$

サイクル　始めの状態と終わりの状態が同じ過程をサイクルという. 1 サイクルを行うとき, 系はもとの状態に戻るので, $\Delta U = 0$ である. これを熱力学第 1 法則に代入す

ると

$$Q = -W \tag{2.25}$$

となる．すなわち，1 サイクルの間に系に加えられた熱量は，系が外部にする仕事に等しい．

外部から熱を加えないで永久に仕事をし続ける熱機関を**第 1 種永久機関**という．式 (2.25) から第 1 種永久機関は存在しないことがわかる．

解 答

1.
- A→B では，気体の体積は変化しないので気体がされる仕事は $W_{A \to B} = 0$ となる．
- B→C では，気体は V_1 から V_2 まで膨張するので，気体がされる仕事は $W_{B \to C} = -p_2(V_2 - V_1)$ となる．
- C→D では，気体の体積は変化しないので気体がされる仕事は $W_{C \to D} = 0$ となる．
- D→A では，気体は V_2 から V_1 まで圧縮するので，気体がされる仕事は $W_{D \to A} = -p_1(V_1 - V_2)$ となる．

したがって，1 サイクル A→B→C→D→A の間に気体が外部からされた正味の仕事は $-p_2(V_2 - V_1) - p_1(V_1 - V_2) = -(p_2 - p_1)(V_2 - V_1)$ となる．p–V 曲線が囲む面積は，圧力が高いときに膨張する場合は，1 サイクルの間に気体が外部にする仕事に等しくなり，圧力が高いときに圧縮する場合は，1 サイクルの間に気体が外部からされる仕事に等しくなる．

2. 始めの状態 (A) と終わりの状態 (A) が等しいので，始めと終わりで気体のエネルギーの変化は $\Delta U = 0$ である．したがって，熱力学第 1 法則より，$Q = -W$ である．ゆえに，系が吸収した熱量は次のようになる．

$$Q = (p_2 - p_1)(V_2 - V_1) \tag{2.26}$$

問題　17　熱力学第 1 法則の応用 1　　　　　　　　　　　　　基本

　図 2.5 のように滑らかに動くピストンがついた容器内に理想気体が封入してあり，気体の圧力が 2.0×10^5 Pa に保たれている．この気体に熱量 5.0 kJ を加えると，気体の体積が 1.0×10^{-2} m^3 だけ増加した．気体定数を R [J/(K·mol)] とし，熱は外部に逃げていかないとして以下の問いに答えよ．

1.　熱量を加えたことによる気体の内部エネルギーの変化量を求めよ．
2.　この気体の定圧モル比熱を求めよ．
3.　この気体の定積モル比熱を求めよ．

ピストン

図 2.5　シリンダー容器内に封入された理想気体

解 説　　　1. 前問と同様に，Q を気体に加えた熱量，W を気体が外部からされた仕事としたとき，内部エネルギー ΔU の変化は熱力学第 1 法則

$$\Delta U = Q + W \tag{2.27}$$

より求めることができる．

2. 気体が定圧のもとに吸収した熱量を Q，そのときの温度変化を ΔT，気体の物質量を n とすれば，定圧モル比熱の定義は

$$C_{p,m} = \frac{Q}{n \Delta T} \tag{2.28}$$

である．定圧モル比熱はこの式と理想気体の状態方程式を用いて求めればよい．

3. 気体が定積のもとに吸収した熱量は，熱力学第 1 法則より，気体の内部エネルギーの変化に等しい．したがって，定積モル比熱は

$$C_{V,m} = \frac{\Delta U}{n \Delta T} \tag{2.29}$$

と書くことができる．定積モル比熱はこの式を用いて求めればよい．

解 答

1. 圧力が一定であるから，熱を加える前の気体の体積を V_1，加えた後の気体の体積を V_2 とすると，気体が外部からされた仕事は

$$W = \int dW = -p \int_{V_1}^{V_2} dV = -p(V_2 - V_1) \tag{2.30}$$

となる．したがって，熱力学第 1 法則より，内部エネルギーの変化量は

$$\Delta U = Q - p(V_2 - V_1) \tag{2.31}$$

となる．これに，$Q = 5.0 \times 10^3$ J, $p = 2.0 \times 10^5$ Pa, $V_2 - V_1 = 1.0 \times 10^{-2}$ m^3 を代入すると

$$\Delta U = 5.0 \times 10^3 - 2.0 \times 10^5 \times 10 \times 10^{-2} = 3.0 \times 10^3 \text{ J} \tag{2.32}$$

となる．

2. 熱を加える前の気体の温度を T_1，加えた後の気体の温度を T_2 とすると気体の温度変化は

$$\Delta T = T_2 - T_1 = \frac{1}{nR}(pV_1 - pV_2)$$
$$= \frac{2.0 \times 10^3 \text{ J}}{nR} \tag{2.33}$$

となる．ただし，n は気体の物質量である．定圧モル比熱は

$$C_{p,m} = \frac{Q}{n\Delta T} = \frac{5.0 \times 10^3 \text{ J}}{2.0 \times 10^3 \text{ J}} \times R = 2.5R \tag{2.34}$$

と求まる．

3. 内部エネルギーの変化 ΔU が定積のもとで温度上昇するときに吸収する熱に等しいので，定積モル比熱は

$$C_{V,m} = \frac{\Delta U}{n\Delta T} = \frac{3.0 \times 10^3 \text{ J}}{2.0 \times 10^3 \text{ J}} \times R = 1.5R \tag{2.35}$$

となる．

| 問題 | 18 | Joule の法則 | 基本 |

　図 2.6 のように，断熱壁に囲まれた 2 つの容器 A，B がコックをもつ細い管でつながれており，容器 A には理想気体を入れておき，B は真空にしておく．コックを開いたときに気体の温度が下がらなかったならば，理想気体の内部エネルギーは体積や圧力に依らず，温度のみの関数となることを示せ．理想気体の内部エネルギーが温度のみの関数となることを **Joule の法則**という．

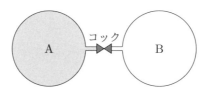

図 2.6　理想気体の自由膨張

| 解 説 |

内部エネルギー　物体の全エネルギーは，巨視的なエネルギーと微視的なエネルギーに分けられる．ここで，巨視的なエネルギーとは，物体全体の運動の運動エネルギーやポテンシャルエネルギーである．一方で，微視的なエネルギーとは，系を構成する分子の運動や分子間の相互作用である．この微視的なエネルギーを内部エネルギーという．熱力学では，内部エネルギーの変化に興味があるので，ほとんどの場合，物体の巨視的エネルギーが一定の問題を考える．この場合には，物体の全エネルギー変化が内部エネルギーの変化になる．

　気体の内部エネルギー　第 3 章の問題 51 では，状態方程式が $pV = nRT$ の形で書ける理想気体の場合，Joule の法則が成り立つことが示せる．また，第 4 章の問題 59 では，微視的な観点から，理想気体の内部エネルギーが

$$U_{理想気体}(T) = \frac{3}{2}nRT \quad （単原子分子理想気体） \tag{2.36}$$

$$U_{理想気体}(T) = \frac{5}{2}nRT \quad （2 原子分子理想気体） \tag{2.37}$$

となることが示せる．

　van der Waals の状態方程式に従う実在気体では，Joule の法則は近似的にしか成り立たない．これは，分子同士が相互作用をしているからである．実際に，van der Waals の状態方程式に従う実在気体の内部エネルギーは，次のように書ける．

$$U(T, V) = U_{理想気体}(T) - \frac{n^2 a}{V} \quad （実在気体） \tag{2.38}$$

van der Waals 係数 a は正の値（引力）であるから，第 2 項である相互作用項の大きさは膨張によって増加し（負の値をとり，絶対値が小さくなる），その分，分子の運動エネ

ルギーが減少して，わずかに，気体の温度が下がる．Joule は 1845 年にこの実験を行ったが，精度が低かったために温度の低下は観測されなかった．その後，1861 年に Joule と Thomson による別の実験によって，理想気体からのずれが観測された．

合成関数と逆関数の偏導関数　x と y の 2 変数関数 $f(x,y)$ を考えたとき，$g(x,y)$ を媒介として，次の関係が成り立つ．

$$\left(\frac{df}{dx}\right)_y = \left(\frac{df}{dg}\right)_y \left(\frac{dg}{dx}\right)_y \quad \text{（合成関数の偏導関数）} \tag{2.39}$$

また，2 つの変数 y, z の関数 $x(y,z)$ を考え，その逆関数を $y(x,z)$ としたとき，次の関係が成り立つ．

$$\left(\frac{\partial x(y,z)}{\partial y}\right)_z = \frac{1}{\left(\frac{\partial y(x,z)}{\partial x}\right)_z} \quad \text{（逆関数の偏導関数）} \tag{2.40}$$

解 答

1 種類の分子からなる気体の熱平衡状態は 2 つの状態量で指定できる．そこで，内部エネルギー U を温度 T と体積 V の関数 $U = U(T,V)$ であると考える．コックを開いた後で気体分子は真空中に広がり，物体を押さないので，気体は外部と仕事のやりとりはない．一方で，容器は断熱壁で囲まれているので，外部と熱のやりとりもない．したがって，コックを開いた後で内部エネルギーは変化しない．コックを開いた後で気体の温度が変わらないならば，内部エネルギーと気体の温度が変わらないので，体積のみが増加したことになる．このことから，理想気体の内部エネルギーは体積に依らないことがわかる．これを式で書くと次のようになる．

$$\left(\frac{\partial U}{\partial V}\right)_T = 0 \tag{2.41}$$

また，体積 V を温度 T と圧力 p の関数 $V(T,p)$ と考えれば，合成関数の偏導関数の公式 (2.39) より

$$\left(\frac{\partial U}{\partial p}\right)_T = \left(\frac{\partial U}{\partial V}\right)_T \left(\frac{\partial V}{\partial p}\right)_T \tag{2.42}$$

が成り立つ．これに式 (2.41) を代入して

$$\left(\frac{\partial U}{\partial p}\right)_T = 0 \tag{2.43}$$

を得る．すなわち，内部エネルギーは圧力にも依らない．

問題　19　混合気体　　　　基本

問題　19　混合気体　　　　基本

　図 2.7 のように，断熱壁に囲まれた体積 V_A, V_B の 2 つの容器 A, B がコックをもつ細い管でつながれている．コックを閉じた状態で，容器 A に物質量 n_A の単原子分子理想気体を入れたところ，A の気体の圧力が p_A に，容器 B に物質量 n_B の単原子分子理想気体を入れたところ，B の気体の圧力が p_B になった．

1. コックを開いて十分に時間が経った後の，混合気体の温度を求めよ．
2. コックを開いて十分に時間が経った後の，混合気体の圧力を求めよ．
3. コックを開いてから十分に時間が経つまでに，A に入っていた気体から B に入っていた気体に移動したエネルギーを求めよ．

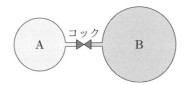

図 2.7　混合気体

解説　容器は断熱壁に囲まれているので，外部との熱のやりとりはないが，コックを開いた後で，容器 A に入れた気体と B に入れた気体との間でエネルギーのやりとりをすることには注意する．その結果，A, B の気体は十分に時間が経った後では同じ温度になる．

　ところで，ここでは理想気体を考えている．理想気体は気体分子同士の相互作用がないので，エネルギーのやりとりができないと考えるかもしれない．しかし，それではこのような問題を扱うことができない．そこで，理想気体においても，熱平衡に到達するための十分に弱い相互作用はあると考えるのである．

解答

1. 混合前と混合後の物質量は保存されるので，混合後の物質量を n_F とすると

$$n_F = n_A + n_B \tag{2.44}$$

が成り立つ．

　さらに，容器は断熱壁に囲まれているので，外部との熱のやりとりはなく，混合前と後の 2 つの気体のエネルギーの和は等しい．したがって，気体定数を R，混合前の容器 A, B の気体の温度をそれぞれ T_A, T_B，混合後の気体の温度を T_F とすると

$$\frac{3}{2}n_\mathrm{F}RT_\mathrm{F} = \frac{3}{2}(n_\mathrm{A}RT_\mathrm{A} + n_\mathrm{B}RT_\mathrm{B}) \tag{2.45}$$

が成り立つ.

式 (2.45) に式 (2.46) を代入して，理想気体の状態方程式を用いると

$$T_\mathrm{F} = \frac{p_\mathrm{A}V_\mathrm{A} + p_\mathrm{B}V_\mathrm{B}}{(n_\mathrm{A} + n_\mathrm{B})R} \tag{2.46}$$

と求まる.

2. 混合後の気体の圧力を p_F とすると，理想気体の状態方程式より

$$n_\mathrm{F}RT_\mathrm{F} = p_\mathrm{F}(V_\mathrm{A} + V_\mathrm{B}) \tag{2.47}$$

$$n_\mathrm{A}RT_\mathrm{A} = p_\mathrm{A}V_\mathrm{A} \tag{2.48}$$

$$n_\mathrm{B}RT_\mathrm{B} = p_\mathrm{B}V_\mathrm{B} \tag{2.49}$$

と書ける. これを式 (2.45) に代入すると

$$p_\mathrm{F}(V_\mathrm{A} + V_\mathrm{B}) = p_\mathrm{A}V_\mathrm{A} + p_\mathrm{B}V_\mathrm{B} \tag{2.50}$$

となる. これを p_F について解けば

$$p_\mathrm{F} = \frac{p_\mathrm{A}V_\mathrm{A} + p_\mathrm{B}V_\mathrm{B}}{V_\mathrm{A} + V_\mathrm{B}} \tag{2.51}$$

と求まる.

3. 容器 A に入っていた気体から B に入っていた気体に移動したエネルギーは

$$\Delta E = \frac{3}{2}nR(T_\mathrm{A} - T_\mathrm{F}) = \frac{3}{2}R\frac{n_\mathrm{A}n_\mathrm{B}}{n_\mathrm{A} + n_\mathrm{B}}(T_\mathrm{A} - T_\mathrm{B})$$
$$= \frac{3}{2}\frac{n_\mathrm{B}p_\mathrm{A}V_\mathrm{A} - n_\mathrm{A}p_\mathrm{B}V_\mathrm{B}}{n_\mathrm{A} + n_\mathrm{B}} \tag{2.52}$$

と求まる. $p_\mathrm{A}V_\mathrm{A} > p_\mathrm{B}V_\mathrm{B}$ ($T_\mathrm{A} > T_\mathrm{B}$) のとき, ΔE は正の値をとる. これは, 容器 A の気体から B の気体へエネルギーが移動することを表している. $p_\mathrm{A}V_\mathrm{A} < p_\mathrm{B}V_\mathrm{B}$ ($T_\mathrm{A} < T_\mathrm{B}$) のとき, ΔE は負の値をとる. これは, 容器 B の気体から A の気体へエネルギーが移動することを表している.

| 問題 | 20 | 熱力学第 1 法則の応用 2 | 基本 |

大気圧 1.0×10^5 Pa のもとで，温度 100 °C に保ったまま，水を水蒸気にするには 1 mol 当たり 4.07×10^4 J の熱が必要となる．質量 1.0 g の水が全て水蒸気になったとき，次の量を求めよ．ただし，水蒸気は理想気体とみなせるものとし，また，100 °C における水の密度を 9.6×10^2 kg/m^3 とする.

1. 水蒸気の体積
2. 吸収した熱量
3. 外部にした仕事
4. 内部エネルギーの変化量

解 説　　1. 水素原子の原子量は 1，酸素原子の原子量は 16 であるから，これより水（H_2O）のモル質量（1 モル当たりの質量）を求め，そして，1.0 g の水分子の物質量を求める．これと理想気体の状態方程式 $pV = nRT$ を用いることで，水蒸気の体積を求められる.

2. 1 mol 当たりに要する熱量がわかっているので，それに物質量を掛ければ求めることができる.

3. 100 °C における水の密度を 9.6×10^2 kg/m^3 として水の体積を求める，また，1. で水蒸気の体積が求まっているので，定圧過程の仕事の式を使って求められる.

4. 気体が吸収した熱量と外部にした仕事がわかっているので，熱力学第 1 法則を用いて求められる.

解 答

1. 水のモル質量（1 モル当たりの質量）は $2 \times 1 + 16 = 18$ g/mol であるから，水 1.0 g は

$$\frac{1.0 \text{ g}}{18 \text{ g/mol}} = \frac{1}{18} \text{ mol} \tag{2.53}$$

となる．したがって，理想気体の状態方程式より，水の体積は

$$V = \frac{nRT}{p} = \frac{1}{18} \times (22.4 \times 10^{-3}) \times \frac{373}{273} = 1.7\emptyset \times 10^{-3}$$
$$= 1.7 \times 10^{-3} \text{ m}^3 \tag{2.54}$$

となる.

2. 水が全て水蒸気になるまでに，水が吸収した熱量は

$$Q = 4.07 \times 10^4 \times \frac{1}{18} = 2.26\emptyset \times 10^3$$
$$= 2.26 \times 10^3 \text{ J} \tag{2.55}$$

となる.

3. 水が全て水蒸気になるまでに，水が外部にした仕事は，圧力を p，水の体積を V_1，水蒸気の体積を V_2 とすると

$$-W = -\int dW = \int pdV = p\int_{V_1}^{V_2} dV = p(V_2 - V_1) \tag{2.56}$$

と書ける．これに $p = 1.0 \times 10^5\ \mathrm{Pa}$, $V_1 = 1.0 \times 10^{-3}/(9.6 \times 10^2) = 1 \times 10^{-6}\ \mathrm{m}^3$, $V_2 = 1.7 \times 10^{-3}\ \mathrm{m}^3$ を代入して

$$
\begin{aligned}
-W &= 1.0 \times 10^5 \times (1.7 \times 10^{-3} - 1 \times 10^{-6}) \\
&= 1.7 \times 10^2\ \mathrm{J}
\end{aligned}
\tag{2.57}
$$

を得る．ここで，W の前の負符号は，W が気体が外部からされる仕事であり，$-W$ が気体が外部にする仕事であることを表している．

4. 水から全て水蒸気になるまでの内部エネルギーの変化量は，熱力学第 1 法則より

$$
\begin{aligned}
\Delta U &= Q + W \\
&= 2.26 \times 10^3 - 1.7 \times 10^2 = 2.09 \times 10^3\ \mathrm{J}
\end{aligned}
\tag{2.58}
$$

となる．

　すなわち，定圧のもとで水が水蒸気になるとき，加えた熱のうち，およそ $1.7/22.6 \times 100 = 7.5\%$ が外部にする仕事に使われ，残りの 92.5% が内部エネルギーの増加に使われている．

問題 21　力学的エネルギーを含めた熱力学第 1 法則　　　　応用

　図 2.8 のように滑らかに動く質量 M のピストンの付いた，底面積 S の円筒状の
シリンダー容器を鉛直に立て，その容器内に物質量 n の単原子分子理想気体を封入
する．シリンダーには電熱器が付いており，気体を暖められる．電熱器によって気
体をゆっくりと暖めると，容器の底からピストンまでの高さが h から $2h$ になった．
大気圧を p_0，気体定数を R，重力加速度の大きさを g とする．また，気体に働く重
力は無視できるものとし，熱は気体と電熱器の間でしかやりとりをしないとして以
下の問いに答えよ．

1.　系として気体のみを考えて，この状態変化の間に系が外部からされた仕事，
　　系の内部エネルギーの変化，系の外部から吸収した熱量を求めよ．

2.　気体とピストンの両方を 1 つの系として考えて，この状態変化の間に系が外
　　部からされた仕事，系の内部エネルギーの変化，系が外部から吸収した熱量
　　を求めよ．

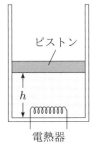

ピストン

h

電熱器

図 2.8　ピストンと電熱器のついたシリンダー容器

解説　　2. ではピストンの位置エネルギーが変化するので，力学的エネルギーの変化
も含めた熱力学第 1 法則を用いなければならない．

　運動エネルギーの変化を $\Delta E_{\text{K.E.}}$，ポテンシャルエネルギーの変化を $\Delta E_{\text{P.E.}}$ とすれ
ば，熱力学第 1 法則は次のようになる．

$$\Delta U + \Delta E_{\text{K.E.}} + \Delta E_{\text{P.E.}} = Q + W \tag{2.59}$$

解答

1.　気体のみからなる系を考える．気体の圧力を p とすると，力のつり合いの式は

$$pS = p_0 S + Mg \tag{2.60}$$

となるから，気体の圧力は

$$p = p_0 + \frac{Mg}{S} \tag{2.61}$$

となる．したがって，系が外部（ピストン）からされた仕事は

$$W = -p\Delta V = -p(2h - h)S = -(p_0 S + Mg)h \tag{2.62}$$

となる．負符号は，系が外部に仕事をしたことを表している．

始めの気体の体積は Sh であるから，始めの気体の温度は

$$T_{\mathrm{I}} = \frac{pSh}{nR} = \frac{(p_0 S + Mg)h}{nR} \tag{2.63}$$

である．また，終わりの気体の体積は $2Sh$ であるから，終わりの気体の温度は

$$T_{\mathrm{F}} = \frac{pS(2h)}{nR} = \frac{2(p_0 S + Mg)h}{nR} \tag{2.64}$$

である．したがって，内部エネルギーの変化は

$$\Delta U = \frac{3}{2}nR(T_{\mathrm{F}} - T_{\mathrm{I}}) = \frac{3}{2}(p_0 S + Mg)h \tag{2.65}$$

と求まる．
熱力学第 1 法則より，気体が電熱器から吸収した熱量は

$$Q = \Delta E - W = \frac{5}{2}(p_0 S + Mg)h \tag{2.66}$$

と求まる．

2. 気体とピストンの両方を 1 つの系として考えると，ピストンが外部の気体を押す
力は $p_0 S$ であるから，ピストンが外部からされた仕事は

$$W = -p_0 \Delta V = -p_0 Sh \tag{2.67}$$

となる．一方で，気体の内部エネルギーの変化は，気体の温度のみで決まるので，
1. と同じであり

$$\Delta U = \frac{3}{2}nR(T_{\mathrm{F}} - T_{\mathrm{I}}) = \frac{3}{2}(p_0 S + Mg)h \tag{2.68}$$

と求まる．
気体が電熱器から吸収した熱量を求める際には，力学的エネルギーの変化を含め
た熱力学第 1 法則（式 (2.59)）を用いなくてはならない．ポテンシャルエネル
ギーの変化は $\Delta E_{\mathrm{P.E.}} = Mgh$ であるから，気体が電熱器から吸収した熱量は

$$\begin{aligned} Q &= \Delta E + \Delta E_{\mathrm{P.E.}} - W = \frac{3}{2}(p_0 S + Mg)h + Mgh + p_0 Sh \\ &= \frac{5}{2}(p_0 S + Mg)h \end{aligned} \tag{2.69}$$

となる．もちろん，気体が電熱器から吸収した熱量は何を系と考えるかに依らな
いので，1. と 2. の Q の値は等しくなる．

| 問題 | 22 | サイクルで吸収される熱量と仕事 2 | 基本 |

物質量 n の理想気体の圧力 p, 体積 V を図 2.9(a) の A→B→A のように変化させた.

1. 過程 A→B の間に, 気体が外部からされた仕事と気体が吸収した熱量を求めよ.

2. 過程 B→A の間に, 気体が外部からされた仕事と気体が吸収した熱量を求めよ.

3. このサイクル A→B→A で, 気体の温度が最も高くなるときの気体の体積, 圧力, 温度を求めよ.

ただし, A→B は

$$\left(\frac{p}{p_0} - 1\right)^2 + \left(\frac{V}{V_0} - 1\right)^2 = 9 \tag{2.70}$$

を満たす楕円弧であり, B→A は等温過程である. また, 気体定数を R とする.

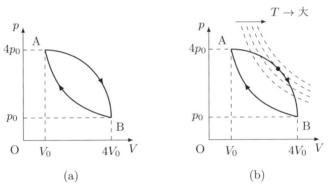

図 2.9　楕円弧と等温過程からなるサイクル

解説　**理想気体の等温過程**　理想気体の状態方程式を変形すると $p = nRT/V$ と書ける. つまり, 理想気体の等温過程の p–V 曲線は反比例の形になる.

3. を解くには, 図 2.9(b) のように, いろいろな温度での等温過程の p–V 曲線を想像するとわかりやすい. そうすると, 線分 AB とある温度の等温曲線が接する点（図の黒丸）において, 気体の温度が最も高くなることがわかる.

解答

1. 過程 A→B の間に気体が外部からされた仕事 $W_{A \to B}$ は大きさが図の楕円弧 AB
と V 軸，$V = V_0$ および $4V_0$ の直線に囲まれた領域の面積に対応するから

$$W_{A \to B} = -\left(\frac{9\pi}{4} + 3\right) p_0 V_0 \tag{2.71}$$

と求まる．負符号は気体が膨張し，外部に仕事をしたことを表している．

　状態 A，B は等温曲線で結ばれているので，A と B の温度は等しい．理想気体
の内部エネルギーは温度のみの関数であるから，状態 A と B の内部エネルギー
が等しいことがわかる．したがって，熱力学第 1 法則より，過程 A→B の間に気
体が吸収した熱量 $Q_{A \to B}$ は

$$Q_{A \to B} = -W_{A \to B} = \left(\frac{9\pi}{4} + 3\right) p_0 V_0 \tag{2.72}$$

と求まる．

2. 過程 B→A の間に気体が外部からされた仕事 $W_{B \to A}$ は，状態 A および B での
気体の温度を T_0 とすると，理想気体の状態方程式を用いて

$$W_{B \to A} = -\int_{4V_0}^{V_0} p dV = -nRT_0 \int_{4V_0}^{V_0} \frac{1}{V} dV$$
$$= nRT_0 \ln 4 = (4 \ln 4) p_0 V_0 \tag{2.73}$$

と求まる．

　1. と同様に，状態 A と B の温度は等しいので熱力学第 1 法則より，過程 B→A
の間に気体が吸収した熱量 $Q_{B \to A}$ は

$$Q_{B \to A} = -W_{B \to A} = -(4 \ln 4) p_0 V_0 \tag{2.74}$$

と求まる．

3. 楕円弧と等温曲線 $p = nRT/V$ が接する点は，$p/p_0 = V/V_0 = 3\sqrt{2}/2 + 1$ の点
であるから，気体の温度が最も高くなるときの気体の体積，圧力，温度はそれぞれ

$$V = \left(\frac{3\sqrt{2}}{2} + 1\right) V_0 \tag{2.75}$$

$$p = \left(\frac{3\sqrt{2}}{2} + 1\right) p_0 \tag{2.76}$$

$$T = \frac{1}{nR} pV = \frac{1}{nR}\left(\frac{3\sqrt{2}}{2} + 1\right)^2 p_0 V_0 \tag{2.77}$$

となる．

<table>
<tr><td>問題 23</td><td>Mayer サイクル</td><td>基本</td></tr>
</table>

　図 2.10 のように，物質量 n，圧力 p_1，体積 V_1，温度 T_1（状態 A）の理想気体を，体積を一定に保ったままゆっくりと加熱したところ，圧力が p_2 になった（状態 B）．次に，この気体を圧力が p_1 になるまで断熱自由膨張させたところ，体積が V_2 になった（状態 C）．最後に圧力を p_1 に保ったまま，体積を V_2 から V_1 までゆっくりと圧縮して状態 A に戻した．このサイクルを **Mayer サイクル**という．図の状態 B から C の過程は準静的ではないので，破線で描いている．

1. 状態 B の気体の温度を求めよ．
2. 定圧モル比熱を $C_{p,m}$ として，状態 A から状態 B までに気体が外部からされる仕事と気体が吸収する熱量を求めよ．
3. 状態 B から状態 C までに気体が外部からされる仕事と気体が吸収する熱量を求めよ．
4. 定積モル比熱を $C_{V,m}$ として，状態 C から状態 A までに気体が外部からされる仕事と気体が吸収する熱量を求めよ．
5. 理想気体の定圧モル比熱 $C_{p,m}$ と定積モル比熱 $C_{V,m}$ の間に

$$C_{p,m} - C_{V,m} = R \quad （\text{Mayer の関係式}） \tag{2.78}$$

の関係が成り立つことを示せ．これを **Mayer の関係式**という．ただし，R は気体定数である．

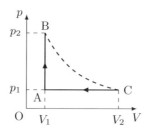

図 2.10　Mayer サイクル

<hr>

解説　Mayer の関係式 (2.78) は，定積モル比熱に比べて，定圧モル比熱が大きいことを表している．これは，定積過程では，気体は外部に仕事をしないので，気体に加えた熱の全てが内部エネルギーの増加に使われるからである．

　液体や固体では，気体に比べて定積モル比熱と定圧モル比熱との差は小さくなる．これは，液体や固体を加熱しても気体ほど体積が変化しないからである．

解答

1. 理想気体の状態方程式より状態 B の温度は $T_2 = p_2 T_1 / p_1$ である.

2. A→B は定積過程なので，気体が外部からされる仕事は $W_{A \to B} = 0$ である. また，気体が吸収する熱量は

$$Q_{A \to B} = n C_{p,m} (T_2 - T_1) \tag{2.79}$$

である.

3. B→C は断熱自由膨張なので，$W_{B \to C} = Q_{B \to C} = 0$

4. C→A は定圧圧縮なので，気体がされる仕事は $W_{C \to A} = p_1 (V_2 - V_1)$ である. また，状態 C の温度は T_2 であるから，理想気体の状態方程式より，気体が吸収する熱量は

$$Q_{C \to A} = n C_{V,m} (T_1 - T_2) \tag{2.80}$$

である.

5. 1 サイクルを行うとき，系の内部エネルギーの変化は $\Delta U = 0$ であるから，熱力学第 1 法則より

$$Q_{A \to B} + Q_{B \to C} + Q_{C \to A} + W_{A \to B} + W_{B \to C} + W_{C \to A} = 0 \tag{2.81}$$

が成り立つ. したがって

$$n C_{p,m} (T_2 - T_1) + n C_{V,m} (T_1 - T_2) + p_1 (V_2 - V_1) = 0 \tag{2.82}$$

となる. ここで理想気体の状態方程式より $p_1 V_2 = n R T_2$, $p_1 V_1 = n R T_1$ であるから

$$n C_{p,m} (T_2 - T_1) + n C_{V,m} (T_1 - T_2) + n R (T_2 - T_1) = 0 \tag{2.83}$$

となる. 第 3 項を移項して両辺を $n(T_2 - T_1)$ で割ると，Mayer の関係式

$$C_{p,m} - C_{V,m} = R \tag{2.84}$$

が求まる.

Mayer の関係式を導く際に，状態 B と状態 C とで気体の温度が変わらないとしたことに注意にしよう. これからわかるように，Mayer の関係式は理想気体でのみ成り立つ.

問題 **24** **比熱の関係式** **基本**

1. 定圧モル比熱 $C_{p,m}$ と定積モル比熱 $C_{V,m}$ の関係式，

$$C_{p,m} - C_{V,m} = \frac{1}{n}\left\{\left(\frac{\partial U}{\partial V}\right)_T + p\right\}V\alpha_p \tag{2.85}$$

を示せ．ただし，n は考えている物質の物質量，U は内部エネルギー，V は体積，p は圧力，$\alpha_p = (\partial V/\partial T)_p/V$ は定圧膨張率である．

2. 式 (2.85) と理想気体の状態方程式および Joule の法則（問題 18）を用いて，問題 23 で導いた Mayer の関係式

$$C_{p,m} - C_{V,m} = R \tag{2.86}$$

を導け．ただし，R は気体定数である．

3. 式 (2.85) と van der Waals の状態方程式および，実在気体の内部エネルギーの式 (2.38) を用いて実在気体の定圧モル比熱 $C_{p,m}$ と定積モル比熱 $C_{V,m}$ の関係式を導け．

解説 x, y の 2 変数関数 $f(x,y)$ の全微分は

$$df(x,y) = \left(\frac{\partial f}{\partial x}\right)_y dx + \left(\frac{\partial f}{\partial y}\right)_x dy \tag{2.87}$$

と書ける．通常，1 種類の分子からなる気体では，状態は 2 つの状態量によって決められる．例えば，内部エネルギー U を温度 T，体積 V の関数として考えて，

$$dU(T,V) = \left(\frac{\partial U}{\partial T}\right)_V dT + \left(\frac{\partial U}{\partial V}\right)_T dV \tag{2.88}$$

と書ける．これと比熱の定義式 $C_m = \lim_{\Delta T \to 0}(dQ/\Delta T)/n$ を用いて式 (2.85) を導こう．

解答

1. 内部エネルギー U を温度 T，体積 V の関数とすれば，

$$dU(T,V) = \left(\frac{\partial U}{\partial T}\right)_V dT + \left(\frac{\partial U}{\partial V}\right)_T dV \tag{2.89}$$

と書ける．これを熱力学第 1 法則 $dQ = dU + pdV$ に代入して

$$dQ = \left(\frac{\partial U}{\partial T}\right)_V dT + \left\{\left(\frac{\partial U}{\partial V}\right)_T + p\right\}dV \tag{2.90}$$

となる．

定積モル比熱は $dV = 0$ として

$$nC_{V,m} = \lim_{\Delta T \to 0}\left(\frac{dQ}{\Delta T}\right)_V = \left(\frac{\partial U}{\partial T}\right)_V \tag{2.91}$$

であり，定圧モル比熱は

$$nC_{p,m} = \lim_{\Delta T \to 0} \left(\frac{dQ}{\Delta T} \right)_p$$
$$= \left(\frac{\partial U}{\partial T} \right)_V + \left\{ \left(\frac{\partial U}{\partial V} \right)_T + p \right\} \left(\frac{\partial V}{\partial T} \right)_p \tag{2.92}$$

である．これらより

$$nC_{p,m} = nC_{V,m} + \left\{ \left(\frac{\partial U}{\partial V} \right)_T + p \right\} \left(\frac{\partial V}{\partial T} \right)_p \tag{2.93}$$

が導ける．定圧膨張率 $\alpha_p = (\partial V/\partial T)_p/V$ を用いれば式 (2.85) を得る．

2. 理想気体では，Joule の法則より $(\partial U/\partial V)_T = 0$ といえる．また，理想気体の状態方程式を用いれば，

$$\left(\frac{\partial V}{\partial T} \right)_p = \left(\frac{\partial}{\partial T} \left(\frac{nRT}{p} \right) \right)_p = \frac{nR}{p} \tag{2.94}$$

であるから

$$nC_{p,m} = nC_{V,m} + p\frac{nR}{p} = nC_{V,m} + nR \tag{2.95}$$

となり，辺々を物質量 n で割れば，Mayer の関係式 (2.86) を得る．

3. van der Waals の状態方程式を温度 T について解くと

$$T = \frac{(V - nb)}{R} \left(p + \frac{n^2 a}{V^2} \right) \tag{2.96}$$

であるから，

$$\left(\frac{\partial T}{\partial V} \right)_p = \frac{1}{R} \left(p + \frac{n^2 a}{V^2} \right) - 2\frac{(V - nb)}{R} \frac{n^2 a}{V^3} = \frac{1}{R} \left(p - \frac{n^2 a}{V^2} + 2\frac{n^3 ab}{V^3} \right) \tag{2.97}$$

となる．また，式 (2.38) より

$$\left(\frac{\partial U}{\partial V} \right)_T = \frac{n^2 a}{V^2} \tag{2.98}$$

となる．これらを式 (2.85) に代入して

$$C_{p,m} - C_{V,m} = \frac{1}{n} \left(\frac{n^2 a}{V^2} + p \right) \frac{R}{\left(p - \frac{n^2 a}{V} + 2\frac{n^3 ab}{V^3} \right)}$$
$$= \frac{R^2 T V^3}{n(V - nb)(pV^3 - n^2 aV^2 + 2n^3 ab)} \tag{2.99}$$

を得る．

| 問題 | 25 | 定積モル比熱と定圧モル比熱 | 基本 |

1. 物質量 1 mol の状態方程式が $(p-b)V_m = RT$, 温度 T における 1 mol 当たりの内部エネルギーが $U_m(T) = aT + bV_m + U_0$ と書ける気体がある. 定積モル比熱 $C_{V,m}$ および定圧モル比熱 $C_{p,m}$ をそれぞれ求めよ. ただし, p は圧力, V_m は気体のモル体積, R は気体定数, また, a, b, U_0 は定数である.

2. 物質量 1 mol の気体の温度を一定の圧力のもとで T_1 から T_2 までゆっくりと上昇させる. この気体の温度 T における定圧モル比熱が $C_{p,m}(T) = c + dT + eT^{-2}$ と書けるとき, T_1 から T_2 までの温度上昇の間に気体が吸収する熱量を求めよ. ただし, c, d, e は定数である.

解 説　1. 状態方程式と内部エネルギーが与えられた系の定積モル比熱 $C_{V,m}$ と定圧モル比熱 $C_{p,m}$ を求める問題である. 定積モル比熱は定義式より求められる. 定圧モル比熱は問題 24 で求めた定積モル比熱と定圧モル比熱の関係式

$$C_{p,m} = C_{V,m} + \left\{ \left(\frac{\partial U_m}{\partial V_m} \right)_T + p \right\} \left(\frac{\partial V_m}{\partial T} \right)_p \tag{2.100}$$

を用いて求められる.

2. 定圧モル比熱が与えられた系について, 温度上昇の間に系が吸収する熱量 Q を求める問題である. 定圧熱容量 C_p（いまの場合, 1 mol を考えているので定圧モル熱容量）が温度について定数ではないので, 単に $Q = C_p(T_2 - T_1)$ として求められない. このような場合は, 熱量は定圧熱容量を T_1 から T_2 まで

$$Q = \int_{T_1}^{T_2} C_p(T)dT \tag{2.101}$$

と温度で積分することで求められる.

解 答

1. 定積モル比熱の定義式 $C_{V,m} = (\partial U_m / \partial T)_{V_m}$ に内部エネルギーの式 $U_m = aT + bV_m + U_0$ を代入して, $C_{V,m} = a$ となる. 一方で状態方程式より, $(p-b)V_m = RT$ より, $V_m = RT/(p-b)$ である. これから,

$$\left(\frac{\partial V_m}{\partial T} \right)_p = \frac{R}{p-b}, \quad \left(\frac{\partial U_m}{\partial V_m} \right)_T = b \tag{2.102}$$

であるから, これらを $C_{V,m}$ と $C_{p,m}$ の関係式

$$C_{p,m} = C_{V,m} + \left\{ \left(\frac{\partial U_m}{\partial V_m} \right)_T + p \right\} \left(\frac{\partial V_m}{\partial T} \right)_p \tag{2.103}$$

に代入すると,

$$C_{p,m} = C_{V,m} + \frac{p+b}{p-b}R \tag{2.104}$$

と求まる.

2. 熱量は定圧モル比熱を T_1 から T_2 まで温度で積分して

$$
\begin{aligned}
Q_m = \int C_{p,m}dT &= \int_{T_1}^{T_2} \left(c + dT + \frac{e}{T^2} \right) dT \\
&= \left[cT + \frac{d}{2}T^2 - \frac{e}{T} \right]_{T_1}^{T_2} \\
&= c(T_2 - T_1) + \frac{d}{2}\left(T_2{}^2 - T_1{}^2 \right) - e\left(\frac{1}{T_2} - \frac{1}{T_1} \right)
\end{aligned} \tag{2.105}
$$

と求まる.

問題　26　圧縮率の関係式　　　　　　　　　　　　　　　　　**基本**

断熱圧縮率

$$\kappa_{断熱} = -\frac{1}{V}\left(\frac{\partial V}{\partial p}\right)_{断熱} \tag{2.106}$$

と等温圧縮率

$$\kappa_{等温} = -\frac{1}{V}\left(\frac{\partial V}{\partial p}\right)_{T} \tag{2.107}$$

の間の関係は，定積モル比熱 $C_{V,m}$ と定圧モル比熱 $C_{p,m}$ を用いて，次のように表されることを示せ.

$$\frac{\kappa_{断熱}}{\kappa_{等温}} = \frac{C_{p,m}}{C_{V,m}} \tag{2.108}$$

解説　**Maxwell の規則**　3 つの変数が，$x = x(y,z)$，$y = y(z,x)$，$z = z(x,y)$ と書けるとする. x の全微分は

$$dx = \left(\frac{\partial x}{\partial y}\right)_z dy + \left(\frac{\partial x}{\partial z}\right)_y dz \tag{2.109}$$

であるから

$$dy = \left(\frac{\partial y}{\partial x}\right)_z dx - \left(\frac{\partial y}{\partial x}\right)_z \left(\frac{\partial x}{\partial z}\right)_y dz \tag{2.110}$$

である. したがって

$$\left(\frac{\partial y}{\partial z}\right)_x = -\left(\frac{\partial y}{\partial x}\right)_z \left(\frac{\partial x}{\partial z}\right)_y = -\frac{\left(\frac{\partial x}{\partial z}\right)_y}{\left(\frac{\partial x}{\partial y}\right)_z} \tag{2.111}$$

が成り立つ. これは，逆関数の偏導関数の式 (2.40) を用いると，次のように対称性のよい形で書くこともできる.

$$\left(\frac{\partial x}{\partial y}\right)_z \left(\frac{\partial y}{\partial z}\right)_x \left(\frac{\partial z}{\partial x}\right)_y = -1 \quad （\text{Maxwell の規則}） \tag{2.112}$$

この式を **Maxwell の規則**という.

　断熱帯磁率と等温帯磁率の関係　式 (2.106)，式 (2.107) の $p \to -\mathcal{H}$，$V \to M$ とし，磁場 $\mathcal{H}$，磁化 M を用いて仕事を磁気系のものに置き換えれば，同様にして，断熱帯磁率 $\chi_{断熱} = (\partial M/\partial H)_{断熱}$ と等温帯磁率 $\chi_{等温} = (\partial M/\partial \mathcal{H})_{等温}$ の関係式

$$\frac{\chi_{断熱}}{\chi_{等温}} = \frac{C_{p,m}}{C_{V,m}} \tag{2.113}$$

が得られる.

解 答

内部エネルギー U を圧力 p, 体積 V の関数と考えれば

$$dU = \left(\frac{\partial U}{\partial p}\right)_V dp + \left(\frac{\partial U}{\partial V}\right)_p dV \tag{2.114}$$

と書ける. 一方で, 断熱過程 ($\delta Q = 0$) であるから, 熱力学第 1 法則は

$$dU + pdV = 0 \tag{2.115}$$

である. 式 (2.114) と式 (2.115) より

$$\left(\frac{\partial U}{\partial p}\right)_V dp + \left\{\left(\frac{\partial U}{\partial V}\right)_p + p\right\} dV = 0 \tag{2.116}$$

となり,

$$\left(\frac{\partial p}{\partial V}\right)_{断熱} = -\frac{\left\{\left(\frac{\partial U}{\partial V}\right)_p + p\right\}}{\left(\frac{\partial U}{\partial p}\right)_V} \tag{2.117}$$

が成り立つことがわかる. ここで, 合成関数の偏導関数の式 (2.39) を用いると

$$\left(\frac{\partial U}{\partial p}\right)_V = \left(\frac{\partial U}{\partial T}\right)_V \left(\frac{\partial T}{\partial p}\right)_V = C_V \left(\frac{\partial T}{\partial p}\right)_V \tag{2.118}$$

$$\left(\frac{\partial U}{\partial V}\right)_p + p = \left\{\left(\frac{\partial U}{\partial T}\right)_p + p\left(\frac{\partial V}{\partial T}\right)_p\right\} \left(\frac{\partial T}{\partial V}\right)_p$$

$$= C_p \left(\frac{\partial T}{\partial V}\right)_p \tag{2.119}$$

となるから, 式 (2.117) を代入して

$$\left(\frac{\partial p}{\partial V}\right)_{断熱} = -\frac{C_p \left(\frac{\partial T}{\partial V}\right)_p}{C_V \left(\frac{\partial T}{\partial p}\right)_V} = -\frac{C_{p,m} \left(\frac{\partial T}{\partial V}\right)_p}{C_{V,m} \left(\frac{\partial T}{\partial p}\right)_V} \tag{2.120}$$

を得る.

さらに, Maxwell の規則 (式 (2.111)) より

$$\left(\frac{\partial p}{\partial V}\right)_T = -\frac{\left(\frac{\partial T}{\partial V}\right)_p}{\left(\frac{\partial T}{\partial p}\right)_V} \tag{2.121}$$

が成り立つ. これを式 (2.120) に代入すると

$$\frac{\kappa_{断熱}}{\kappa_{等温}} = \frac{C_{p,m}}{C_{V,m}} \tag{2.122}$$

を得る.

| 問題 | 27 | Poisson の関係式 | 基本 |

理想気体の準静的断熱過程における圧力 p, 体積 V, 温度 T の間の関係

$$\begin{cases} pV^{\gamma} & = (一定) \\ TV^{\gamma-1} & = (一定) \quad \text{(Poisson の関係式)} \\ p^{(1-\gamma)/\gamma}T & = (一定) \end{cases} \tag{2.123}$$

を示せ. これらを **Poisson の関係式**という. ただし, γ は定圧比熱と定積比熱の比
(比熱比) である.

解説　**比熱比**　定圧モル比熱 $C_{p,m}$ と定積モル比熱 $C_{V,m}$ の比 $\gamma = C_{p,m}/C_{V,m}$ を
比熱比という. 理想気体では, 単原子分子の場合には $5/3 = 1.67$, 2 原子分子の場合に
は $7/5 = 1.4$ になる. 実際の気体では, 分子間の相互作用のために, この値からわずか
にずれて, 表 2.1 のようになる.

表 **2.1**　代表的な気体の比熱（比熱の単位は $J/(K \cdot mol)$）

	$C_{p,m}$	$C_{V,m}$	$\gamma = C_{p,m}/C_{V,m}$	$C_{p,m} - C_{V,m}$
He（単原子分子）	20.8	12.5	1.66	8.3
Ar（単原子分子）	20.9	12.5	1.67	8.4
H_2（2 原子分子）	28.7	20.4	1.41	8.3
N_2（2 原子分子）	29.1	20.8	1.40	8.3
O_2（2 原子分子）	29.6	21.0	1.41	8.6

断熱過程の p-V 図　$\gamma > 1$ であるから, Poisson の関係式 (2.123) からわかるよう
に, p-V 図上のある点を通る断熱曲線の接線の傾きの大きさは等温曲線に比べて大きく
なる.

解答

物質量 n の理想気体を考える. 断熱過程（$dQ = 0$）であるから, 熱力学第 1 法則は

$$dU + pdV = 0 \tag{2.124}$$

と書ける. 定積モル比熱を $C_{V,m}$ とすると, $dU = nC_{V,m}dT$ であるから, これを代入
すると

$$nC_{V,m}dT + pdV = 0 \tag{2.125}$$

となる. したがって, 断熱過程では

$$dT = -\frac{pdV}{nC_{V,m}} \tag{2.126}$$

が成り立つ.

一方で, 理想気体の状態方程式 $pV = nRT$ より

$$pdV + Vdp = nRdT \tag{2.127}$$

が成り立つ. これに式 (2.126) を代入して

$$pdV + Vdp = -\frac{R}{C_{V,m}}pdV \tag{2.128}$$

となる. Mayer の関係式 $R = C_{p,m} - C_{V,m}$ を用いると

$$pdV + Vdp + \frac{C_{p,m} - C_{V,m}}{C_{V,m}}pdV = pdV + Vdp + (\gamma - 1)pdV$$

$$= Vdp + \gamma pdV = 0 \tag{2.129}$$

となるから, 両辺を pV で割ると

$$\frac{dp}{p} + \gamma\frac{dV}{V} = 0 \tag{2.130}$$

となる. この式を積分して

$$\ln p + \gamma \ln V = (一定) \tag{2.131}$$

を得る. したがって

$$\ln pV^{\gamma} = (一定) \tag{2.132}$$

となり,

$$pV^{\gamma} = (一定) \tag{2.133}$$

を得る.

また, 理想気体の状態方程式 $pV = nRT$ を用いて p を消去すると

$$\left(\frac{nRT}{V}\right)V^{\gamma} = (一定) \tag{2.134}$$

となり

$$TV^{\gamma-1} = (一定) \tag{2.135}$$

を得る. 同様に, V を消去すると

$$p\left(\frac{nRT}{p}\right)^{\gamma} = (一定) \tag{2.136}$$

となり

$$p^{(1-\gamma)/\gamma}T = (一定) \tag{2.137}$$

を得る.

問題　28　Joule 熱　　　　　　　　　　　　　　　　　　　　基本

　図 2.11 のように，容器が滑らかに動くピストンによって 2 つの部分 A，B に分けられており，それぞれに物質量 n の単原子分子理想気体（比熱比 5/3）が封入されている．A には抵抗値 r の電熱線が取り付けられており，A の気体を温められる．始め A と B の気体の圧力，体積は等しく，それぞれ p_0，V_0 であった．次に電熱線に時間 t だけ一定の大きさの電流を流すと，ピストンがゆっくりと移動して，B の気体の体積は始めの半分になった．気体定数を R とし，熱は電熱線と A 内の気体との間だけでやりとりするものとして，以下の問いに答えよ．

1. 電熱線に電流を流した後の，気体 B の温度を求めよ．
2. 電熱線に電流を流した間に，気体 B がピストンからされた仕事を求めよ．
3. 電熱線に電流を流した後の，気体 A の温度を求めよ．
4. 電熱線に電流を流した間に，気体 A が電熱線から吸収した熱量を求めよ．
5. 電熱線に流した電流の大きさを求めよ．

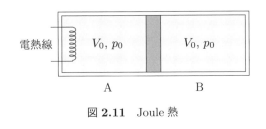

図 2.11　Joule 熱

解説　抵抗値 r の導体に，大きさ I の一定の電流を時間 t だけ流したときに

$$Q = rI^2t \quad （\text{Joule 熱}） \tag{2.138}$$

の熱量が生じる．これを **Joule 熱**という．この問題は，この Joule 熱の式の他に，Poisson の関係式，熱力学第 1 法則を用いて解くことができる．

解答

1. 気体 A と B の始めの温度は理想気体の状態方程式より

$$T_{\text{A}}^{(\text{始})} = T_{\text{B}}^{(\text{始})} = \frac{p_0 V_0}{nR} \tag{2.139}$$

である．一方で，気体 B の変化は断熱過程であるから，Poisson の関係式

$$p_0 V_0^{5/3} = p_{\text{B}}^{(\text{終})} \left(\frac{1}{2} V_0 \right)^{5/3} \tag{2.140}$$

が成り立つ．これより，気体 B の終わりの圧力は

$$p_{\mathrm{B}}^{(\text{終})} = 2^{5/3} p_0 \tag{2.141}$$

と求まる．したがって，理想気体の状態方程式より，気体 B の終わりの温度は

$$T_{\mathrm{B}}^{(\text{終})} = \frac{1}{nR} \left(2^{5/3} p_0 \right) \left(\frac{1}{2} V_0 \right)$$
$$= 2^{2/3} \frac{p_0 V_0}{nR} = 2^{2/3} T_{\mathrm{B}}^{(\text{始})} \tag{2.142}$$

となる．

2. 気体 B の変化は断熱過程であるから，熱力学第 1 法則より気体 B がピストンからされた仕事は，気体の内部エネルギーの変化に等しい．したがって，気体 B がピストンからされた仕事は

$$W = \frac{3}{2} nR \left(T_{\mathrm{B}}^{(\text{終})} - T_{\mathrm{B}}^{(\text{始})} \right) = \frac{3}{2} \left(2^{2/3} - 1 \right) p_0 V_0 \tag{2.143}$$

と求まる．

3. ピストンはゆっくりと移動したので，気体 A の圧力は気体 B の圧力と等しい．したがって，理想気体の状態方程式に $p_{\mathrm{A}}^{(\text{終})} = 2^{5/3} p_0$，$V_{\mathrm{A}}^{(\text{終})} = 3V_0/2$ を代入して，気体 A の終わりの温度が次のように求まる．

$$T_{\mathrm{A}}^{(\text{終})} = \frac{1}{R} \left(2^{5/3} p_0 \right) \left(\frac{3}{2} V_0 \right)$$
$$= 3(2^{2/3}) \frac{p_0 V_0}{nR} = 3(2^{2/3}) T_{\mathrm{A}}^{(\text{始})} \tag{2.144}$$

4. 熱力学第 1 法則より気体 A が電熱線から吸収した熱量は

$$Q = \frac{3}{2} nR \left(T_{\mathrm{A}}^{(\text{終})} - T_{\mathrm{A}}^{(\text{始})} \right) + \frac{3}{2} nR \left(T_{\mathrm{B}}^{(\text{終})} - T_{\mathrm{B}}^{(\text{始})} \right)$$
$$= 3 \left(2^{5/3} - 1 \right) p_0 V_0 \tag{2.145}$$

と求まる．

5. 電熱線で生じる Joule 熱 $rI^2 t$ と式 (2.145) とを等しいとおいて

$$Q = rI^2 t = 3 \left(2^{5/3} - 1 \right) p_0 V_0 \tag{2.146}$$

となる．これより，電熱線に流した電流の大きさは

$$I = \left\{ 3 \left(2^{5/3} - 1 \right) \frac{p_0 V_0}{rt} \right\}^{1/2} \tag{2.147}$$

と求まる．

| 問題 | 29 | ピストンの単振動 | 応用 |

　　図 2.12(a) のように滑らかに動く質量 M のピストンの付いた，底面積 S の円筒状のシリンダー容器を鉛直に立て，その容器に物質量 n の理想気体を封入する．始め，容器の底からピストンまでの高さが h であった．次に，ピストンを微小距離 x_0 だけ押して静かに放したところ，ピストンはゆっくりと単振動をした．ピストンが始めの位置に戻ったときのピストンの速さ，単振動の角振動数，周期を求めよ．ただし，大気圧を p_0，気体定数を R，重力加速度の大きさを g，気体の比熱比を γ とし，また，気体の状態変化は準静的断熱過程とする．

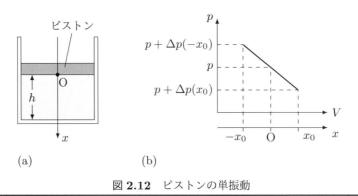

ピストン

h

x

(a)

p

$p + \Delta p(-x_0)$

p

$p + \Delta p(x_0)$

V

$-x_0$ O x_0 x

(b)

図 2.12　ピストンの単振動

| 解 説 |　　図 2.12(a) のようにピストンの始めの位置を原点 O，鉛直下向きを x 軸とする．x_0 が十分に小さく，ピストンが単振動するときには，図 2.12(b) のように，p–V 曲線が直線であると近似できる．気体の状態変化は準静的断熱過程であるから，この直線の傾きは，$x = 0$ での気体の圧力 p，体積 V を用いて

$$\frac{dp}{dV} = \frac{d}{dV}\left(\frac{(\text{定数})}{V^\gamma}\right) = -\frac{\gamma p}{V} \tag{2.148}$$

と書ける．ただし，Poisson の関係式 (2.123) を用いた．この問題は，式 (2.148) を用いて解ける．

解答

力のつり合いより，始めの状態の気体の圧力は $p = p_0 + Mg/S$ であり，体積は $V = Sh$ である．p–V 曲線を直線で近似し，ピストンの位置が x のときの気体の圧力の変化を $\Delta p(x)$，体積の変化を $\Delta V(x)(= Sx)$ とすると

$$\Delta p = -\frac{\gamma p}{V} \Delta V = \frac{\gamma \left(p_0 + \frac{Mg}{S}\right)}{h} x \tag{2.149}$$

であるから，そのときにピストンに働く力は

$$F_x = -\Delta p S = -\frac{\gamma (p_0 S + Mg)}{h} x \tag{2.150}$$

となる．この式と弾性力の式 $F_x = -kx$ を見比べると，ピストンはばね定数が

$$k = \frac{\gamma (p_0 S + Mg)}{h} \tag{2.151}$$

の単振動をすることがわかる．

$x = 0$ のときのピストンの速さを $v_{\max}$ とすると，力学的エネルギー保存の法則より

$$\frac{1}{2}\frac{\gamma (p_0 S + Mg)}{h} x_0{}^2 = \frac{1}{2} M v_{\max}{}^2 \tag{2.152}$$

であるから

$$v_{\max} = \sqrt{\frac{\gamma (p_0 S + Mg)}{Mh}} x_0 \tag{2.153}$$

と求まる．

また，角振動数は

$$\omega = \frac{v_{\max}}{x_0} = \sqrt{\frac{\gamma (p_0 S + Mg)}{Mh}} \tag{2.154}$$

と求まり，周期は

$$t_{周期} = \frac{2\pi}{\omega} = 2\pi \sqrt{\frac{Mh}{\gamma (p_0 S + Mg)}} \tag{2.155}$$

と求まる．

ここで，式 (2.155) を比熱比 γ について解けば

$$\gamma = \left(\frac{2\pi}{t_{周期}}\right)^2 \frac{Mh}{p_0 S + Mg} \tag{2.156}$$

となる．したがって，振動の周期 $t_{周期}$ を測定すれば，比熱比 γ を計算より求めることができる．

　空気中の音速は，空気の体積弾性率を $K\,(=-V(dp/dV))$，平均密度を ρ として，$v=\sqrt{K/\rho}$ と書ける．

　これより，温度 t [°C] での空気中の音速は

$$v(t)=\left(332.0+0.6\left(\frac{t}{1\,°\mathrm{C}}\right)\right)\ \mathrm{m/s} \tag{2.157}$$

と書けることを示せ．ただし，空気を比熱比 1.40，モル質量（1 mol 当たりの質量）2.88×10^{-2} kg/mol の理想気体とし，気体定数を $R=8.31$ J/K·mol とする．

解説　音源でつくられた空気の密な部分と疎な部分が，空気中を伝搬していくことで音は伝わる．圧力は，密な部分は平均値より大きくなり，疎な部分は平均値より小さくなる．人間の耳に聞こえる可聴音は，約 20 Hz から 20 kHz であるため，この圧力の変動は十分に速い．そして，それに比べて空気の熱伝導率は十分に小さい．それゆえ，周囲と空気との間で熱のやりとりは無視でき，音の伝播による圧力の変動は断熱過程と考えられる．

2 項展開近似　x の絶対値が 1 より小さい場合に，n を任意の数として，

$$(1+x)^n=1+nx+\frac{n(n-1)}{2!}x^2+\frac{n(n-1)(n-2)}{4!}x^3+\cdots \tag{2.158}$$

とできる．これを 2 項級数という．この級数は，n が自然数のときには有限項で切れるが，n が自然数でないときには無限級数となる．

　特に，x が 1 より十分に小さいときには，級数 (2.158) の最初の 2 項までを考えればよく

$$(1+x)^n\simeq1+nx \tag{2.159}$$

とできる．これを 1 次の 2 項展開近似という．

解答
　音が伝わる際の圧力の変化を断熱過程だと考えて，Poisson の関係式 $pV^\gamma=$（一定）を用いると，体積弾性率は

$$K=-V\frac{dp}{dV}=-V\frac{d}{dV}\left(\frac{(定数)}{V^\gamma}\right)$$
$$=\gamma V\frac{(定数)}{V^{\gamma+1}}=\gamma p \tag{2.160}$$

となる．したがって，音速は

$$v=\sqrt{\frac{K}{\rho}}=\sqrt{\frac{\gamma p}{\rho}} \tag{2.161}$$

となる．ここで，$\rho = M/V$ を用いると

$$v = \sqrt{\frac{\gamma p V}{M}} = \sqrt{\frac{\gamma RT}{M_m}} \tag{2.162}$$

となる．ただし，M_m はモル質量であり，理想気体の状態方程式 $pV = nRT$ を用いた．第 4 章で学ぶように，温度 T における気体分子の平均の速さは $\bar{v} = \sqrt{3RT/M_m}$ であるため，音速の式の係数 $\sqrt{\gamma}$ と $\sqrt{3}$ が異なるだけである．微視的に見れば，音は気体分子が衝突しながら空気中を伝搬するから，気体分子の運動が激しい方が（温度が高い方が）音速が速くなると言える．

式 (2.162) にそれぞれの値を代入すれば，温度 t [°C] における音速は

$$v(t) = \sqrt{\frac{1.40 \times 8.31 \times (273 + t/(1\,°\text{C}))}{2.88 \times 10^{-2}}} \tag{2.163}$$

$$= 332.0 \sqrt{1 + \frac{t/(1\,°\text{C})}{273}} \ \text{m/s} \tag{2.164}$$

と求まる．特に，0°C 付近の音速は，1 次の 2 項展開近似 $(1+x)^{1/2} \simeq 1 + x/2$ を用いて

$$v(t) = 332.0 \left(1 + \frac{1}{2} \frac{t/(1\,°\text{C})}{273} \right)$$

$$= \left(332.0 + 0.6 \frac{t}{(1\,°\text{C})} \right) \ \text{m/s} \tag{2.165}$$

と求まる．

ところで，式 (2.157) は乾燥空気中の音速の式である．湿った空気と乾燥空気では，式 (2.162) の比熱比 γ とモル質量 M_m が変わる．湿った空気では，γ も M_m も小さくなるが，M_m の変化の方が影響が大きいために，音速は乾燥空気の場合に比べて速くなる．

問題　31　ポリトロープ過程　　　　　　　　　　　　　　　　　基本

　滑らかに動くピストンの付いたシリンダー内に物質量 n の理想気体が入っている．この気体の体積を V_I から V_F にゆっくりと変化させると，気体の温度は T_I から T_F になった．

1. この変化における気体の圧力 p と体積 V の関係が $pV^k = (一定)$ $(k：定数)$ に従うポリトロープ過程であるとして，気体が外部からされた仕事と，気体が吸収した熱量を求めよ．ただし，気体定数を R とする．

2. $k \neq 1$ の過程における，モル比熱 C_m は，定圧モル比熱 $C_{V,m}$，指数 k，比熱比 γ を用いて次のように表せることを示せ．

$$C_m = C_{V,m} \left(\frac{k - \gamma}{k - 1} \right) \tag{2.166}$$

解 説　理想気体において，断熱が完全ではなく放熱などの損失がある過程では，圧力 p と体積 V の関係は，もはや Poisson の関係式 $pV^\gamma = (一定)$ には従わない．この場合は，k を定数として，近似的に

$$pV^k = (一定) \quad （ポリトロープ過程） \tag{2.167}$$

と表す．式 (2.167) で表される過程を**ポリトロープ過程**という．ポリトロープ過程は k の値によって，いままで扱ってきた過程も表せる．

解 答

1. 気体の体積が V_I から V_F まで変化したとすると，気体が外部からされた仕事は次式で求められる．

$$W = - \int_{V_I}^{V_F} p\,dV = - \int_{V_I}^{V_F} \frac{(定数)}{V^k} dV \tag{2.168}$$

   この積分は，k の値によって，次のように場合分けして計算できる．

   ● $k = 1$（等温過程）の場合

$$W = -(定数) \ln \frac{V_F}{V_I} = -nRT \ln \frac{V_F}{V_I} \tag{2.169}$$

   ただし，気体の温度を T とし，理想気体の状態方程式 $pV = nRT$ を用いた．

   ● $k \neq 1$ の場合

$$W = \frac{1}{k-1} \left[\frac{(定数)}{V^{k-1}} \right]_{V_I}^{V_F} = \frac{1}{k-1} \left[\frac{1}{pV} \right]_{p=p_I, V=V_I}^{p=p_F, V=V_F}$$

$$= \frac{nR}{k-1} (T_F - T_I) \tag{2.170}$$

最後の等号では，気体の始めの温度 T_I，終わりの温度を T_F とし，理想気体の状態方程式 $pV = nRT$ を用いた．

系が吸収した熱量および比熱も同様に，k の値によって場合分けして計算できる．

- $k = 1$（等温過程）の場合

等温過程では，内部エネルギーの変化は 0 であるから，熱力学第 1 法則より

$$Q = -W = nRT \ln \frac{V_\mathrm{F}}{V_\mathrm{I}} \tag{2.171}$$

と求まる．

- $k \neq 1$ の場合

熱力学第 1 法則より

$$Q = \Delta U - W = nC_{V,m}(T_\mathrm{F} - T_\mathrm{I}) + W$$
$$= nC_{V,m}(T_\mathrm{F} - T_\mathrm{I}) - \frac{nR}{k-1}(T_\mathrm{F} - T_\mathrm{I}) \tag{2.172}$$

となる．ここで，Mayer の関係式を用いると

$$Q = n\left(C_{V,m} - \frac{C_{p,m} - C_{V,m}}{k-1}\right)(T_\mathrm{F} - T_\mathrm{I})$$
$$= n\left(C_{V,m} - C_{V,m}\frac{\gamma-1}{k-1}\right)(T_\mathrm{F} - T_\mathrm{I})$$
$$= nC_{V,m}\left(\frac{k-\gamma}{k-1}\right)(T_\mathrm{F} - T_\mathrm{I}) \tag{2.173}$$

と求まる．

2. 比熱の定義 $C_m = Q/\{n(T_\mathrm{F} - T_\mathrm{I})\}$ より $k \neq 1$ での比熱は

$$C_m = C_{V,m}\left(\frac{k-\gamma}{k-1}\right) \tag{2.174}$$

となることがわかる．等温過程（$k = 1$）の場合は温度が変わらないので，比熱は $C_m = \infty$ と考えることもできる．

それぞれの過程での k の値，仕事，熱およびモル比熱をまとめると表 2.2 のようになる．

表 2.2　代表的な過程の k の値

過程	k	仕事	熱	モル比熱
定圧過程	0	$-nR(T_\mathrm{F} - T_\mathrm{I})$ $= -p(V_\mathrm{F} - V_\mathrm{I})$	$nC_{p,m}(T_\mathrm{F} - T_\mathrm{I})$	$C_{p,m}$
等温過程	1	$-nRT\ln(V_\mathrm{F}/V_\mathrm{I})$	$nRT\ln(V_\mathrm{F}/V_\mathrm{I})$	∞
断熱過程	γ	$nR(T_\mathrm{F} - T_\mathrm{I})/(\gamma-1)$	0	—
定積過程	∞	0	$nC_{V,m}(T_\mathrm{F} - T_\mathrm{I})$	$C_{V,m}$

| 問題 | 32 | 大気圧の高度依存性 2 | 応用 |

高度およそ 10 km より下の対流圏では，空気は対流を繰り返している．空気は上昇すると膨張して温度が下がり，下降すると圧縮して温度が上がる．

地表からの高さ h の位置での温度 $T(h)$ は，地表での温度の高さを $T(0)$ とすると

$$T(h) = T(0) + Kh \tag{2.175}$$

と書ける．ここで，$T(0)$ は地表（$h = 0$）での温度である．また，K は定数であり，観測よりおおよそ -6.5×10^{-3} m/°C であることがわかっている．

1. 対流圏での地表からの高さ h の位置での圧力が次のように書けることを示せ．

$$p(h) = p(0) \left(1 + \frac{K}{T_0}h\right)^{-\frac{mg}{KR}} \tag{2.176}$$

　　ここで，$p(0)$ は地表での圧力，m は空気の 1 モル当たりの質量，R は気体定数である．

2. 大気圏ではポリトロープ過程の式 $pV^k =$ （一定）が成り立つとして，指数 k の値を求めよ．ただし，$m = 2.9 \times 10^{-2}$ kg，$g = 9.8$ m/s^2，$K = -6.5 \times 10^{-3}$ °C/m，$R = 8.3$ J/(K·mol) とする．

解説　対流圏の大気には水蒸気が含まれる．この水蒸気を含む空気が暖められ上昇すると，膨張による温度低下によって雲ができ潜熱が放出される．そのため，膨張による温度低下は断熱膨張のものよりも小さくなり，また，ポリトロープ過程の指数 k は，断熱過程の値 $\gamma = C_p/C_V$（比熱比）よりも小さくなる．

解答

1. 第 1 章の問題 08 と同様に，圧力と重力のつり合いの式より

$$\frac{dp}{dh} = -\frac{mg}{RT}p \tag{2.177}$$

を得る．これに，温度と高さの関係の式 (2.175) を代入すると

$$\frac{dp}{dh} = -\frac{mg}{R(T(0) + Kh)}p \tag{2.178}$$

となる．この両辺を h について 0 から h まで積分すれば

$$\int_0^h \frac{1}{p}\frac{dp}{dh}dh = -\int_0^h \frac{mg}{R(T(0) + Kh)}dh \tag{2.179}$$

$$\ln p(h) - \ln p(0) = -\frac{mg}{RK}\left\{\ln\left(\frac{T(0)}{K} + h\right) - \ln\left(\frac{T(0)}{K}\right)\right\} \tag{2.180}$$

となる．これを整理して $p(h)$ について解けば

$$p(h) = p(0) \left(1 + \frac{K}{T_0} h\right)^{-\frac{mg}{KR}} \tag{2.181}$$

を得る．

2. ポリトロープ過程の式 $pV^k = (-定)$ と理想気体の状態方程式より

$$\frac{dp}{dT} = \frac{d}{dT} \left(T^{\frac{k}{k-1}}\right) = \frac{k}{k-1} \frac{p}{T} \tag{2.182}$$

を得る．ここで，$dT/dh = K$ であるから，

$$\frac{dp}{dh} = \frac{dT}{dh} \frac{dp}{dT} = K \left(\frac{k}{k-1}\right) \frac{p}{T} \tag{2.183}$$

を得る．これと式 (2.177) を見比べると

$$\frac{k}{k-1} = -\frac{mg}{KR} \tag{2.184}$$

の関係があることがわかり，指数 k について解けば，

$$k = -\frac{\frac{mg}{KR}}{1 + \frac{mg}{KR}} \tag{2.185}$$

と求まる．値を代入して k の値を計算すると

$$k = -\frac{\frac{(2.9 \times 10^{-2}) \times 9.8}{(-6.5 \times 10^{-3}) \times 8.3}}{1 - \frac{(2.9 \times 10^{-2}) \times 9.8}{(-6.5 \times 10^{-3}) \times 8.3}} = 1.23$$

$$= 1.2 \tag{2.186}$$

となる．

| 問題 | 33 | Joule–Thomson 効果 | 基本 |

図 2.13 のように，滑らかに動く 2 つのピストンの付いた断熱容器内に気体が入っている．容器の中には，細孔をもつ栓が固定されており，容器を A と B の 2 つの部分に分けている．始めに A 側に入っていた気体（図 2.13(a)）を，A 側の気体の圧力は p_A に，B 側の気体の圧力は p_B（$p_A > p_B$）に保ったまま，ピストンによって，B 側に押し出すと気体の体積は V_A から V_B になり，また，気体の温度も変化する（図 2.13(b)）．この実験は Joule と Thomson によって行われたので，この実験における気体の温度が変化する現象を **Joule–Thomson 効果**という．

1. この過程の前後で内部エネルギー U と，圧力と体積の積 pV との和 $H = U + pV$ が変化しないことを示せ．ここで H を**エンタルピー**という．

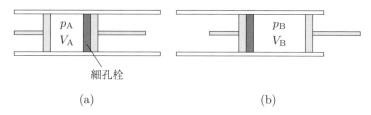

細孔栓

(a) (b)

図 2.13 Joule–Thomson 効果

この実験における気体の温度の変化の大きさを知るには，エンタルピー一定のもとでの気体の圧力変化に対する温度変化の割合 $\mu = (\partial T/\partial p)_H$ がわかればよい．この μ を **Joule–Thomson 係数**という．

2. Joule–Thomson 係数が，定圧熱容量 C_p を用いて次のように書けることを示せ．

$$\mu = -\frac{1}{C_p}\left(\frac{\partial H}{\partial p}\right)_T \tag{2.187}$$

3. Joule–Thomson 係数の温度 T についての偏導関数が，次のように書けることを示せ．

$$\left(\frac{\partial \mu}{\partial T}\right)_p = -\frac{1}{C_p}\left\{\mu\left(\frac{\partial C_p}{\partial T}\right)_p + \left(\frac{\partial C_p}{\partial p}\right)_T\right\} \tag{2.188}$$

解 説 エンタルピー 内部エネルギー U，体積 V を温度 T，圧力 p の関数として考えると，熱力学第 1 法則より

$$dQ = \left(\frac{\partial U}{\partial T}\right)_p dT + \left(\frac{\partial U}{\partial p}\right)_T dp + p\left(\frac{\partial V}{\partial T}\right)_p dT + p\left(\frac{\partial V}{\partial p}\right)_T dp$$

$$= \left\{\left(\frac{\partial U}{\partial T}\right)_p + p\left(\frac{\partial V}{\partial T}\right)_p\right\} dT + \left\{\left(\frac{\partial U}{\partial p}\right)_T + p\left(\frac{\partial V}{\partial p}\right)_T\right\} dp \tag{2.189}$$

が成り立つ. エンタルピー $H = U + pV$ を導入すると

$$\left(\frac{\partial H}{\partial T}\right)_p = \left(\frac{\partial U}{\partial T}\right)_p + p\left(\frac{\partial V}{\partial T}\right)_p \tag{2.190}$$

$$\left(\frac{\partial H}{\partial p}\right)_T = \left(\frac{\partial U}{\partial p}\right)_T + p\left(\frac{\partial V}{\partial p}\right)_T + V \tag{2.191}$$

であるから

$$dH = dQ + V\,dp \tag{2.192}$$

と書ける. 特に, 定圧過程を扱う場合には, $dp = 0$ であるから

$$dH = dQ, \quad C_p = \left(\frac{\partial H}{\partial T}\right)_p \quad （定圧過程のエンタルピーの式） \tag{2.193}$$

となるので, エンタルピーを用いると便利である.

解 答

1. 図の左側のピストンが気体にする仕事は $p_A V_A$, 右側のピストンが気体にする仕事は $-p_B V_B$ である. 断熱変化 ($dQ = 0$) を考えているので, 内部エネルギーが U_A から U_B に変化したとすると, $U_B - U_A = -p_B V_B + p_A V_A$ である. したがって, $U_A + p_A V_A = U_B + p_B V_B$ となり, この過程ではエンタルピー $H = U + pV$ が変化しないことがわかる.

2. Maxwell の規則より

$$\left(\frac{\partial T}{\partial p}\right)_H = -\frac{\left(\frac{\partial H}{\partial p}\right)_T}{\left(\frac{\partial H}{\partial T}\right)_p} \tag{2.194}$$

が成り立つ. ここで, $C_p = (\partial H/\partial T)_p$ であるから, これを代入すると, 式 (2.187) が示せる.

3. 式 (2.187) の両辺を T で偏微分すると

$$\left(\frac{\partial \mu}{\partial T}\right)_p = -\frac{1}{C_p{}^2}\left(\frac{\partial C_p}{\partial T}\right)_p\left(\frac{\partial H}{\partial T}\right)_p - \frac{1}{C_p}\left(\frac{\partial}{\partial T}\left(\frac{\partial H}{\partial p}\right)_T\right)_p \tag{2.195}$$

となる. ここで, 第 2 項は, 偏微分の順序を入れ替えれば

$$\left(\frac{\partial}{\partial T}\left(\frac{\partial H}{\partial p}\right)_T\right)_p = \left(\frac{\partial}{\partial p}\left(\frac{\partial H}{\partial T}\right)_p\right)_T = \left(\frac{\partial C_p}{\partial T}\right)_T \tag{2.196}$$

となるから, 式 (2.188) が示せる.

| 問題 | *34* | 熱量とエンタルピー | 基本 |

1. 一定の圧力のもとで沸点にある液体に熱を加え，すべてを気体にする．この液体の潜熱（気化熱）L と系のエンタルピーの変化量 ΔH の関係を求めよ．
2. 1 気圧（$=101325$ Pa）のもとで，$-10\,^\circ\mathrm{C}$ の氷 1.0 kg を 30 $^\circ\mathrm{C}$ の水に変えたときのエンタルピーの変化量を求めよ．ただし，1 気圧での氷の定圧比熱を 2.1 J/(g·K)，水の定圧比熱を 4.2 J/(g·K) とし，水の潜熱（融解熱）を 334 J とする．
3. 1 気圧のもとで，質量 1.000 kg の乾燥した空気と 10.0 g の水の温度 0 $^\circ\mathrm{C}$ におけるエンタルピーの和を基準としたとき，質量 1.000 kg の乾燥した空気と 10.0 g の水蒸気からなる混合気体の温度 30.0 $^\circ\mathrm{C}$ におけるエンタルピーを求めよ．ただし，1 気圧での乾燥空気の定圧比熱を 1.006 J/(K·g)，水蒸気の定圧比熱を 1.87 J/(K·g) とし，0 $^\circ\mathrm{C}$，1 気圧における 1 g 当たりの水の潜熱（気化熱）を 2501 J とする．

解　説　1. 一定の圧力のもとで同じ温度の場合で，水から水蒸気へ変える場合を考えるとき，内部エネルギーの変化量は，水が水蒸気に変わるための潜熱と，気体が膨張することによって外部にした仕事の差で書ける．これを用いて解けばよい．

2. 一定の圧力のもとでのエンタルピーの変化量は，潜熱と温度変化のための熱量の和となることを用いて解けばよい．

3. 乾燥空気と水蒸気の混合気体のエンタルピーの変化量は，乾燥空気と水の，それぞれのエンタルピーの変化量の和である．湿り空気のエンタルピーを求めるときには，実用的には，0 ℃の乾燥空気と水のエンタルピーの和を基準に取ることが多い．

解　答

1. 液体のときの体積，内部エネルギーを，それぞれ V_1, U_1，気体のときの体積，内部エネルギーを，それぞれ V_g, U_g とする．液体からすべてが気体になるまでに外部にした仕事は

$$p(V_2 - V_1) \tag{2.197}$$

と書ける．したがって，内部エネルギーの変化量 $U_\mathrm{g} - U_1$ は，潜熱を L として

$$U_\mathrm{g} - U_1 = L - p(V_\mathrm{g} - V_1) \tag{2.198}$$

となる．これを整理して

$$(U_\mathrm{g} + pV_\mathrm{g}) - (U_1 + pV_1) = L \tag{2.199}$$

となる．ここで，液体のときのエンタルピーを $H_1 = (U_1 + pV_1)$，気体のときのエンタルピーを $H_\mathrm{g} = (U_\mathrm{g} + pV_\mathrm{g})$ とすれば

$$\Delta H = H_\mathrm{g} - H_1 = L \tag{2.200}$$

と書くことができる．すなわち，この場合はエンタルピーの変化が潜熱に等しくなる．

2. 氷の温度が $-10\,^\circ\mathrm{C}$ から $0\,^\circ\mathrm{C}$ になるまでのエンタルピーの変化量 ΔH_1 は

$$\Delta H_1 = 2.1 \times (1.0 \times 10^3) \times (0 - (-10)) = 0.21 \times 10^5 \text{ J} \tag{2.201}$$

と求まる．$0\,^\circ\mathrm{C}$ において氷が水に変わるまでのエンタルピーの変化量 ΔH_2 は

$$\Delta H_2 = 3.34 \times 10^2 \times (1.0 \times 10^3) = 3.34 \times 10^5 \text{ J} \tag{2.202}$$

と求まる．水の温度が $0\,^\circ\mathrm{C}$ から $30\,^\circ\mathrm{C}$ になるまでのエンタルピーの変化量 ΔH_3 は

$$\Delta H_3 = 4.2 \times (1.0 \times 10^3) \times (30 - 0) = 1.26 \times 10^5 \text{ J} \tag{2.203}$$

と求まる．したがって，$-10\,^\circ\mathrm{C}$ の氷が $30\,^\circ\mathrm{C}$ の氷になるまでのエンタルピーの変化量 ΔH_1 は

$$\begin{aligned}\Delta H &= \Delta H_1 + \Delta H_2 + \Delta H_3 = 0.21 + 3.34 + 1.26 \\ &= 4.81 \times 10^5 \text{ J} = 4.81 \times 10^2 \text{ kJ}\end{aligned} \tag{2.204}$$

となる．

3. 混合気体のエンタルピーの変化は空気のエンタルピー変化と水蒸気のエンタルピー変化の和で表されるから

$$\begin{aligned}\Delta H &= 1.000 \times 10^3 \times 1.006 \times 30.0 + 10.0 \times (1.87 \times 30.0 + 2501) \\ &= 30.18 \times 10^3 + (0.561 + 25.01) \times 10^3 \\ &= 55.75 \times 10^3 \text{ J} = 55.75 \text{ kJ}\end{aligned} \tag{2.205}$$

となる．

| 問題 | 35 | 反応熱 | 応用 |

次の反応の 25°C（= 298 K）における標準反応熱を用いて，アンモニア NH_3 の 25°C における標準生成熱および，100°C における標準生成熱を求めよ．

$$H_2(g) + \frac{1}{2}O_2(g) = H_2O, \quad \Delta H°(298\ K) = -285.8\ kJ/mol \tag{2.206}$$

$$2NH_3(g) + \frac{3}{2}O_2(g) = N_2O + 3H_2O, \quad \Delta H°(298\ K) = -765.6\ kJ/mol \tag{2.207}$$

ただし，定圧モル比熱を $C_{p,m} = a + bT + cT^{-2}$ という形で書いたとき，窒素 N_2，水素 H_2 およびアンモニア NH_3 の値は a, b, c は表 2.3 のようになる．

表 2.3　比熱の温度依存性

	a [J/(K·mol)]	b [J/(K^2·mol)]	c [J·K/mol]
N_2	27.9	4.3×10^{-3}	0.0×10^5
H_2	27.3	3.3×10^{-3}	0.5×10^5
NH_4	29.7	25.1×10^{-3}	-1.5×10^5

解説　**反応熱と生成熱**　化学反応に伴い系が吸収する熱量を反応熱という．特に，構成する元素の単体から化合物を生成する反応に伴う反応熱を生成熱という．

　反応熱や生成熱は温度や圧力に依存する．標準圧力（1 気圧 = 101325 Pa）における 1 mol 当たりの反応熱および生成熱を，それぞれ，標準反応熱，標準生成熱という．式 (2.206) や式 (2.207) の $\Delta H°$ の上付きの添字 ° は標準圧力の下での値ということを表している．

　圧力一定の下での反応熱はエンタルピーの変化に等しいので，1 mol 当たりの原系のエンタルピーを $H^{(前)}$，生成系のエンタルピーを $H^{(後)}$ とすれば，温度 T における 1 mol 当たりの定圧反応熱 $Q_{p,m}(T)$ は

$$Q_{p,m}(T) = H^{(後)}(T) - H^{(前)}(T) \tag{2.208}$$

と書ける．

　Hess の法則　反応熱は，反応の始めの状態と終わりの状態で決まり，途中の経路には寄らない．これを **Hess の法則**という．Hess の法則を用いることで，既知の反応熱から，未知の反応熱を求めることができる．

　Kirchhoff の式　式 (2.208) の両辺を温度 T で偏微分すると

$$\left(\frac{\partial Q_{p,m}}{\partial T}\right)_p = \left(\frac{\partial H^{(後)}}{\partial T}\right)_p - \left(\frac{\partial H^{(前)}}{\partial T}\right)_p \tag{2.209}$$

となる. ここで, $C_{p,m} = (\partial h / \partial T)_p$ であるから,

$$\left(\frac{\partial Q_{p,m}}{\partial T}\right)_p = C_{p,m}^{(後)} - C_{p,m}^{(前)} \equiv \Delta C_{p,m} \tag{2.210}$$

となる. これを **Kirchhoff の式**という.

この式の両辺を圧力一定のもとで T_0 から T まで T で積分すると

$$Q_{p,m}(T) = Q_{p,m}(T_0) + \int_{T_0}^{T} \left(C_{p,m}^{(後)} - C_{p,m}^{(前)}\right) dT \tag{2.211}$$

となる.

解答

アンモニアの 25 °C（298 K）における標準生成熱は式 (2.206) × (3/2) − 式 (2.207) × (1/2) より

$$\Delta H^\circ(298\text{K}) = -285.8 \times \frac{3}{2} - (-765.6) \times \frac{1}{2} = -45.9 \text{ kJ/mol} \tag{2.212}$$

と求まる. また, 生成系と原系の定圧モル比熱の差は

$$\Delta C_{p,m} = C_{p,m}(\text{NH}_3) - C_{p,m}(\text{H}_2) \times \frac{3}{2} - C_{p,m}(\text{N}_2) \times \frac{1}{2}$$

$$= -25.2 + 18.0 \times 10^{-3} \frac{T}{1 \text{ K}} - 2.25 \times 10^5 \left(\frac{T}{1 \text{ K}}\right)^{-2} \text{J}/(\text{K} \cdot \text{mol}) \tag{2.213}$$

であるから, Kirchhoff の式を用いると, 温度 T に置ける標準生成熱は

$$\Delta H^\circ(T) = \Delta H^\circ(0 \text{ K})$$

$$- 25.2 \left(\frac{T}{1 \text{ K}}\right) + 9.0 \times 10^{-3} \left(\frac{T}{1 \text{ K}}\right)^2 + 2.25 \times 10^5 \left(\frac{T}{1 \text{ K}}\right)^{-1} \text{ J/mol} \tag{2.214}$$

と書ける.

$$\Delta H^\circ(298 \text{ K}) = \Delta H^\circ(0 \text{ K})$$

$$- 25.2 \times 298 + 9.0 \times 10^{-3} \times 298^2 + 2.25 \times 10^5 \times 298^{-1} \text{ J/mol} \tag{2.215}$$

であるから

$$\Delta H(0 \text{ K}) = -39.94 \text{ kJ/mol} \tag{2.216}$$

とわかる. これを用いれば, 温度 100°C における標準生成熱は

$$\Delta H(373 \text{ K}) = -39.9 \times 10^3 - 25.2 \times 373$$

$$+ 9.0 \times 10^{-3} \times 373^2 + 2.25 \times 10^5 \times 373^{-1}$$

$$= -47.44 \times 10^3 \text{ J/mol} = -47.4 \text{ kJ/mol} \tag{2.217}$$

と求まる.

Tea Time ·················· ●Julius Robert von Mayer

　熱力学第1法則はエネルギー保存則の力学的運動以外への一般化である．そして，エネルギー保存則は物理学の中で特に重要なものの1つである．これを発見したのは Julius Robert von Mayer であるが，発見したとき，Mayer は物理を知らなかったというのだから面白い．

　オランダ船の船医であった Mayer は航海で東インド諸島に行ったときに，そこでの静脈血が普段よりに赤いことに気付いた．Mayer は熱帯地方では身体を温める量が少なくてよいため，必要な酸素の量が少なくなり，血液が赤くなったと考えた．そして，酸素の消費は身体を動かすことにも使われるため，Mayer は熱と仕事は関連していると考えた．その真偽は置いておくとして，Mayer はこれがきっかけで，エネルギー保存則を考えるようになった．航海中の船医としての仕事は忙しくなく，思考を巡らせる時間は十分にあった．

　航海から帰ると Mayer は医師の仕事をしつつ，1841 年に，エネルギー保存則についての最初の論文を完成させた．しかし，Mayer には物理学の知識が不足していたため，論文にはいくつかの間違いがあった．そのためか，科学雑誌への掲載を断られた．そこで，Mayer は論文を大幅に改訂し，1842 年に再投稿した．その論文は無事出版された．熱の仕事当量を求め，熱と仕事が交換可能であると定量的に述べたのは Mayer が初めてだったが，当時，その重要性は認識されなかった．Mayer の少し後で，熱の仕事当量を測定した James Prescott Joule の方が先に注目された．自身の研究が認められず，Mayer はだんだんと精神的に病んでいった．1848 年に2人の子供が亡くなったことも病んだ原因だと言われている．1850 年，35 歳のときに Mayer は飛び降り自殺を図った．一命は取り留めたが，残りの人生の多くを療養に費やすことになった．

　転機が訪れたのは，最初の論文から 20 年後の 1862 年である，物理学者 John Tyndall は英国王立研究所で講演し，Mayer の研究を紹介した．これにより，Mayer の業績は認められるようになっていき，1869 年にフランス科学アカデミーのポンセレ賞を受賞した．また，その2年後 の 1871 年，ロンドン王立協会のコプリ・メダルを受賞した．1878 年，Mayer は 19 世紀最大の発見をした科学者として 64 歳で亡くなった．現在，熱力学の教科書では Mayer の名は Mayer の関係式以外ではあまり登場しないが，彼の地元であるハイルブロンでは敬愛されており，ハイルブロンの Robert-Mayer-Gymnasiumn（ロベルトマイヤー中等教育学校）など，彼の名前を冠した施設がある．

　Mayer は自身の理論を熱的現象だけでなく，電気・磁気エネルギー，化学エネルギー，生命の活動維持のエネルギー，太陽のエネルギーにも展開させた．これほど広範囲な現象を扱えたのは，Mayer が当時の常識にとらわれず，自然を普遍的に見る目を持っていたからであろう．また，そのような目を持った天才が，思考を巡らせる十分な時間が船上にあったのも重要だったのだろう．現在，日本の研究者は，研究以外の事務仕事に忙殺されているが，物理や科学のブレイクスルーを起こすには，Mayer のようにもう少しゆっくりと思考を巡らせるための時間が必要なのではないだろうか．

Chapter 3

熱力学第2法則

本章では，熱力学第2法則について学ぶ．熱力学における
エントロピーの概念が登場する．熱力学第2法則は様々
な表現方法がある．例えば，エントロピー増大の法則，
Clausius の原理（外部から何も変化を与えずに低温から
高温へ熱を移すことができない），Thomson の原理（1
つの熱源から熱を受け取り，そのすべてを仕事に変換す
ることは不可能である）が挙げられる．Thomson の原
理は Kelvin の法則とも言われる．

問題　36　理想気体の状態方程式の導出　　基本

理想気体では，Charles の法則と Joule の法則が成り立つ．Charles の法則は，

$$\frac{V}{T} = f(p) \tag{3.1}$$

として与えられ，Joule の法則は

$$\left(\frac{\partial U}{\partial V}\right)_T = 0 \tag{3.2}$$

として与えられる．

Charles の法則と Joule の法則とエネルギー方程式

$$\left(\frac{\partial U}{\partial V}\right)_T = T\left(\frac{\partial p}{\partial T}\right)_V - p \tag{3.3}$$

を用いて，比例定数 α とすると，理想気体が従う状態方程式は $pV = \alpha T$ と表すことができることを証明せよ．

解 説　エネルギー方程式 $\left(\dfrac{\partial U}{\partial V}\right)_T = T\left(\dfrac{\partial p}{\partial T}\right)_V - p$ を使う．Charles の法則，Joule の法則を用いて式を変形していく．$f(p) = \theta$ とすると，合成関数の微分法により，

$$\frac{d(f(p)^{-1})}{dp} = \frac{d(\theta^{-1})}{d\theta}\frac{df(p)}{dp} = -\theta^{-2}\frac{df(p)}{dp} \tag{3.4}$$

と書けることを利用する．

解 答

エネルギー方程式 $\left(\dfrac{\partial U}{\partial V}\right)_T = T\left(\dfrac{\partial p}{\partial T}\right)_V - p$ に，Joule の法則 $\left(\dfrac{\partial U}{\partial V}\right)_T = 0$ を代入すると，

$$0 = T\left(\frac{\partial p}{\partial T}\right)_V - p \tag{3.5}$$

これを整理して $p = T\left(\dfrac{\partial p}{\partial T}\right)_V$ が得られる．定積の条件のもとでは，$\Delta T \to 0$ で $\Delta p \to 0$ であるから，

$$\left(\frac{\partial p}{\partial T}\right)_V = \lim_{\Delta T \to 0}\frac{\Delta p}{\Delta T} = \lim_{\Delta T \to 0}\frac{1}{\dfrac{\Delta T}{\Delta p}} = \frac{1}{\left(\dfrac{\partial T}{\partial p}\right)_V} \tag{3.6}$$

したがって，

$$p = T\frac{1}{\left(\dfrac{\partial T}{\partial p}\right)_V} \to p\left(\frac{\partial T}{\partial p}\right)_V = T \tag{3.7}$$

Charles の法則 $\frac{V}{T} = f(p)$ を書き換えると,

$$T = \frac{V}{f(p)} \tag{3.8}$$

この両辺について, V 一定で p で偏微分すると,

$$\left(\frac{\partial T}{\partial p}\right)_V = \left[\frac{\partial}{\partial p}\left(\frac{V}{f(p)}\right)\right]_V = V \cdot \frac{d(f(p)^{-1})}{dp} = V\left[-f(p)^{-2}\frac{df(p)}{dp}\right] \tag{3.9}$$

これを式 (3.7) に代入して,

$$p\left[-V\frac{1}{f(p)^2}\frac{df(p)}{dp}\right] = T$$

$$-p\frac{V}{f(p)}\frac{1}{f(p)}\frac{df(p)}{dp} = T \tag{3.10}$$

式 (3.8) より,

$$-p\frac{1}{f(p)}\frac{df(p)}{dp} = 1 \to \frac{df(p)}{f(p)} = -\frac{dp}{p} \tag{3.11}$$

式 (3.11) の両辺を積分すると,

$$\int \frac{df(p)}{f(p)} = -\int \frac{dp}{p}$$

$$\to \ln f(p) = -\ln p + \alpha_1$$

$$\to \ln[f(p)p] = \ln\alpha \tag{3.12}$$

ただしここで, α_1 は任意の定数であり, また, $\alpha = e^{\alpha_1}$ である. これより,

$$pf(p) = \alpha \tag{3.13}$$

Charles の法則より,

$$p\frac{V}{T} = \alpha \to pV = \alpha T \tag{3.14}$$

よって, 理想気体の状態方程式は $pV = \alpha T$ と表すことができる.

| 問題 | 37 | Carnot サイクル | 基本 |

物質量 n の理想気体を作業物質とし，温度 T_l の低温熱源と温度 T_h の高温熱源との間で熱をやり取りして動作する準静的なサイクルを考える．このサイクルは，以下の 4 つの過程からなるとする．

第 1 過程　圧力 p_A，体積 V_A，温度 T_h の状態 A から，同じ温度 T_h の高温熱源に接触させ，圧力 p_B，体積 V_B，温度 T_h の状態 B まで等温膨張させる．

第 2 過程　状態 B から，低温熱源の温度 T_l になるまで断熱膨張させ，圧力 p_C，体積 V_C，温度 T_l の状態 C にする．

第 3 過程　状態 C から，同じ温度 T_l の低温熱源に接触させ，圧力 p_D，体積 V_D，温度 T_l の状態 D まで等温圧縮する．

第 4 過程　状態 D から状態 A になるまで断熱圧縮する．

このとき，以下の問に答えよ．ただし，定積熱容量を C_V とせよ．

1. 第 1 過程において，気体が外にする仕事 W_{AB} と熱源から吸収する熱量 Q_h を求めよ．
2. 第 2 過程において，気体が外にする仕事 W_{BC} を求めよ．
3. 第 3 過程において，外から気体になされる仕事 W_{CD} と熱源へ放出される熱量 Q_l を求めよ．
4. 第 4 過程において，外から気体になされる仕事 W_{DA} を求めよ．
5. 1 サイクルの間に気体が外にした正味の仕事 W を Q_l と Q_h を用いて表し，このサイクルの熱効率 $\eta(=W/Q_h)$ を T_l と T_h を用いて表せ．

解説　今回検討するサイクルは，Carnot が考えた Carnot サイクルである．Carnot サイクルは最も効率よく熱を仕事に変えるサイクルである．

問題を解く際に，符号の付け方に注意されたい．今回は各過程でやり取りする量が正の値になるように符号を定義している．

解答

1. 外界から熱量 dQ，仕事 dW を受け取るときの内部エネルギー変化 ΔU は，熱力学第 1 法則より

$$\Delta U = dQ + dW \tag{3.15}$$

となる．第 1 過程では等温過程を考えており，作業物質は理想気体であることから，内部エネルギー変化は $\Delta U = 0$ となる．気体が外にする仕事 W_{AB} と熱源から吸収する熱量 Q_h は，

$$Q_{\mathrm{h}} = W_{\mathrm{AB}} = \int_{V_{\mathrm{A}}}^{V_{\mathrm{B}}} p\,dV = \int_{V_{\mathrm{A}}}^{V_{\mathrm{B}}} \frac{nRT_{\mathrm{h}}}{V}\,dV = nRT_{\mathrm{h}}\ln\frac{V_{\mathrm{B}}}{V_{\mathrm{A}}} \tag{3.16}$$

となる.

2. 第 2 過程では断熱過程を考えているため, 式 (3.15) における熱量は $dQ = 0$ となるから, 気体が外にする仕事 W_{BC} は以下のようになる.

$$W_{\mathrm{BC}} = -\Delta U = -\int_{T_{\mathrm{h}}}^{T_1} C_V\,dT = C_V(T_{\mathrm{h}} - T_1) \tag{3.17}$$

3. 第 3 過程では等温過程を考えているため, 外から気体になされる仕事 W_{CD} と熱源へ放出される熱量 Q_1 は, 1. と同様に以下のように表される.

$$Q_1 = -W_{\mathrm{CD}} = -\int_{V_{\mathrm{C}}}^{V_{\mathrm{D}}} p\,dV = -\int_{V_{\mathrm{C}}}^{V_{\mathrm{D}}} \frac{nRT_1}{V}\,dV = nRT_1\ln\frac{V_{\mathrm{C}}}{V_{\mathrm{D}}} \tag{3.18}$$

4. 第 4 過程では断熱過程を考えているため, 外から気体になされる仕事 W_{DA} は, 2. と同様に以下のように表される.

$$W_{\mathrm{DA}} = \Delta U = \int_{T_1}^{T_{\mathrm{h}}} C_V\,dT = C_V(T_{\mathrm{h}} - T_1) \tag{3.19}$$

5. 1 サイクルの間に気体が外にした正味の仕事 W は以下のように表される.

$$W = W_{\mathrm{AB}} + W_{\mathrm{BC}} - W_{\mathrm{CD}} - W_{\mathrm{DA}} = W_{\mathrm{AB}} - W_{\mathrm{CD}} = Q_{\mathrm{h}} - Q_1 \tag{3.20}$$

一方, 状態 A と状態 B, 状態 C と状態 D はそれぞれ温度が等しいから, 理想気体の状態方程式より,

$$p_{\mathrm{A}}V_{\mathrm{A}} = p_{\mathrm{B}}V_{\mathrm{B}}, \qquad p_{\mathrm{C}}V_{\mathrm{C}} = p_{\mathrm{D}}V_{\mathrm{D}} \tag{3.21}$$

が成り立つ. また, 状態 B→ 状態 C と状態 D→ 状態 A は断熱過程であるから, 定圧比熱と定積比熱の比である比熱比 γ を用いて,

$$p_{\mathrm{B}}V_{\mathrm{B}}^{\gamma} = p_{\mathrm{C}}V_{\mathrm{C}}^{\gamma}, \qquad p_{\mathrm{D}}V_{\mathrm{D}}^{\gamma} = p_{\mathrm{A}}V_{\mathrm{A}}^{\gamma} \tag{3.22}$$

が成り立つ. これは問題 27 にある Poisson の関係式である. これらから,

$$V_{\mathrm{B}}V_{\mathrm{D}} = V_{\mathrm{A}}V_{\mathrm{C}} \tag{3.23}$$

が得られる. よって, W は,

$$W = Q_{\mathrm{h}} - Q_1 = nR(T_{\mathrm{h}} - T_1)\ln\frac{V_{\mathrm{B}}}{V_{\mathrm{A}}} \tag{3.24}$$

と表すことができる. また,

$$\frac{Q_1}{T_1} = \frac{Q_{\mathrm{h}}}{T_{\mathrm{h}}} = \frac{W}{T_{\mathrm{h}} - T_1} \tag{3.25}$$

が成り立つ.

以上の結果から熱効率 η は,

$$\eta = \frac{W}{Q_{\mathrm{h}}} = 1 - \frac{Q_1}{Q_{\mathrm{h}}} = 1 - \frac{T_1}{T_{\mathrm{h}}} \tag{3.26}$$

となる.

問題 **38** **Diesel サイクル**　　　　　　　　　　　　　　　　　　　　基本

　図のように，断熱圧縮・燃焼定圧膨張・断熱膨張・排気定積減圧の4過程で1サイク
ルが構成されているサイクルを，Diesel サイクルという．なお，点 A, B, C, D にお
ける温度，体積，圧力をそれぞれ (T_1, V_1, p_1), (T_2, V_2, p_2), (T_3, V_3, p_3), (T_4, V_4, p_4)
とする．Diesel サイクルが，理想気体を作業物質として動いている場合の熱効率を
求めよ．

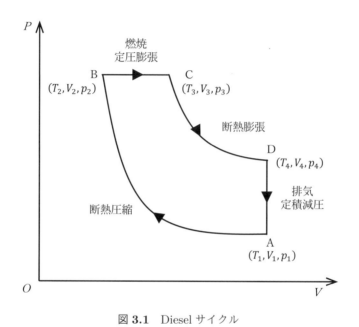

図 3.1　Diesel サイクル

解 説　ドイツ人機械技術者 Rudolf Christian Karl Diesel が発明した Diesel エン
ジンの原理となっているのが Diesel サイクルである．Diesel エンジンでは，まず，ピス
トン中に空気と燃料（微粒子化した軽油など）の混合気体が入れられ，ピストンが押され
て混合気体が断熱圧縮されることで，温度が上がり自然発火する．自然発火すると，定
圧膨張が起こる．その後，断熱膨張させ，排気をおこなうことにより定積減圧する．排
気が終わったピストンに再び混合気体を入れ，断熱圧縮，定圧膨張，断熱膨張を繰り返
す．ガソリンエンジンは，圧縮した混合気体に点火プラグの火花で着火させる点火方式，
Diesel エンジンは混合気体を圧縮して自然発火させる発火方式である．

解 答

1 サイクルの過程で，系が外界に行う仕事 W は，次の式で表すことができる．ここで，気体の物質量を n，定圧熱容量を C_p，定積熱容量を C_v，気体定数を R とする．

$$W = \int_{V_1}^{V_2} pdV + p_2(V_3 - V_2) + \int_{V_3}^{V_4} pdV \tag{3.27}$$

理想気体の状態方程式 $pV = nRT$，断熱過程では Poisson の関係式 $pV^\gamma = $ 一定（$\gamma = C_p/C_V$）が成立すること（問題 27 参照），すなわち，$p_1V_1^\gamma = p_2V_2^\gamma, p_3V_3^\gamma = p_4V_4^\gamma$ が成立すること，また，自明の関係 $V_4 = V_1$, $p_3 = p_2$ を用いると，上記の式は次のように計算できる

$$W = p_1V_1^\gamma \int_{V_1}^{V_2} V^{-\gamma}dV + p_2(V_3 - V_2) + p_2V_3^\gamma \int_{V_3}^{V_4} V^{-\gamma}dV$$

$$= p_1V_1^\gamma \frac{V_2^{1-\gamma} - V_1^{1-\gamma}}{1-\gamma} + p_3V_3^\gamma \frac{V_4^{1-\gamma} - V_3^{1-\gamma}}{1-\gamma} + p_2(V_3 - V_2)$$

$$= \frac{p_2V_2 - p_1V_1 + p_4V_4 - p_3V_3}{1-\gamma} + nR(T_3 - T_2)$$

$$= nR\frac{C_V}{C_V - C_p}(T_2 - T_1 + T_4 - T_3) + nR(T_3 - T_2) \tag{3.28}$$

ここで，Mayer の関係式 $C_p - C_V = nR$ を用いると，次のように整理することができる．

$$W = C_V(T_1 - T_2 + T_3 - T_4) + (C_p - C_V)(T_3 - T_2) \tag{3.29}$$

$$= C_V[T_1 - T_4 + \gamma(T_3 - T_2)] \tag{3.30}$$

系が吸熱する過程は定圧膨張の B→C のみであるから，

$$Q = C_p(T_3 - T_2) \tag{3.31}$$

となり，熱効率 η は次のように表される．

$$\eta = \frac{W}{Q} = 1 - \frac{1}{\gamma}\frac{T_4 - T_1}{T_3 - T_2} \tag{3.32}$$

| 問題 | 39 | 理想気体のエントロピー変化 | 基本 |

　　物質量 1 mol の理想気体を考える．以下のそれぞれの過程でのエントロピー変化を計算せよ．定積熱容量を C_V [J/K]，定圧熱容量を C_p [J/K]，気体定数を R [J/(K·mol)] とせよ．

1. 一定の温度 T [K] でゆっくりと膨張させ，圧力を p_1 [Pa] から p_2 [Pa] にする過程

2. 一定の体積 V [m³] でゆっくりと加熱し，温度を T_1 [K] から T_2 [K] にする過程

3. 一定の圧力 p [Pa] でゆっくりと加熱し，温度を T_1 [K] から T_2 [K] にする過程

4. 断熱可逆膨張により，温度を T_1 [K] から T_2 [K] にする過程

解 説　　系が状態 A から状態 B に変化する場合を考える．微小変化に伴い，系が熱力学温度 T_e の外界から吸収する熱を dQ とすると，状態 A から状態 B に変化するまでのエントロピー変化は，

$$\Delta S = S_B - S_A \geq \int_A^B \frac{dQ}{T_e} \tag{3.33}$$

で与えられる．ここで，上記の式の等号は可逆過程のときに成立する．可逆過程は準静的過程であるため，過程の途中の温度は確定する．その温度を T とする．準静的過程については，問題 13 の解説を参照のこと．このとき A から B までのエントロピー変化は，

$$\Delta S = \int_A^B \frac{dQ}{T} \tag{3.34}$$

となる．

解 答

1. いま理想気体を考えており，一定の温度 T でゆっくりと膨張させていることから，内部エネルギーは変化しない．ここで dW を外部への仕事とすると，

$$dQ = dU + dW = pdV \tag{3.35}$$

である．そのため，式 (3.34) より，

$$\Delta S = \int_{V_1}^{V_2} \frac{pdV}{T} \tag{3.36}$$

となる．物質量 1 mol の理想気体の状態方程式は，温度 p，体積 V，温度 T に対し，

$$pV = RT \tag{3.37}$$

である．ここで圧力 p_1 で体積 V_1 に，圧力 p_2 で体積 V_2 になるとする．これを用いると，この過程でのエントロピーの変化は，

$$\Delta S = R \int_{V_1}^{V_2} \frac{dV}{V} = R \ln \frac{V_2}{V_1} = R \ln \frac{p_1}{p_2} \tag{3.38}$$

となる．

2. 一定の体積 V でゆっくりと加熱することから，外部への仕事 dW は 0 である．すなわち，

$$dQ = dU + dW = C_V dT \tag{3.39}$$

である．ここで，定積熱容量 C_V は

$$C_V = \left(\frac{\partial U}{\partial T} \right)_V \tag{3.40}$$

で与えられる．式 (3.34) より，この過程でのエントロピー変化は，

$$\Delta S = \int_{T_1}^{T_2} \frac{C_V}{T} dT = C_V \ln \left(\frac{T_2}{T_1} \right) \tag{3.41}$$

となる．

3. 一定の圧力 p でゆっくりと加熱することから，

$$dQ = dU + pdV = dH = C_p dT \tag{3.42}$$

である．ただしここで定圧熱容量 C_p は

$$C_p = \left(\frac{\partial H}{\partial T} \right)_p \tag{3.43}$$

で与えられる．式 (3.34) より，この過程でのエントロピー変化は，

$$\Delta S = \int_{T_1}^{T_2} \frac{C_p}{T} dT = C_p \ln \left(\frac{T_2}{T_1} \right) \tag{3.44}$$

となる．

4. この過程は断熱変化であるから $Q = 0$ である．式 (3.34) より，この過程でのエントロピーの変化は，

$$\Delta S = 0 \tag{3.45}$$

である．

| 問題 | 40 | 理想気体の内部エネルギー・エントロピー | 基本 |

> 物質量 n の理想気体を考える．温度 T_0，体積 V_0 における状態を基準の状態とし，このときのエントロピーを S_0，定積熱容量を C_V と書くとき，温度 T，体積 V におけるエントロピーを求めよ．ただし，気体定数を R とする．

解 説　温度 T，体積 V におけるエントロピーを考える際，基準の状態（今回の場合は，温度 T_0，体積 V_0 における状態）から可逆的に温度 T，体積 V へ変化させる過程を考える．そのため，以下の可逆過程を考える．

第 1 段階　温度 T_0 一定で，体積を V_0 から V に変化させる可逆過程
第 2 段階　体積 V 一定で，温度を T_0 から T に変化させる可逆過程

第 1 の過程でのエントロピーの変化を ΔS_1 とし，第 2 の過程でのエントロピーの変化を ΔS_2 とすると，温度 T，体積 V でのエントロピー $S(T, V)$ は，基準の状態のエントロピー S_0 を用いて，

$$S(T, V) - S_0 = \Delta S_1 + \Delta S_2 \tag{3.46}$$

として計算できる．

解 答
　第 1 段階として，温度を T_0 としたまま，体積を V_0 から V にする可逆過程を考える．温度一定での理想気体の内部エネルギー変化 dU は 0 である．また，物質量 n の理想気体の状態方程式は，圧力 p，体積 V，温度 T に対し，

$$pV = nRT \tag{3.47}$$

であるから，熱 dQ は，仕事 dW を用いて，

$$\begin{aligned} dQ = dU + dW &= pdV \\ &= nRT_0 \frac{dV}{V} \end{aligned} \tag{3.48}$$

となる．可逆過程において状態 A から状態 B への変化が起こったときのエントロピー変化は，

$$\Delta S = \int_A^B \frac{dQ}{T} \tag{3.49}$$

で表されるから，この過程でのエントロピー変化 ΔS_1 は

$$\begin{aligned} \Delta S_1 &= \int_{V_0}^{V} \frac{nRT_0}{T_0} \frac{dV'}{V'} \\ &= nR \ln\left(\frac{V}{V_0}\right) \end{aligned} \tag{3.50}$$

となる.

　第 2 段階として,体積を V としたまま温度を T_0 から T にする可逆過程を考える.このとき,仕事 δW は 0 であることから,

$$
\begin{aligned}
dQ &= dU + dW \\
&= C_V \, dT \tag{3.51}
\end{aligned}
$$

と表される.ここで,定積熱容量は,

$$
C_V = \left(\frac{\partial U}{\partial T} \right)_V \tag{3.52}
$$

である.この過程でのエントロピー変化 ΔS_2 は

$$
\begin{aligned}
\Delta S_2 &= \int_{T_0}^{T} \frac{C_V}{T'} \, dT' \\
&= C_V \ln \left(\frac{T}{T_0} \right) \tag{3.53}
\end{aligned}
$$

と表される.

　以上の結果から,温度 T,体積 V でのエントロピーは,基準の状態(今回の場合は,温度 T_0,体積 V_0 における状態)でのエントロピーを S_0 とすると,

$$
\begin{aligned}
S(T, V) &= S_0 + \Delta S_1 + \Delta S_2 \\
&= S_0 + nR \ln \left(\frac{V}{V_0} \right) + C_V \ln \left(\frac{T}{T_0} \right) \tag{3.54}
\end{aligned}
$$

と表される.

| 問題 | *41* | 温度の異なる物体との接触 | 基本 |

　熱容量 C_A の物体 A と熱容量 C_B の物体 B を接触させる場合を考える．物体 A は温度 T_A であり，また物体 B は温度 T_B にある．ただし $T_A < T_B$ とする．十分に長い時間経過すると熱平衡となり，2 つの物体の温度はともに T_{eq} となる．接触させた瞬間から十分に時間が経過するまでの物体 A のエントロピー変化 ΔS_A，物体 B のエントロピー変化 ΔS_B，全体のエントロピー変化 ΔS_{tot} を求めよ．また，全体のエントロピー変化 ΔS_{tot} が正になることを証明せよ．

解 説　系全体の熱平衡状態においては，物体 A と物体 B の温度は等しくなる．ここではその温度を T_{eq} としている．物体 A，物体 B がもとの温度から T_{eq} になるまでに，物体 A に入る熱，物体 B から出る熱を求める．この熱の変化 dQ を用いると，温度が T_1 から T_2 まで変化する際のエントロピー変化 ΔS は

$$\Delta S = \int_{T_1}^{T_2} \frac{dQ}{T} dT \tag{3.55}$$

で表されることを利用し，物体 A，物体 B それぞれのエントロピー変化 ΔS_1，ΔS_2 を計算する．全体のエントロピー変化 ΔS_{tot} は，

$$\Delta S_{tot} = \Delta S_1 + \Delta S_2 \tag{3.56}$$

により得られる．

解 答

　$T_A < T_B$ であることから，物体 B から物体 A に熱量が入る．熱容量 C の物体に熱 dQ が準静的に入るときの温度上昇を dT としたとき，

$$dQ = CdT \tag{3.57}$$

であり，物体 A と物体 B の温度が T_{eq} になるまでに物体 A に入る熱量と物体 B から出る熱量は等しいから，

$$C_A (T_{eq} - T_A) = C_B (T_B - T_{eq}) \tag{3.58}$$

となる．この式を変形することにより，平衡温度 T_{eq} は以下のようになる．

$$T_{eq} = \frac{C_A T_A + C_B T_B}{C_A + C_B}. \tag{3.59}$$

　物体に熱 dQ が入り，温度 T_1 から T_2 まで変化する際のエントロピー変化 ΔS は式 (3.55) で表されることから，

$$\Delta S = \int_{T_1}^{T_2} \frac{dQ}{T} dT \tag{3.60}$$

で表されることから，物体 A のエントロピー変化 ΔS_A は

$$\Delta S_A = C_A \ln\left(\frac{T_{eq}}{T_A}\right) \tag{3.61}$$

である．同様に物体 B のエントロピー変化 ΔS_B は

$$\Delta S_B = C_B \ln\left(\frac{T_{eq}}{T_B}\right) \tag{3.62}$$

である．

全体のエントロピー変化 ΔS_{tot} は物体 A のエントロピー変化 ΔS_A と物体 B のエントロピー変化 ΔS_B の和で表されるから，

$$\Delta S_{tot} = \Delta S_A + \Delta S_B = C_A \ln\frac{T_{eq}}{T_A} + C_B \ln\frac{T_{eq}}{T_B} \tag{3.63}$$

となる．

次に，全体のエントロピー変化 ΔS_{tot} が正になることを示そう．ここで x_A, x_B, y_A, y_B を以下の式で定義する．

$$x_A = \frac{T_A}{T_{eq}}, \quad x_B = \frac{T_B}{T_{eq}}, \tag{3.64}$$

$$y_A = \ln x_A = \ln\frac{T_A}{T_{eq}}, \quad y_B = \ln x_B = \ln\frac{T_B}{T_{eq}}. \tag{3.65}$$

ここで，$T_A < T_{eq} < T_B$ であるから，$x_A < 1 < x_B$ である．これにより，ΔS_{tot} は，

$$\Delta S_{tot} = -C_A y_A - C_B y_B \tag{3.66}$$

となる．

式 (3.59) の両辺を T_{eq} で割ると，

$$\frac{1 - x_A}{C_B} = \frac{x_B - 1}{C_A} \tag{3.67}$$

が得られる．このことから，$x = 1$ は $x = x_A$ と $x = x_B$ との間を $C_B : C_A$ で分割する（図 3.2 を参照）．同様に，

$$y_{eq} = \frac{C_A y_A + C_B y_B}{C_A + C_B} \tag{3.68}$$

は $y = y_A$ と $y = y_B$ とを $C_B : C_A$ に分割する点である（図 3.2 を参照）．$y = \ln x$ は上に凸な曲線であるから，ΔS_{tot} は正になることがわかる．

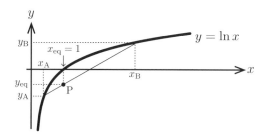

図 3.2　ΔS_{tot} が正になることの説明

| 問題 | 42 | 熱平衡 | 応用 |

　熱容量 C_A の物体 A と熱容量 C_B の物体 B を接触させる場合を考える. 物体 A は温度 T_A であり, また物体 B は温度 T_B にある. ここで, $T_A < T_B$ とする. また物体 A と物体 B のエントロピーを S_A, S_B とすると, 系全体のエントロピー (物体 A のエントロピーと物体 B のエントロピーの和) は,

$$S_{tot}(T_A, T_B) = S_A(T_A) + S_B(T_B) \tag{3.69}$$

と表される. 物体 A と物体 B との接触による熱の移動はゆっくり起こり, 物体 A と物体 B は, それぞれ熱平衡状態にあるとみなせるとする. 物体 A の温度が T_A', 物体 B の温度が T_B' となったときの, 系全体のエントロピーを求め, これが最大となるのは, 系全体が熱平衡になったときであることを示せ.

解説　系全体が熱平衡になるとは, $T_A' = T_B'$ となるときである. ここでは,

$$\frac{dS_{tot}(T_A', T_B')}{dT_A'} = 0, \tag{3.70}$$

$$\frac{d^2 S_{tot}(T_A', T_B')}{dT_A'^2} < 0 \tag{3.71}$$

の条件のもとで, $T_A' = T_B'$ を示せば, 系全体のエントロピーが最大となるのは, 系全体が熱平衡状態になったときであることを示せる.

解答　物体 A について, 温度が T_A から T_A' になる過程でのエントロピー変化は,

$$S_A(T_A') - S_A(T_A) = \int_{T_A}^{T_A'} \frac{C_A}{T} dT = C_A \ln\left(\frac{T_A'}{T_A}\right) \tag{3.72}$$

となる. この間, 物体 B について, 温度が T_B から T_B' になる過程でのエントロピー変化は,

$$S_B(T_B') - S_B(T_B) = \int_{T_B}^{T_B'} \frac{C_B}{T} dT = C_B \ln\left(\frac{T_B'}{T_B}\right) \tag{3.73}$$

となる.

　以上より, 系全体のエントロピーは,

$$\begin{aligned}
S_{tot}(T_A', T_B') &= S_A(T_A') + S_B(T_B') \\
&= C_A \ln\left(\frac{T_A'}{T_A}\right) + C_B \ln\left(\frac{T_B'}{T_B}\right) + S_A(T_A) + S_B(T_B) \\
&= C_A \ln\left(\frac{T_A'}{T_A}\right) + C_B \ln\left(\frac{T_B'}{T_B}\right) + S_{tot}(T_A, T_B) \tag{3.74}
\end{aligned}$$

と表される.

　まず式 (3.70) について見ていく. 物体 B から物体 A へと流れる熱は,

$$\Delta Q = C_{\mathrm{A}}(T'_{\mathrm{A}} - T_{\mathrm{A}}) = -C_{\mathrm{B}}(T'_{\mathrm{B}} - T_{\mathrm{B}}) \tag{3.75}$$

であることから,

$$T'_{\mathrm{B}} - T_{\mathrm{B}} = -\frac{C_{\mathrm{A}}}{C_{\mathrm{B}}} \left(T'_{\mathrm{A}} - T_{\mathrm{A}} \right) \tag{3.76}$$

が得られる. これと式 (3.74) より,

$$\begin{aligned}
\frac{dS_{\mathrm{tot}}(T'_{\mathrm{A}}, T'_{\mathrm{B}})}{dT'_{\mathrm{A}}} &= \frac{C_{\mathrm{A}}}{T'_{\mathrm{A}}} + \frac{C_{\mathrm{B}}}{T'_{\mathrm{B}}} \frac{dT'_{\mathrm{B}}}{dT'_{\mathrm{A}}} \\
&= \frac{C_{\mathrm{A}}}{T'_{\mathrm{A}}} - \frac{C_{\mathrm{A}}}{T'_{\mathrm{B}}}
\end{aligned} \tag{3.77}$$

となる. 熱平衡状態にある場合, $T'_{\mathrm{A}} = T'_{\mathrm{B}}$ であるため, $\dfrac{dS_{\mathrm{tot}}(T'_{\mathrm{A}}, T'_{\mathrm{B}})}{dT'_{\mathrm{A}}} = 0$ となる.

　次に, 系全体のエントロピー $S_{\mathrm{tot}}(T'_{\mathrm{A}}, T'_{\mathrm{B}})$ が最大となるのは, 系全体が平衡状態になったときであることを示す.

　式 (3.71) について考える. すなわち, $S_{\mathrm{tot}}(T'_{\mathrm{A}}, T'_{\mathrm{B}})$ が最大値を取るとき,

$$\frac{d^2 S_{\mathrm{tot}}(T'_{\mathrm{A}}, T'_{\mathrm{B}})}{dT'_{\mathrm{A}}{}^2} < 0 \tag{3.78}$$

が成り立つ. 式 (3.77) を T'_{A} で微分すると,

$$\frac{d^2 S_{\mathrm{tot}}(T'_{\mathrm{A}}, T'_{\mathrm{B}})}{dT'_{\mathrm{A}}{}^2} = C_{\mathrm{A}} \left[-T'^{-2}_{\mathrm{A}} + T'^{-2}_{\mathrm{B}} \frac{dT'_{\mathrm{B}}}{dT'_{\mathrm{A}}} \right] \tag{3.79}$$

$$= C_{\mathrm{A}} \left[-T'^{-2}_{\mathrm{A}} - T'^{-2}_{\mathrm{B}} \left(\frac{C_{\mathrm{A}}}{C_{\mathrm{B}}} \right) \right] \tag{3.80}$$

である。$T'_{\mathrm{A}} = T'_{\mathrm{B}}$ のとき, $\dfrac{d^2 S_{\mathrm{tot}}(T'_{\mathrm{A}}, T'_{\mathrm{B}})}{dT'_{\mathrm{A}}{}^2} < 0$ が成立する. 以上から, $S_{\mathrm{tot}}(T'_{\mathrm{A}}, T'_{\mathrm{B}})$ が最大となるのは, $T'_{\mathrm{A}} = T'_{\mathrm{B}}$ のときである.

| 問題 | 43 | エントロピーの合計が最大となる条件 | 応用 |

断熱壁で囲まれた 2 つの容器があり，それらの間にはコックがある．2 つの容器の体積はそれぞれ V_A, V_B である．はじめはコックが閉じられており，体積 V_A の容器に，温度 T の物質量 n の理想気体が入れられており，体積 V_B の容器は真空であるとする．

次に，コックを開き，2 つの容器間で理想気体が移動できるようにする．理想気体の移動はゆるやかであり，それぞれの容器においては常に熱平衡状態が保たれているとする．温度は常に T_0 であるとして，体積 V_A の容器に物質量 n_A の理想気体があるときの系全体（2 つの容器）のエントロピーを求めよ．ただし，コックを閉じているときのエントロピーを S_0 とする．

また，系全体のエントロピーが最大となるときの条件を記せ．

解 説 コックを閉じているときに体積 V_A の容器に入っている理想気体を n_A と $n - n_A$ に分け，コックを開いた後にそれらが体積変化したとして，エントロピー変化を計算すればよい．その際，以下のエントロピーの表式を用いる．問題 40 より，温度 T，体積 V における理想気体のエントロピーの表式は

$$S(T, V) = S_0 + nR \ln\left(\frac{V}{V_0}\right) + C_V \ln\left(\frac{T}{T_0}\right) \tag{3.81}$$

である．ただしここで，S_0 は温度 T_0，体積 V_0 のエントロピー，R は気体定数，C_V は定積熱容量を表す．

体積 V_A の容器におけるエントロピー変化 ΔS_A，体積 V_B の容器におけるエントロピー変化 ΔS_B とし，系全体のエントロピー $S_{\text{tot}}(n_A, n - n_A)$ は，

$$S_{\text{tot}}(n_A, n - n_A) = S_0 + \Delta S_A + \Delta S_B \tag{3.82}$$

で表される．また，系全体のエントロピーが最大値を取るとき，

$$\frac{dS_{\text{tot}}(n_A, n - n_A)}{dn_A} = 0 \tag{3.83}$$

$$\frac{d^2 S_{\text{tot}}(n_A, n - n_A)}{dn_A{}^2} < 0 \tag{3.84}$$

である．

解 答

まずはじめにコックを閉じているときの状態を考える．物質量 n のうち，物質量 n_A は $\frac{n_A V_A}{n}$ の体積を占めており，物質量 $n - n_A$ は $\frac{(n - n_A)V_A}{n}$ の体積を占めている．

物質量 n_A の理想気体は，コックを開けた後，体積は $\frac{n_A V_A}{n}$ から V_A に変化する．このときのエントロピー変化は

$$\Delta S_A = S_A\left(T_0, V_A\right) - S_A\left(T_0, \frac{n_A V_A}{n}\right)$$

$$= n_A R \ln\left(\frac{V_A n}{n_A V_A}\right) = n_A R \ln\frac{n}{n_A} \tag{3.85}$$

となる．一方，物質量 $n - n_A$ の理想気体は，コックを開けた後，体積は $\dfrac{(n - n_A)V_A}{n}$ から V_B に変化する．このときのエントロピー変化は

$$\Delta S_B = S_B\left(T_0, V_B\right) - S_B\left(T_0, \frac{(n - n_A)V_A}{n}\right)$$

$$= (n - n_A) R \ln\left(\frac{n}{n - n_A}\frac{V_B}{V_A}\right) \tag{3.86}$$

となる．

よって，系全体のエントロピーは，

$$S_{\text{tot}}(n_A, n - n_A) = S_0 + \Delta S_A + \Delta S_B$$

$$= S_0 + n_A R \ln\frac{n}{n_A} + (n - n_A) R \ln\left(\frac{n}{n - n_A}\frac{V_B}{V_A}\right) \tag{3.87}$$

となる．

系全体のエントロピーが最大値を取るとき，

$$\frac{dS_{\text{tot}}(n_A, n - n_A)}{dn_A} = 0 \tag{3.88}$$

である．

$$\frac{dS_{\text{tot}}(n_A, n - n_A)}{dn_A} = R \ln\frac{n}{n_A} - R - R \ln\left(\frac{n}{n - n_A}\frac{V_B}{V_A}\right) + R$$

$$= R \ln\frac{n}{n_A} - R \ln\left(\frac{n}{n - n_A}\frac{V_B}{V_A}\right) \tag{3.89}$$

より，$\dfrac{dS_{\text{tot}}(n_A, n - n_A)}{dn_A} = 0$ を満たすためには，

$$\frac{n}{n_A} = \frac{n}{n - n_A}\frac{V_B}{V_A}$$

$$\frac{V_B}{V_A} = \frac{n - n_A}{n_A} \tag{3.90}$$

となる必要がある．またこのとき，

$$\frac{d^2 S_{\text{tot}}(n_A, n - n_A)}{dn_A{}^2} = -R\left(\frac{1}{n_A} + \frac{1}{n - n_A}\right) \tag{3.91}$$

であることから，$\dfrac{d^2 S_{\text{tot}}(n_A, n - n_A)}{dn_A{}^2} < 0$ であり，エントロピー最大となる．つまり，密度が同じとき，エントロピーは最大となる．

問題 44　気体の膨張　　　　　　　　　　　　　　　　基本

　温度 T，圧力 p の理想気体を真空中に膨張させ，体積を V_b から V_a にしたとする（図 3.3）．ただし，外界と熱エネルギーをやり取りしないものとする．このとき以下の問いに答えよ．

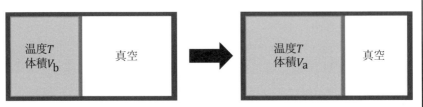

図 3.3　体積を V_b から V_a にする．V_a になった状態は熱平衡状態である．

1. 体積膨張前後の内部エネルギーの変化量を求めよ．
2. 体積膨張をした後の温度を求めよ．
3. 体積膨張前後のエンタルピーの変化量を求めよ．
4. 体積膨張前後のエントロピーの変化量を求めよ．

解説　外界から熱量 Q，仕事 W を受け取るときの内部エネルギー変化 ΔU は，熱力学第一法則より

$$\Delta U = Q + W \tag{3.92}$$

である．この問題で考えている状況では外界と熱エネルギーをやり取りしないので，$Q = 0$ である．またこの問題では真空中への膨張を考えているので，外界に力が働かず，$W = 0$ である．

　エンタルピー H の定義は，内部エネルギー U，圧力 p，体積 V を用いて，

$$H = U + pV \tag{3.93}$$

である（問題 33 を参照）．

解答

1. 外界から熱量 Q，仕事 W を受け取るときの内部エネルギーの変化量 ΔU は

$$\Delta U = Q + W \tag{3.94}$$

である．ところでいま，外界と熱エネルギーをやり取りしていないから $Q = 0$ であり，また，真空中への膨張を考えているから，外界へ力が働かないので，仕事は $W = 0$ である．

したがって，内部エネルギーの変化量 ΔU は

$$\Delta U = 0 \tag{3.95}$$

である．つまり，内部エネルギーは変化しない．

2. 前の問いで内部エネルギーが変化しないことを見た．いま理想気体を考えているので，内部エネルギーが変化しない場合には温度は変化しない．つまり，温度は T のままである．

3. エンタルピーは，問題 33 で見たように，内部エネルギー U，圧力 p，体積 V を用いて，

$$H = U + pV \tag{3.96}$$

と定義される．よって，体積膨張前後のエンタルピーの変化 ΔH は

$$\begin{aligned}\Delta H &= \Delta U + \Delta(pV) \\ &= \Delta U + nR\Delta T\end{aligned} \tag{3.97}$$

である．ただし n は物質量を表し，R は気体定数である．ここで，理想気体の状態方程式

$$pV = nRT \tag{3.98}$$

を用いた．

1. および 2. より $\Delta U = 0$，$\Delta T = 0$ であるから，エンタルピー変化 ΔH は

$$\Delta H = 0 \tag{3.99}$$

である．つまり，エンタルピーは変化しない．

4. エントロピーは状態量なので，可逆過程でつなげて考える．すなわち，体積膨張前後のエントロピー変化を計算するために，可逆過程で体積変化を引き起こした場合についてのエントロピー変化を考える．2. でこの過程は温度が変化しないことがわかったので，可逆等温過程でのエントロピー変化を計算する必要がある．よって，エントロピー変化 ΔS は

$$\begin{aligned}\Delta S &= nR\int_{V_{\mathrm{b}}}^{V_{\mathrm{a}}} \frac{dV}{V} \\ &= nR\ln\left(\frac{V_{\mathrm{a}}}{V_{\mathrm{b}}}\right)\end{aligned} \tag{3.100}$$

となる．

問題 45 関係式の証明 1 基本

1. エントロピーを S, 温度を T, 圧力を p, 体積を V としたとき, 次の関係式を証明せよ.

$$\frac{\left(\dfrac{\partial S}{\partial T}\right)_p}{\left(\dfrac{\partial S}{\partial T}\right)_V} = \frac{\left(\dfrac{\partial V}{\partial p}\right)_T}{\left(\dfrac{\partial V}{\partial p}\right)_S} \tag{3.101}$$

2. 上の関係式を用いて,

$$C_p \left(\frac{\partial V}{\partial p}\right)_S = C_V \left(\frac{\partial V}{\partial p}\right)_T \tag{3.102}$$

を示せ. ただし, C_V を定積熱容量, C_p を定圧熱容量とする.

解 説 与えられた等式を示すために, 以下に示す Maxwell の規則を用いる. これは問題 26 の解説で示されている以下の式である.

$$\begin{aligned}
\left(\frac{\partial y}{\partial z}\right)_x &= -\left(\frac{\partial y}{\partial x}\right)_z \left(\frac{\partial x}{\partial z}\right)_y \\
&= -\frac{\left(\dfrac{\partial x}{\partial z}\right)_y}{\left(\dfrac{\partial x}{\partial y}\right)_z}
\end{aligned} \tag{3.103}$$

が成り立つ. これは, 逆関数の偏導関数の式 (2.40) を用いると, 次のように対称性のよい形で書くこともできる.

$$\left(\frac{\partial x}{\partial y}\right)_z \left(\frac{\partial y}{\partial z}\right)_x \left(\frac{\partial z}{\partial x}\right)_y = -1 \tag{3.104}$$

解 答

1. エントロピーの温度偏微分について,

$$\left(\frac{\partial S}{\partial T}\right)_p = \left(\frac{\partial S}{\partial V}\right)_p \left(\frac{\partial V}{\partial T}\right)_p \tag{3.105}$$

$$\left(\frac{\partial S}{\partial T}\right)_V = \left(\frac{\partial S}{\partial p}\right)_V \left(\frac{\partial p}{\partial T}\right)_V \tag{3.106}$$

が成り立つ. よって,

$$
\frac{\left(\dfrac{\partial S}{\partial T}\right)_p}{\left(\dfrac{\partial S}{\partial T}\right)_V} = \frac{\left(\dfrac{\partial S}{\partial V}\right)_p \left(\dfrac{\partial V}{\partial T}\right)_p}{\left(\dfrac{\partial S}{\partial p}\right)_V \left(\dfrac{\partial p}{\partial T}\right)_V}
$$

$$
= \frac{\left(\dfrac{\partial V}{\partial T}\right)_p \left(\dfrac{\partial T}{\partial p}\right)_V}{\left(\dfrac{\partial V}{\partial S}\right)_p \left(\dfrac{\partial S}{\partial p}\right)_V} \tag{3.107}
$$

が成り立つ．ここで，式 (3.103) より，

$$
\left(\frac{\partial V}{\partial T}\right)_p \left(\frac{\partial T}{\partial p}\right)_V = -\left(\frac{\partial V}{\partial p}\right)_T, \tag{3.108}
$$

$$
\left(\frac{\partial V}{\partial S}\right)_p \left(\frac{\partial S}{\partial p}\right)_V = -\left(\frac{\partial V}{\partial p}\right)_S \tag{3.109}
$$

であることから，

$$
\frac{\left(\dfrac{\partial S}{\partial T}\right)_p}{\left(\dfrac{\partial S}{\partial T}\right)_V} = \frac{\left(\dfrac{\partial V}{\partial p}\right)_T}{\left(\dfrac{\partial V}{\partial p}\right)_S} \tag{3.110}
$$

が成り立つ．

2. $dQ = TdS$ より，定積熱容量 C_V，定圧熱容量 C_p がそれぞれ

$$
C_V = \left(\frac{dQ}{dT}\right)_V = T\left(\frac{\partial S}{\partial T}\right)_V, \tag{3.111}
$$

$$
C_p = \left(\frac{dQ}{dT}\right)_p = T\left(\frac{\partial S}{\partial T}\right)_p \tag{3.112}
$$

で表されることから，今回示した関係式から，

$$
C_p \left(\frac{\partial V}{\partial p}\right)_S = C_V \left(\frac{\partial V}{\partial p}\right)_T \tag{3.113}
$$

であることがわかる．

問題　46　関係式の証明 2　　　　　　　　　　　　　　　基本

　圧力を p, 体積を V, 温度を T, エントロピーを S とする. 内部エネルギー U, Helmholtz の自由エネルギー F, Gibbs の自由エネルギー G, エンタルピー H について,

$$\left(\frac{\partial U}{\partial S}\right)_V = T, \quad \left(\frac{\partial U}{\partial V}\right)_S = -p, \tag{3.114}$$

$$\left(\frac{\partial F}{\partial T}\right)_V = -S, \quad \left(\frac{\partial F}{\partial V}\right)_T = -p, \tag{3.115}$$

$$\left(\frac{\partial G}{\partial T}\right)_p = -S, \quad \left(\frac{\partial G}{\partial p}\right)_T = V, \tag{3.116}$$

$$\left(\frac{\partial H}{\partial S}\right)_p = T, \quad \left(\frac{\partial H}{\partial p}\right)_S = V. \tag{3.117}$$

を示せ.

解説　内部エネルギー U を用いて Helmholtz の自由エネルギー F, Gibbs の自由エネルギー G, エンタルピー H は,

$$F = U - TS, \tag{3.118}$$

$$G = U - TS + pV = F + pV \tag{3.119}$$

$$H = U + pV \tag{3.120}$$

で与えられる. U, F, G, H について全微分の表式を書き出すことで関係式を得ることができる.

解答
　内部エネルギー U について,

$$dU = TdS - pdV \tag{3.121}$$

が成り立つ. 一方で, U を S と V の関数とすると, 全微分は,

$$dU = \left(\frac{\partial U}{\partial S}\right)_V dS + \left(\frac{\partial U}{\partial V}\right)_S dV \tag{3.122}$$

となる. 式 (3.121) と式 (3.122) の各項を比較すると,

$$\left(\frac{\partial U}{\partial S}\right)_V = T, \quad \left(\frac{\partial U}{\partial V}\right)_S = -p \tag{3.123}$$

が示せる.
　Helmholtz の自由エネルギー F は

$$F = U - TS \tag{3.124}$$

で表されるから，これの全微分は，

$$dF = dU - TdS - SdT = -pdV - SdT \tag{3.125}$$

となる．一方で，Helmholtz の自由エネルギーを V と T の関数とすると，全微分は，

$$dF = \left(\frac{\partial F}{\partial V}\right)_T dV + \left(\frac{\partial F}{\partial T}\right)_V dT \tag{3.126}$$

となる．式 (3.125) と式 (3.126) の各項を比較すると，

$$\left(\frac{\partial F}{\partial T}\right)_V = -S, \quad \left(\frac{\partial F}{\partial V}\right)_T = -p \tag{3.127}$$

が示せる．

　同様に，Gibbs の自由エネルギー G は

$$G = U - TS + pV = F + pV \tag{3.128}$$

で表されるから，これの全微分は，

$$dG = dF + pdV + Vdp = -SdT + Vdp \tag{3.129}$$

となる．一方で，Gibbs の自由エネルギーを T と p の関数とすると，全微分は，

$$dG = \left(\frac{\partial G}{\partial T}\right)_p dT + \left(\frac{\partial G}{\partial p}\right)_T dp \tag{3.130}$$

となる．式 (3.129) と式 (3.130) の各項を比較すると，

$$\left(\frac{\partial G}{\partial T}\right)_p = -S, \quad \left(\frac{\partial G}{\partial p}\right)_T = V \tag{3.131}$$

となる．

　エンタルピー H は

$$H = U + pV \tag{3.132}$$

で表されるから，これの全微分は，

$$dH = dU + pdV + Vdp = TdS + Vdp \tag{3.133}$$

となる．一方で，エンタルピーを S と p の関数とすると，全微分は，

$$dH = \left(\frac{\partial H}{\partial S}\right)_p dS + \left(\frac{\partial H}{\partial p}\right)_S dp \tag{3.134}$$

となる．式 (3.133) と式 (3.134) の各項を比較すると，

$$\left(\frac{\partial H}{\partial S}\right)_p = T, \quad \left(\frac{\partial H}{\partial p}\right)_S = V \tag{3.135}$$

となる．

| 問題 | 47 | 偏微分 | 基本 |

1. x, y を変数とする以下の式:

$$z = 3x^2 + 2xy^3 + y^5 \tag{3.136}$$

について,

$$\frac{\partial}{\partial y}\left(\frac{\partial z}{\partial x}\right) = \frac{\partial}{\partial x}\left(\frac{\partial z}{\partial y}\right) \tag{3.137}$$

を確認せよ.

2. x, y を変数とする以下の式:

$$z = 6x^4 + 2x^3 y + 4x^2 y^2 + 7xy^3 + 3y^4 \tag{3.138}$$

について,

$$\frac{\partial}{\partial y}\left(\frac{\partial z}{\partial x}\right) = \frac{\partial}{\partial x}\left(\frac{\partial z}{\partial y}\right) \tag{3.139}$$

を確認せよ.

解 説　熱力学においては，偏微分の計算が頻繁に登場する.

$\dfrac{\partial}{\partial y}\left(\dfrac{\partial z}{\partial x}\right),\ \dfrac{\partial}{\partial x}\left(\dfrac{\partial z}{\partial y}\right)$ がともに連続であるならば,

$$\frac{\partial}{\partial y}\left(\frac{\partial z}{\partial x}\right) = \frac{\partial}{\partial x}\left(\frac{\partial z}{\partial y}\right) \tag{3.140}$$

を満たすが，これを用いて Maxwell の関係式（問題 48 を参照）を導くことができる.

解 答

1. z の x に対する偏微分，y に対する偏微分はそれぞれ,

$$\frac{\partial z}{\partial x} = 6x + 2y^3 \tag{3.141}$$

$$\frac{\partial z}{\partial y} = 6xy^2 + 5y^4 \tag{3.142}$$

となる. よって,

$$\frac{\partial}{\partial y}\left(\frac{\partial z}{\partial x}\right) = \frac{\partial}{\partial y}\left(6x + 2y^3\right)$$
$$= 6y^2 \tag{3.143}$$

$$\frac{\partial}{\partial x}\left(\frac{\partial z}{\partial y}\right) = \frac{\partial}{\partial x}\left(6xy^2 + 5y^4\right)$$
$$= 6y^2 \tag{3.144}$$

となり，これらはともに連続であるから，

$$\frac{\partial}{\partial y}\left(\frac{\partial z}{\partial x}\right) = \frac{\partial}{\partial x}\left(\frac{\partial z}{\partial y}\right)$$

が確認できた.

2. z の x に対する偏微分，y に対する偏微分はそれぞれ，

$$\frac{\partial z}{\partial x} = 24x^3 + 6x^2y + 8xy^2 + 7y^3 \tag{3.145}$$

$$\frac{\partial z}{\partial y} = 2x^3 + 8x^2y + 21xy^2 + 12y^3 \tag{3.146}$$

となる．よって，

$$\begin{aligned}\frac{\partial}{\partial y}\left(\frac{\partial z}{\partial x}\right) &= \frac{\partial}{\partial y}\left(24x^3 + 6x^2y + 8xy^2 + 7y^3\right) \\ &= 6x^2 + 16xy + 21y^2\end{aligned} \tag{3.147}$$

$$\begin{aligned}\frac{\partial}{\partial x}\left(\frac{\partial z}{\partial y}\right) &= \frac{\partial}{\partial x}\left(2x^3 + 8x^2y + 21xy^2 + 12y^3\right) \\ &= 6x^2 + 16xy + 21y^2\end{aligned} \tag{3.148}$$

となり，これらはともに連続であるから，

$$\frac{\partial}{\partial y}\left(\frac{\partial z}{\partial x}\right) = \frac{\partial}{\partial x}\left(\frac{\partial z}{\partial y}\right)$$

が確認できた.

| 問題 | 48 | Maxwell の関係式 | 基本 |

圧力を p, 体積を V, 温度を T, エントロピーを S とする. 以下の Maxwell の関係式が成り立つことを示せ.

$$\left(\frac{\partial p}{\partial S}\right)_V = -\left(\frac{\partial T}{\partial V}\right)_S \tag{3.149}$$

$$\left(\frac{\partial S}{\partial V}\right)_T = \left(\frac{\partial p}{\partial T}\right)_V \tag{3.150}$$

$$\left(\frac{\partial S}{\partial p}\right)_T = -\left(\frac{\partial V}{\partial T}\right)_p \tag{3.151}$$

$$\left(\frac{\partial V}{\partial S}\right)_p = \left(\frac{\partial T}{\partial p}\right)_S \tag{3.152}$$

解説　式 (3.149), (3.150), (3.151), (3.152) を Maxwell の関係式という. これらの式の左辺を直接実験で得ることは困難だが, 右辺は直接実験により得ることが可能である.

解答
問題 46 の式 (3.114), すなわち,

$$\left(\frac{\partial U}{\partial S}\right)_V = T, \quad \left(\frac{\partial U}{\partial V}\right)_S = -p,$$

より,

$$\left[\frac{\partial}{\partial V}\left(\frac{\partial U}{\partial S}\right)_V\right]_S = \left(\frac{\partial T}{\partial V}\right)_S, \tag{3.153}$$

$$\left[\frac{\partial}{\partial S}\left(\frac{\partial U}{\partial V}\right)_S\right]_V = -\left(\frac{\partial p}{\partial S}\right)_V. \tag{3.154}$$

である. ここで, $\left[\frac{\partial}{\partial V}\left(\frac{\partial U}{\partial S}\right)_V\right]_S$, $\left[\frac{\partial}{\partial S}\left(\frac{\partial U}{\partial V}\right)_S\right]_V$ がともに連続であることから,

$$\left(\frac{\partial p}{\partial S}\right)_V = -\left(\frac{\partial T}{\partial V}\right)_S$$

となり, 式 (3.149) が示された.
問題 46 の式 (3.115), すなわち,

$$\left(\frac{\partial F}{\partial T}\right)_V = -S, \quad \left(\frac{\partial F}{\partial V}\right)_T = -p,$$

より,

$$\left[\frac{\partial}{\partial V}\left(\frac{\partial F}{\partial T}\right)_V\right]_T = -\left(\frac{\partial S}{\partial V}\right)_T, \tag{3.155}$$

$$\left[\frac{\partial}{\partial T}\left(\frac{\partial F}{\partial V}\right)_T\right]_V = -\left(\frac{\partial p}{\partial T}\right)_V. \tag{3.156}$$

である．ここで，$\left[\dfrac{\partial}{\partial V}\left(\dfrac{\partial F}{\partial T}\right)_V\right]_T$, $\left[\dfrac{\partial}{\partial T}\left(\dfrac{\partial F}{\partial V}\right)_T\right]_V$ がともに連続であることから，

$$\left(\frac{\partial S}{\partial V}\right)_T = \left(\frac{\partial p}{\partial T}\right)_V$$

となり，式 (3.150) が示された．

問題 46 の式 (3.116)，すなわち，

$$\left(\frac{\partial G}{\partial T}\right)_p = -S, \quad \left(\frac{\partial G}{\partial p}\right)_T = V,$$

より，

$$\left[\frac{\partial}{\partial p}\left(\frac{\partial G}{\partial T}\right)_p\right]_T = -\left(\frac{\partial S}{\partial p}\right)_T, \tag{3.157}$$

$$\left[\frac{\partial}{\partial T}\left(\frac{\partial G}{\partial p}\right)_T\right]_p = \left(\frac{\partial V}{\partial T}\right)_p. \tag{3.158}$$

である．ここで，$\left[\dfrac{\partial}{\partial p}\left(\dfrac{\partial G}{\partial T}\right)_p\right]_T$, $\left[\dfrac{\partial}{\partial T}\left(\dfrac{\partial G}{\partial p}\right)_T\right]_p$ がともに連続であることから，

$$\left(\frac{\partial S}{\partial p}\right)_T = -\left(\frac{\partial V}{\partial T}\right)_p$$

となり，式 (3.151) が示された．

問題 46 の式 (3.117)，すなわち，

$$\left(\frac{\partial H}{\partial S}\right)_p = T, \quad \left(\frac{\partial H}{\partial p}\right)_S = V.$$

より，

$$\left[\frac{\partial}{\partial p}\left(\frac{\partial H}{\partial S}\right)_p\right]_S = \left(\frac{\partial T}{\partial p}\right)_S, \tag{3.159}$$

$$\left[\frac{\partial}{\partial S}\left(\frac{\partial H}{\partial p}\right)_S\right]_p = \left(\frac{\partial V}{\partial S}\right)_p. \tag{3.160}$$

である．ここで，$\left[\dfrac{\partial}{\partial p}\left(\dfrac{\partial H}{\partial S}\right)_p\right]_S$, $\left[\dfrac{\partial}{\partial S}\left(\dfrac{\partial H}{\partial p}\right)_S\right]_p$ がともに連続であることから，

$$\left(\frac{\partial V}{\partial S}\right)_p = \left(\frac{\partial T}{\partial p}\right)_S$$

となり，式 (3.152) が示された．

| 問題 | 49 | 常磁性体における Maxwell の関係式 | 基本 |

　　温度 T，磁場 $\mathcal{H}$ の中にある常磁性体について，エントロピー S，磁化 M における内部エネルギー $U(S, M)$ から，エンタルピー $H(S, \mathcal{H})$，Helmholtz の自由エネルギー $F(T, M)$，Gibbs の自由エネルギー $G(T, \mathcal{H})$ の全微分の表式を導き，常磁性体における Maxwell の関係式を導出せよ．

解説　常磁性体の内部エネルギーの微小変化量 dU は，

$$dU = TdS + \mathcal{H}dM \tag{3.161}$$

で与えられる（問題 15 を参照）．Lagendre 変換を用いて，内部エネルギーからエンタルピーや Helmholtz の自由エネルギーを，エンタルピーから Gibbs の自由エネルギーを導出すればよい．

解答

　　内部エネルギーの微小変化量 dU は，式 (3.161) で表されるから，

$$T = \left(\frac{\partial U}{\partial S}\right)_M, \tag{3.162}$$

$$\mathcal{H} = \left(\frac{\partial U}{\partial M}\right)_S \tag{3.163}$$

である．

　　Lagendre 変換から，エンタルピーは，

$$H(S, \mathcal{H}) = U - \left(\frac{\partial U}{\partial M}\right)_S M = U - \mathcal{H}M \tag{3.164}$$

であるから全微分式は

$$dH = dU - \mathcal{H}dM - Md\mathcal{H} = TdS - Md\mathcal{H} \tag{3.165}$$

である．

　　Lagendre 変換から，Helmholtz の自由エネルギーは，

$$F(T, M) = U - \left(\frac{\partial U}{\partial S}\right)_M S = U - TS \tag{3.166}$$

であるから全微分式は

$$dF = dU - TdS - SdT = -SdT + \mathcal{H}dM \tag{3.167}$$

である．

　　エンタルピー $H(S, \mathcal{H})$ の表式と Lagendre 変換から，Gibbs の自由エネルギーは，

$$G(T, \mathcal{H}) = H - \left(\frac{\partial H}{\partial S}\right)_{\mathcal{H}} S = H - TS \tag{3.168}$$

であるから全微分式は

$$dG = dH - TdS - SdT = -SdT - Md\mathcal{H} \tag{3.169}$$

である.

式 (3.161) から,

$$\frac{\partial^2 U}{\partial S \partial M} = \left[\frac{\partial}{\partial S}\left(\frac{\partial U}{\partial M}\right)_S\right]_M = \left(\frac{\partial \mathcal{H}}{\partial S}\right)_M \tag{3.170}$$

$$= \left[\frac{\partial}{\partial M}\left(\frac{\partial U}{\partial S}\right)_M\right]_S = \left(\frac{\partial T}{\partial M}\right)_S \tag{3.171}$$

が得られる. 式 (3.165) から,

$$\frac{\partial^2 H}{\partial S \partial \mathcal{H}} = \left[\frac{\partial}{\partial S}\left(\frac{\partial H}{\partial \mathcal{H}}\right)_S\right]_\mathcal{H} = -\left(\frac{\partial M}{\partial S}\right)_\mathcal{H} \tag{3.172}$$

$$= \left[\frac{\partial}{\partial \mathcal{H}}\left(\frac{\partial H}{\partial S}\right)_\mathcal{H}\right]_S = \left(\frac{\partial T}{\partial \mathcal{H}}\right)_S \tag{3.173}$$

が得られる. 式 (3.167) から,

$$\frac{\partial^2 F}{\partial T \partial M} = \left[\frac{\partial}{\partial T}\left(\frac{\partial F}{\partial M}\right)_T\right]_M = \left(\frac{\partial \mathcal{H}}{\partial T}\right)_M \tag{3.174}$$

$$= \left[\frac{\partial}{\partial M}\left(\frac{\partial F}{\partial T}\right)_M\right]_T = -\left(\frac{\partial S}{\partial M}\right)_T \tag{3.175}$$

が得られる. 式 (3.169) から,

$$\frac{\partial^2 G}{\partial T \partial \mathcal{H}} = \left[\frac{\partial}{\partial T}\left(\frac{\partial G}{\partial \mathcal{H}}\right)_T\right]_\mathcal{H} = -\left(\frac{\partial M}{\partial T}\right)_\mathcal{H} \tag{3.176}$$

$$= \left[\frac{\partial}{\partial \mathcal{H}}\left(\frac{\partial G}{\partial T}\right)_\mathcal{H}\right]_T = -\left(\frac{\partial S}{\partial \mathcal{H}}\right)_T \tag{3.177}$$

が得られる.

まとめると, Maxwell の関係式は,

$$\left(\frac{\partial \mathcal{H}}{\partial S}\right)_M = \left(\frac{\partial T}{\partial M}\right)_S \tag{3.178}$$

$$\left(\frac{\partial M}{\partial S}\right)_\mathcal{H} = -\left(\frac{\partial T}{\partial \mathcal{H}}\right)_S \tag{3.179}$$

$$\left(\frac{\partial \mathcal{H}}{\partial T}\right)_M = -\left(\frac{\partial S}{\partial M}\right)_T \tag{3.180}$$

$$\left(\frac{\partial M}{\partial T}\right)_\mathcal{H} = \left(\frac{\partial S}{\partial \mathcal{H}}\right)_T \tag{3.181}$$

となる.

| 問題 | 50 | Gibbs–Helmholtz の関係式 | 応用 |

圧力を p, 体積を V, 温度を T, エントロピーを S とする. また, 内部エネルギーを U, Helmholtz の自由エネルギーを F, Gibbs の自由エネルギーを G, エンタルピーを H とする. このとき, 以下の関係式が成り立つことを示せ.

$$H = -T^2 \left[\frac{\partial}{\partial T} \left(\frac{G}{T} \right) \right]_p = \left[\frac{\partial (G/T)}{\partial (1/T)} \right]_p \tag{3.182}$$

$$U = -T^2 \left[\frac{\partial}{\partial T} \left(\frac{F}{T} \right) \right]_V = \left[\frac{\partial (F/T)}{\partial (1/T)} \right]_V \tag{3.183}$$

解 説　式 (3.182), (3.183) を Gibbs–Helmholtz の関係式という. 問題 46 の式 (3.115), 式 (3.116) を用いて, エントロピー S を Helmholtz の自由エネルギー F や, Gibbs の自由エネルギー G の偏微分で表すことで導くことができる.

解 答
式 (3.182) について示す. Gibbs の自由エネルギー G は,

$$G = H - TS \tag{3.184}$$

で与えられる. ここで問題 46 の式 (3.116) より,

$$G = H + T \left(\frac{\partial G}{\partial T} \right)_p \tag{3.185}$$

となる. このことから, エンタルピー H は

$$H = G - T \left(\frac{\partial G}{\partial T} \right)_p \tag{3.186}$$

と表せる. 一方,

$$
\begin{aligned}
-T^2 \left[\frac{\partial}{\partial T} \left(\frac{G}{T} \right) \right]_p &= -T^2 \frac{\left(\frac{\partial G}{\partial T} \right)_p T - G}{T^2} \\
&= G - T \left(\frac{\partial G}{\partial T} \right)_p
\end{aligned}
\tag{3.187}
$$

であることから, 式 (3.182) における,

$$H = -T^2 \left[\frac{\partial}{\partial T} \left(\frac{G}{T} \right) \right]_p$$

が示された. また,

$$
\begin{aligned}
-T^2 \left[\frac{\partial}{\partial T} \left(\frac{G}{T} \right) \right]_p &= -T^2 \left[\frac{\partial}{\partial (1/T)} \frac{\partial (1/T)}{\partial T} \left(\frac{G}{T} \right) \right]_p \\
&= \left[\frac{\partial (G/T)}{\partial (1/T)} \right]_p
\end{aligned}
\tag{3.188}
$$

となり，式 (3.182) が示された.

次に，式 (3.183) について示す．Helmholtz の自由エネルギー F は，

$$F = U - TS \tag{3.189}$$

で与えられる．これで問題 46 の式 (3.115) より，

$$F = U + T \left(\frac{\partial F}{\partial T} \right)_V \tag{3.190}$$

となる．このことから，内部エネルギー U は，

$$U = F - T \left(\frac{\partial F}{\partial T} \right)_V \tag{3.191}$$

と表せる．一方，

$$-T^2 \left[\frac{\partial}{\partial T} \left(\frac{F}{T} \right) \right]_V = -T^2 \frac{\left(\frac{\partial F}{\partial T} \right)_V T - F}{T^2}$$
$$= F - T \left(\frac{\partial F}{\partial T} \right)_V \tag{3.192}$$

であることから，式 (3.183) における，

$$U = -T^2 \left[\frac{\partial}{\partial T} \left(\frac{F}{T} \right) \right]_V$$

が示された．また，

$$-T^2 \left[\frac{\partial}{\partial T} \left(\frac{F}{T} \right) \right]_V = -T^2 \left[\frac{\partial}{\partial (1/T)} \frac{\partial (1/T)}{\partial T} \left(\frac{F}{T} \right) \right]_V$$
$$= \left[\frac{\partial (F/T)}{\partial (1/T)} \right]_V \tag{3.193}$$

となり，式 (3.183) が示された.

| 問題 | 51 | van der Waals 気体 | 基本 |

圧力を p, 体積を V, 温度を T とする. また気体定数を R とする. また, a, b を定数とする. 物質量 n の van der Waals 気体の状態方程式は,

$$\left[p + a \left(\frac{n}{V} \right)^2 \right] (V - nb) = nRT \tag{3.194}$$

で与えられる. このとき以下の問いに答えよ.

1. 以下の量

$$\left(\frac{\partial U}{\partial V} \right)_T \tag{3.195}$$

を計算せよ. また, 理想気体の極限 $a = b = 0$ ではどうなるか論じよ.
2. 定積熱容量 C_V が体積に依存しないことを示せ.

解説　内部エネルギー U の全微分 dU の式

$$dU = TdS - pdV \tag{3.196}$$

より, Maxwell の関係式から,

$$\left(\frac{\partial U}{\partial V} \right)_T = T \left(\frac{\partial p}{\partial T} \right)_T - p \tag{3.197}$$

となる. これを用いれば $\left(\dfrac{\partial U}{\partial V} \right)_T$ を計算することができる.

解答

1. van der Waals 気体の状態方程式を変形すると,

$$p = \frac{nRT}{V - nb} - a \left(\frac{n}{V} \right)^2 \tag{3.198}$$

となる.

式 (3.197) を用いると,

$$\left(\frac{\partial U}{\partial V} \right)_T = T \left[\frac{nR}{V - nb} - a \left(\frac{n}{V} \right)^2 (V - nb) \right] \tag{3.199}$$

$$= a \left(\frac{n}{V} \right)^2 \tag{3.200}$$

となる.

ちなみに, $a = b = 0$ のとき, すなわち理想気体のときに相当する場合,

$$\left(\frac{\partial U}{\partial V} \right)_T = 0 \tag{3.201}$$

となり, 問題 18 で見た Joule の法則が確認される.

2. 定積熱容量 C_V は，

$$C_V = \left(\frac{\partial U}{\partial T}\right)_V \tag{3.202}$$

で定義されるから，定積熱容量 C_V の体積依存性を調べるためには，これを温度 T 一定のもと体積 V で偏微分すればよい．

$$
\begin{aligned}
\left(\frac{\partial C_V}{\partial V}\right)_T &= \left[\frac{\partial}{\partial V}\left(\frac{\partial U}{\partial T}\right)_V\right]_T \\
&= \left[\frac{\partial}{\partial T}\left(\frac{\partial U}{\partial V}\right)_T\right]_V \\
&= \left[\frac{\partial}{\partial T}\left(\frac{an^2}{V^2}\right)_T\right]_V = 0
\end{aligned} \tag{3.203}
$$

となる．ここで第 1 の等号と第 2 の等号の間では，問題 47 で議論した関係式を用いた．
$\left(\frac{\partial C_V}{\partial V}\right)_T = 0$ であることから，定積熱容量 C_V は体積に依存しないことがわかる．

| 問題 | 52 | van der Waals の状態方程式 | 基本 |

物理量 1 mol の van der Waals 気体が, 体積 V_1 [m³] から V_2 [m³] まで, 一定温度 T_0 [K] で膨張した. このとき以下の問いに答えよ. ただし, 以下では, 圧力は p [Pa], 体積は V [m³], 温度は T [K], 内部エネルギーは U [J], 気体定数は R [J/K·mol] と表すものとする.

1. 物質量 1 mol の van der Waals 気体の状態方程式を記せ. ただし, 分子間力に対する補正の定数を a, 分子の大きさに対する補正の定数を b とする.
2. 気体が外部にした仕事 W を求めよ.
3. U と V の関係式

$$\left(\frac{\partial U}{\partial V}\right)_T = T\left(\frac{\partial p}{\partial T}\right)_V - p \tag{3.204}$$

および p と T の関係式

$$\left(\frac{\partial p}{\partial T}\right)_V = \frac{R}{V - b} \tag{3.205}$$

を用いて, 気体の体積が V_1 から V_2 になるまでの気体の内部エネルギーの変化量 ΔU を求めよ.
4. 気体が吸収した熱量 Q を求めよ.

解説　　1. 問題 09 でも求めたように, 分子間力に対する補正の定数を a, 分子の大きさに対する補正の定数を b としたときの van der Waals の状態方程式を記述する.

2. 一定温度における体積膨張を考えるので, 仕事は, pdV を V_1 から V_2 まで積分すれば求めることができる.

3. 与えられた関係式と状態方程式を使って $\left(\dfrac{\partial U}{\partial V}\right)_T$ を求める. これは温度一定下における内部エネルギーの体積に対する偏導関数であるから, これを体積 V で積分すれば, 内部エネルギーの変化量が求まる.

4. 熱力学第一法則の式に, 2. と 3. で求めた答えを代入すれば簡単に求めることができる.

解答

1. 分子間力に対する補正の定数を a, 分子の大きさに対する補正の定数を b とすると, 問題 09 より

$$\left(p + \frac{a}{V^2}\right)(V - b) = RT \tag{3.206}$$

となる.

2. 気体が外部にした仕事 W は,

$$
\begin{aligned}
W &= \int_{V_1}^{V_2} pdV \\
&= \int_{V_1}^{V_2} \left(\frac{RT_0}{V-b} - \frac{a}{V^2} \right) dV \\
&= RT_0 \int_{V_1}^{V_2} \frac{dV}{V-b} - a \int_{V_1}^{V_2} \frac{1}{V^2} dV \\
&= RT_0 \ln \frac{V_2-b}{V_1-b} + a \left(\frac{1}{V_2} - \frac{1}{V_1} \right)
\end{aligned}
\tag{3.207}
$$

となる.

3. p と T の関係式

$$
\left(\frac{\partial p}{\partial T} \right)_V = \frac{R}{V-b}
\tag{3.208}
$$

を

$$
\left(\frac{\partial U}{\partial V} \right)_T = T \left(\frac{\partial p}{\partial T} \right)_V - p
\tag{3.209}
$$

へ代入して, 1. の状態方程式を使うと,

$$
\left(\frac{\partial U}{\partial V} \right)_T = T \frac{R}{V-b} - \left(\frac{RT}{V-b} - \frac{a}{V^2} \right) = \frac{a}{V^2}
\tag{3.210}
$$

したがって, 気体の体積が V_1 から V_2 になるまでの気体の内部エネルギーの変化量 ΔU は,

$$
\Delta U = \int_{V_1}^{V_2} \frac{a}{V^2} dV = -a \left(\frac{1}{V_2} - \frac{1}{V_1} \right)
\tag{3.211}
$$

と表される.

4. 熱力学第 1 法則より $Q = \Delta U + W$ である. 2. と 3. の結果から,

$$
\begin{aligned}
Q &= RT_0 \ln \frac{V_2-b}{V_1-b} + a \left(\frac{1}{V_2} - \frac{1}{V_1} \right) - a \left(\frac{1}{V_2} - \frac{1}{V_1} \right) \\
&= RT_0 \ln \frac{V_2-b}{V_1-b}
\end{aligned}
\tag{3.212}
$$

となる.

| 問題 | 53 | van der Waals 気体の内部エネルギー・エントロピー | 応用 |

圧力を p, 体積を V, 温度を T とする. また気体定数を R とする. また, a, b を定数とする. 物質量 n の van der Waals 気体の状態方程式は,

$$\left[p + a \left(\frac{n}{V} \right)^2 \right] (V - nb) = nRT \tag{3.213}$$

で与えられる. 定積熱容量 C_V が定数であるとして, 内部エネルギー U ならびにエントロピー S を温度 T, 体積 V の関数として表せ. ただし, 温度 T_0, 体積 V_0 を基準の状態とし, この状態における内部エネルギー, エントロピーを U_0, S_0 とせよ.

解 説　内部エネルギー $U(T, V)$ の表式やエントロピーの表式 $S(T, V)$ を求めるためには, 基準の状態にある van der Waals 気体について, 体積 V_0 のまま温度を T_0 から T へ変化させ, その後, 温度 T のまま体積を V_0 から V へ変化させる過程を考えればよい. すなわち,

$$U(T, V) = U_0 + \int_{T_0}^{T} \left(\frac{\partial U}{\partial T} \right)_V dT + \int_{V_0}^{V} \left(\frac{\partial U}{\partial V} \right)_T dV \tag{3.214}$$

$$S(T, V) = S_0 + \int_{T_0}^{T} \left(\frac{\partial S}{\partial T} \right)_V dT + \int_{V_0}^{V} \left(\frac{\partial S}{\partial V} \right)_T dV \tag{3.215}$$

を計算すればよい.

解 答

van der Waals 気体の内部エネルギー U とエントロピー S を温度 T と体積 V の関数として表すためには, 式 (3.214), 式 (3.215) を計算すればよい. 以下, $\left(\frac{\partial U}{\partial T} \right)_V$, $\left(\frac{\partial U}{\partial V} \right)_T$, $\left(\frac{\partial S}{\partial T} \right)_V$, $\left(\frac{\partial S}{\partial V} \right)_T$ の具体的表式を求めればよい.

内部エネルギーの全微分 dU, エントロピーの全微分 dS は,

$$dU = \left(\frac{\partial U}{\partial T} \right)_V dT + \left(\frac{\partial U}{\partial V} \right)_T dV, \tag{3.216}$$

$$dS = \left(\frac{\partial S}{\partial T} \right)_V dT + \left(\frac{\partial S}{\partial V} \right)_T dV \tag{3.217}$$

である. また,

$$dU = TdS - pdV \tag{3.218}$$

より,

$$dU = T \left[\left(\frac{\partial S}{\partial T} \right)_V dT + \left(\frac{\partial S}{\partial V} \right)_T dV \right] - pdV \tag{3.219}$$

$$= T \left(\frac{\partial S}{\partial T} \right)_V dT + \left[T \left(\frac{\partial S}{\partial V} \right)_T - p \right] dV \tag{3.220}$$

より,

$$\left(\frac{\partial U}{\partial T}\right)_V = T\left(\frac{\partial S}{\partial T}\right)_V \tag{3.221}$$

$$\left(\frac{\partial U}{\partial V}\right)_T = T\left(\frac{\partial S}{\partial V}\right)_T - p \tag{3.222}$$

である.

van der Waals 気体の状態方程式から,

$$p = \frac{nRT}{V - nb} - \frac{n^2 a}{V^2} \tag{3.223}$$

である. Maxwell の関係式 (3.150):

$$\left(\frac{\partial S}{\partial V}\right)_T = \left(\frac{\partial p}{\partial T}\right)_V \tag{3.224}$$

を用いて,

$$\left(\frac{\partial S}{\partial V}\right)_T = \frac{nR}{V - nb} \tag{3.225}$$

が得られる. この式から,

$$\left(\frac{\partial U}{\partial V}\right)_T = T\frac{nR}{V - nb} - p = \frac{n^2 a}{V^2} \tag{3.226}$$

である.

以上を踏まえて, $U(T, V)$ を表すと,

$$U(T, V) = U_0 + \int_{T_0}^{T}\left(\frac{\partial U}{\partial T}\right)_V dT + \int_{V_0}^{V}\left(\frac{\partial U}{\partial V}\right)_T dV \tag{3.227}$$

$$= U_0 + \int_{T_0}^{T} C_V\, dT + \int_{V_0}^{V}\frac{n^2 a}{V^2}\, dV \tag{3.228}$$

$$= U_0 + C_V\,(T - T_0) - n^2 a\left(\frac{1}{V} - \frac{1}{V_0}\right) \tag{3.229}$$

となる. 同様に, $S(T, V)$ を表すと,

$$S(T, V) = S_0 + \int_{T_0}^{T}\left(\frac{\partial S}{\partial T}\right)_V dT + \int_{V_0}^{V}\left(\frac{\partial S}{\partial V}\right)_T dV \tag{3.230}$$

$$= S_0 + \int_{T_0}^{T}\frac{C_V}{T}\, dT + \int_{V_0}^{V}\frac{nR}{V - nb}\, dV \tag{3.231}$$

$$= S_0 + C_V \ln\left(\frac{T}{T_0}\right) + nR \ln\left(\frac{V - nb}{V_0 - nb}\right) \tag{3.232}$$

となる.

| 問題 | 54 | ゴムの内部エネルギー・エントロピー | 応用 |

　長さ L のゴム紐を考える．長さ L にのみ依存する関数 $A(L), B(L)$ を用いて，温度 T での張力 σ が

$$\sigma = A(L)T + B(L) \tag{3.233}$$

で表されるとする．温度に依存する定長熱容量 $C_L(T)$ を用いて，このゴム紐の内部エネルギーとエントロピーを温度 T，長さ L の関数として表わせ．ただしここで，基準の状態として温度 T_0，長さ L_0 とし，基準の状態の内部エネルギー，エントロピーをそれぞれ U_0，S_0 とせよ．

解説　内部エネルギーとエントロピーを温度 T，長さ L の関数として表す場合，第1に，長さ L_0 のまま温度を T_0 から T にする可逆過程を考え，第2に，温度を T のまま長さを L_0 から L にする可逆過程を考えて，それぞれの可逆過程における内部エネルギー変化をそれぞれ ΔU_1，ΔU_2 とすると，内部エネルギー $U(T, L)$ は，

$$U(T, L) - U_0 = \Delta U_1 + \Delta U_2 \tag{3.234}$$

と表される．

　また，第1の可逆過程，第2の可逆過程におけるエントロピー変化を考えればよい．第1の可逆過程，第2の可逆過程におけるエントロピー変化をそれぞれ ΔS_1，ΔS_2 とすると，エントロピー $S(T, L)$ は，

$$S(T, L) - S_0 = \Delta S_1 + \Delta S_2 \tag{3.235}$$

と表される．

解答　内部エネルギーの全微分 dU は，

$$dU = TdS + \sigma dL \tag{3.236}$$

で表される．よって，以下の式が得られる．

$$\left(\frac{\partial U}{\partial S}\right)_L = T, \qquad \left(\frac{\partial U}{\partial L}\right)_S = \sigma \tag{3.237}$$

　内部エネルギーを温度 T，長さ L の関数として表すため，第1に，長さ L_0 のまま温度を T_0 から T にする可逆過程を考える．このときの内部エネルギー変化を ΔU_1 とする．第2に，温度を T のまま長さを L_0 から L にする可逆過程を考える．このときの内部エネルギー変化を ΔU_2 とする．

$$U(T, L) = U_0 + \Delta U_1 + \Delta U_2$$

$$= U_0 + \int_{T_0}^{T} \left(\frac{\partial U}{\partial T}\right)_L dT' + \int_{L_0}^{L} \left(\frac{\partial U}{\partial L}\right)_T dL'$$

$$= U_0 + \int_{T_0}^{T} C_L(T')dT' + \int_{L_0}^{L} \left[\left(\frac{\partial U}{\partial L}\right)_S + \left(\frac{\partial U}{\partial S}\right)_L \left(\frac{\partial S}{\partial L}\right)_T\right] dL'$$

$$= U_0 + \int_{T_0}^{T} C_L(T')dT' + \int_{L_0}^{L} \left[\sigma + T\left(\frac{\partial S}{\partial L}\right)_T\right] dL' \qquad (3.238)$$

である. よって, $\left(\frac{\partial S}{\partial L}\right)_T$ を求めればよい. そのために, Helmholtz の自由エネルギー $F = U - TS$ を考える. Helmholtz の自由エネルギーの全微分は

$$dF = dU - TdS - SdT = TdS + \sigma dL - TdS - SdT = \sigma dL - SdT \qquad (3.239)$$

となる. よって,

$$\left(\frac{\partial F}{\partial T}\right)_L = -S, \qquad \left(\frac{\partial F}{\partial L}\right)_T = \sigma \qquad (3.240)$$

となる. これをもとに, この系における Maxwell の関係式を導出する.

$$\frac{\partial^2 F}{\partial L \partial T} = \left[\frac{\partial}{\partial L}\left(\frac{\partial F}{\partial T}\right)_L\right]_T = -\left(\frac{\partial S}{\partial L}\right)_T$$

$$= \left[\frac{\partial}{\partial T}\left(\frac{\partial F}{\partial L}\right)_T\right]_L = \left(\frac{\partial \sigma}{\partial T}\right)_L \qquad (3.241)$$

から,

$$\left(\frac{\partial S}{\partial L}\right)_T = -\left(\frac{\partial \sigma}{\partial T}\right)_L \qquad (3.242)$$

である. $\left(\frac{\partial \sigma}{\partial T}\right)_L = A(L)$ より, $\left(\frac{\partial S}{\partial L}\right)_T = -A(L)$ である. これを用いれば, 温度 T, 長さ L における内部エネルギーは,

$$U(T, L) = U_0 + \int_{T_0}^{T} C_L(T')dT' + \int_{L_0}^{L} \left[\sigma - A(L)T\right] dL'$$

$$= U_0 + \int_{T_0}^{T} C_L(T')dT' + \int_{L_0}^{L} B(L')dL' \qquad (3.243)$$

となる.

また, エントロピーを温度 T, 長さ L の関数として表すため, 先程と同様の過程を考える. 第 1 に, 長さ L_0 のまま温度を T_0 から T にする可逆過程を考える. このときのエントロピー変化を ΔS_1 とする. 第 2 に, 温度を T のまま長さを L_0 から L にする可逆過程を考える. このときのエントロピー変化を ΔS_2 とする. このとき,

$$S(T, L) = S_0 + \Delta S_1 + \Delta S_2$$

$$= S_0 + \int_{T_0}^{T} \left(\frac{\partial S}{\partial T}\right)_L dT' + \int_{L_0}^{L} \left(\frac{\partial S}{\partial L}\right)_T dL' \qquad (3.244)$$

ここで, $\left(\frac{\partial S}{\partial L}\right)_T = -A(L)$, $T\left(\frac{\partial S}{\partial T}\right)_L = C_L(T)$ であるから, エントロピーは,

$$S(T, L) = S_0 + \int_{T_0}^{T} \frac{C_L(T')}{T'}dT' - \int_{L_0}^{L} A(L')dL' \qquad (3.245)$$

と表される.

問題 55 理想常磁性体の内部エネルギー・エントロピー 応用

理想常磁性体の定磁化熱容量 C_M が T に比例する，すなわち，定数 A を用いて $C_M = AT$ とし，内部エネルギー U とエントロピー S を温度 T と磁化 M の関数として求めよ．ただし，温度 T_0，磁化 0 を基準の状態とし，基準の状態の内部エネルギー，エントロピーをそれぞれ U_0，S_0 と書くことにせよ．また，Curie 定数を C_C とせよ．

解 説 問題 15 より，磁場 $\mathcal{H}$ の磁場が，磁性体の磁化 M を dM だけ変える仕事は，$\mathcal{H}dM$ と表される．また理想常磁性体では，

$$\mathcal{H} = \frac{MT}{C_C} \tag{3.246}$$

が成り立つ．

解 答

理想常磁性体の内部エネルギー U とエントロピー S を温度 T と磁化 M の関数として表すためには，標準状態にある理想常磁性体について，温度 T_0 のまま磁化を 0 から M に変化させ，その後，磁化 M のまま温度を T_0 から T に変える過程を考えればよい．すなわち，

$$U(T, M) = U_0 + \int_0^M \left(\frac{\partial U}{\partial M}\right)_T dM + \int_{T_0}^T \left(\frac{\partial U}{\partial T}\right)_M dT \tag{3.247}$$

$$S(T, M) = S_0 + \int_0^M \left(\frac{\partial S}{\partial M}\right)_T dM + \int_{T_0}^T \left(\frac{\partial S}{\partial T}\right)_M dT \tag{3.248}$$

となる．以下，$\left(\frac{\partial U}{\partial M}\right)_T$，$\left(\frac{\partial U}{\partial T}\right)_M$，$\left(\frac{\partial S}{\partial M}\right)_T$，$\left(\frac{\partial S}{\partial T}\right)_M$ の具体的表式を求める．

内部エネルギーの微小変化 dU は，

$$dU = TdS + \mathcal{H}dM \tag{3.249}$$

である．また，エントロピーの微小変化 dS，内部エネルギーの微小変化 dU は，

$$dS = \left(\frac{\partial S}{\partial T}\right)_M dT + \left(\frac{\partial S}{\partial M}\right)_T dM \tag{3.250}$$

$$dU = \left(\frac{\partial U}{\partial T}\right)_M dT + \left(\frac{\partial U}{\partial M}\right)_T dM \tag{3.251}$$

である．式 (3.250) を式 (3.249) に代入すると，

$$dU = T\left(\frac{\partial S}{\partial T}\right)_M dT + \left[T\left(\frac{\partial S}{\partial M}\right)_T + \mathcal{H}\right] dM \tag{3.252}$$

である．この式から，

$$\left(\frac{\partial U}{\partial T}\right)_M = T\left(\frac{\partial S}{\partial T}\right)_M = C_M \tag{3.253}$$

$$\left(\frac{\partial U}{\partial M}\right)_T = T\left(\frac{\partial S}{\partial M}\right)_T + \mathcal{H} \tag{3.254}$$

が得られる．よって，$\left(\frac{\partial S}{\partial M}\right)_T$ の具体的な表式を求めればよい．

$\left(\frac{\partial S}{\partial M}\right)_T$ の具体的な表式を求めるために，Helmholtz の自由エネルギー $F(T, M)$ を考える．

$$F(T, M) = U - TS \tag{3.255}$$

より，Helmholtz の自由エネルギーの全微分は，

$$dF = dU - TdS - SdT = -SdT + \mathcal{H}dM \tag{3.256}$$

となる．ここで，

$$\left[\frac{\partial}{\partial M}\left(\frac{\partial F}{\partial T}\right)_M\right]_T = \left[\frac{\partial}{\partial T}\left(\frac{\partial F}{\partial M}\right)_T\right]_M \tag{3.257}$$

を用いれば，

$$\left(\frac{\partial S}{\partial M}\right)_T = -\left(\frac{\partial \mathcal{H}}{\partial T}\right)_M \tag{3.258}$$

が成立する．理想常磁性体では，

$$\mathcal{H} = \frac{MT}{C_{\mathrm{C}}} \tag{3.259}$$

が成り立つから

$$\left(\frac{\partial S}{\partial M}\right)_T = -\frac{M}{C_{\mathrm{C}}} \tag{3.260}$$

となる．これを式 (3.254) に代入すれば，

$$\left(\frac{\partial U}{\partial M}\right)_T = 0 \tag{3.261}$$

となる．このことは，理想常磁性体の内部エネルギーは温度のみで決まり，磁化に依存しないことを表している．

以上を踏まえて，式 (3.247) を改めて計算すると，

$$\begin{aligned} U(T, M) &= U_0 + \int_{T_0}^{T} C_M dT \\ &= U_0 + \frac{A}{2}\left(T^2 - T_0{}^2\right) \end{aligned} \tag{3.262}$$

が得られる．同様に，式 (3.248) を改めて計算すると，

$$\begin{aligned} S(T, M) &= S_0 - \int_0^M \frac{M}{C_C} dM + \int_{T_0}^{T} \frac{C_M}{T} dT \\ &= S_0 - \frac{M^2}{2C_{\mathrm{C}}} + A\left(T - T_0\right) \end{aligned} \tag{3.263}$$

が得られる．

Chapter 4

微視的熱理論

物質は分子の集合によって構成されている．これまで巨視的な立場から，物質において起こる現象について見てきた．本章では，微視的な立場から，巨視的な物質現象を理解する．例えば，気体分子の運動を考えると，圧力が説明できる．また，空間における分子の速度分布は確率的に評価することができ，これを利用することで，エントロピーや比熱を微視的視点から理解できる．

問題 *56*　気体の圧力　　　　　　　　　　　　　　　　　　　　　**基本**

　大きさが無視できる 1 種類の気体分子が，1 辺の長さが L（体積 $V = L^3$）の立方体の容器に封入されている．ここでは，分子同士の相互作用と分子の体積を無視する理想気体を考える．この容器に含まれる気体分子の分子数を N とし，分子 1 個の運動エネルギーの平均値を e_m とすると，圧力 p が $p = 2Ne_m/3V$ となることを示せ．

解説　気体分子の運動を考えて，気体の性質を扱う理論を気体分子運動論という．気体は，固体や液体と比べて希薄であり，空間中ではほぼ自由に運動していると考えることができる．つまり，分子間衝突はほとんど起こらない．また，気体の圧力は，気体分子が自由に容器内を飛び回り，容器の壁に衝突し跳ね返ることで，壁が単位面積あたりに受ける力の大きさと考えることができる．つまり，壁に単位時間，単位体積あたりに衝突する分子数と，その分子の持つ運動エネルギーによって圧力は表すことができる．

解答
　単位時間あたり単位面積に衝突する分子の運動量変化を計算する．まず，図 4.1 のように x 軸に垂直に固定した面積 L^2 の壁を考え，その壁に質量 m の分子が衝突する場合を考える．ただし，壁と気体分子は完全弾性衝突をするとする．完全弾性衝突は，衝突する 2 つの物体の重心運動のエネルギーが衝突によって変化しない場合のことを指す．i 番目の分子の速度成分が $\boldsymbol{v}_i = (v_{ix}, v_{iy}, v_{iz})$ であるとする．この分子が壁に衝突する際，運動量が $m|v_{ix}|$ から $-m|v_{ix}|$ に変化する．つまり，この衝突において，$2m|v_{ix}|$ だけ運動量が変化する．一方で，この衝突により y 軸，z 軸方向の運動量は変化しない．

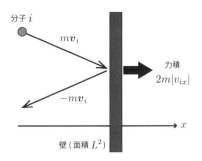

　図 **4.1**　壁に衝突する気体分子の例．衝突の力積によって圧力が計算される．

　次に，速度の x 成分の大きさが $|v_{ix}|$ である分子が単位時間に壁に衝突する回数を計算する．容器の 1 辺の長さが L であるため，分子は $2L$ 進むごとに一度壁に衝突する．

つまり，単位時間当たりに $|v_{ix}|/2L$ 回衝突することとなる．1 回の衝突による運動量変化は $2m|v_{ix}|$ であるから，単位時間に分子 i が壁に衝突することによる運動量の変化は，

$$2m|v_{ix}| \cdot \frac{|v_{ix}|}{2L} = \frac{1}{L}mv_{ix}^2 \tag{4.1}$$

となる．したがって，N 個の分子による運動量変化は，

$$\frac{1}{L}\sum_{i=1}^{N} mv_{ix}^2 \tag{4.2}$$

となる．この運動量変化が壁に加わる力積であり，単位面積あたりに加わる力が圧力 p であるため，圧力は，

$$p = \frac{1}{L^3}\sum_{i=1}^{N} mv_{ix}^2 = \frac{N}{V}m\langle v_x^2 \rangle \tag{4.3}$$

となる．ただし，$\langle v_x^2 \rangle = \sum_{i=1}^{N} v_{ix}^2/N$ は x 成分の 2 乗速度の N 個の分子平均を表す．

N 個の分子の 2 乗速度平均を $\langle v^2 \rangle$ と書くと，

$$\langle v^2 \rangle = \frac{1}{N}\sum_{i=1}^{N}\left(v_{ix}^2 + v_{iy}^2 + v_{iz}^2\right) = \langle v_x^2 \rangle + \langle v_y^2 \rangle + \langle v_z^2 \rangle \tag{4.4}$$

となる．ただし，$\langle v_y^2 \rangle$ および $\langle v_z^2 \rangle$ はそれぞれ，速度 y, z 成分の 2 乗平均である．この平均速度は，x, y, z で同等であると考えられるため，

$$\langle v_x^2 \rangle = \frac{1}{3}\langle v^2 \rangle \tag{4.5}$$

となる．つまり，圧力 p は，

$$p = \frac{N}{3V}m\langle v^2 \rangle = \frac{2}{3}\frac{N}{V}\left\langle \frac{1}{2}mv^2 \right\rangle \tag{4.6}$$

と表すことができる．ここで，分子 1 個当たりの運動エネルギーの平均値を e_{m} とするため，

$$e_{\mathrm{m}} = \left\langle \frac{1}{2}mv^2 \right\rangle \tag{4.7}$$

となり，

$$p = \frac{2}{3}\frac{N}{V}e_{\mathrm{m}} \tag{4.8}$$

を導くことができる．

つまり，圧力は単位体積あたりの運動エネルギーの平均値の 2/3 に等しいことがわかる．また気体の密度は $\rho = mN/V$ と表すことができるため，

$$p = \frac{1}{3}\rho\langle v^2 \rangle \tag{4.9}$$

と書くこともできる．

問題 57 | **Dalton の分圧の法則** | 基本

K 種類の理想気体分子が，一辺の長さが L（体積 $V = L^3$）の立方体の容器に封入されている．気体種類のインデックスを $k = 1, \ldots, K$ とし，第 k 種類目の分子 1 個の質量を m_k，この容器に含まれる気体分子の分子数を N_k とする．またそれぞれの種類の理想気体のみが封入された際の圧力を p_k とする．このとき，混合気体の圧力が，

$$p = \sum_{k=1}^{K} p_k \tag{4.10}$$

と書けることを確認せよ．

解 説 複数種類の混合気体の圧力 $p_k(k = 1, \ldots, K)$ は，それぞれの種類の理想気体を単離して同じ大きさの容器に入れた際の圧力 $p_k(k = 1, \ldots, K)$ の総和 $\left(p = \sum_{k=1}^{K} p_k\right)$ によって表すことができる．この法則は，イギリス人科学者 John Dalton によって発見され，これを Dalton の法則，あるいは分圧の法則という．これは，分子の体積が無視でき，分子間の相互作用がない理想気体の場合に成立する法則である．このとき，各気体の圧力 p_k を「分圧」と呼び，混合気体全体の圧力を「全圧」と呼ぶ．

解 答

各分子の質量が異なる場合（各分子の質量を m_i とする）に，問題 56 で得られた圧力 p を一般化する．粒子数が N 個の場合，式 (4.3) より，

$$p = \frac{1}{L^3} \sum_{i=1}^{N} m_i v_{ix}^2 \tag{4.11}$$

と書くことができる．これを用いると，K 種類の気体が混ざった場合には，

$$p = \frac{1}{L^3} \sum_{k=1}^{K} \left(m_k \sum_{i=1}^{N_k} v_{ik,x}^2 \right) \tag{4.12}$$

と書き表すことができる．ただし，k 種類目の気体の分子の i 番目の速度の x 成分を $v_{ik,x}$ とした．次に，問題 56 の式 (4.5) によると，各気体の平均速度には以下の関係が成立する．

$$\langle v_k^2 \rangle = 3\langle v_{k,x}^2 \rangle = \frac{3}{N} \sum_{i=1}^{N_k} v_{ik,x}^2 \tag{4.13}$$

つまり，全圧力 p は，

$$p = \frac{N}{3L^3} \sum_{k=1}^{K} m_k \langle v_k^2 \rangle \tag{4.14}$$

となる.

ここで，各気体 1 種類だけが同じ容器に封入されている場合の圧力を p_k とおくと，問題 56 の式 (4.6) より，

$$p_k = \frac{N}{3L^3} m_k \langle v_k^2 \rangle \tag{4.15}$$

であるため，K 種類の混合気体の全圧 p は，

$$p = \sum_{k=1}^{K} p_k \tag{4.16}$$

と表すことができ，全圧は分圧の和となることが示せた.

これは，理想気体の状態方程式からも簡単に導くことができる．各種類の気体の物質量を n_k とすると，混合気体の状態方程式は，

$$pL^3 = \sum_{k=1}^{K} n_k RT \tag{4.17}$$

となる．ただし，R はモル気体定数，T は温度である．また，各気体のみを容器に入れた場合の状態方程式は，

$$p_k L^3 = n_k RT \tag{4.18}$$

となる．式 (4.17)，式 (4.18) より，

$$p = \sum_{k=1}^{K} p_k \tag{4.19}$$

が導かれる．さらに，式 (4.18) を式 (4.17) で割ることで，

$$p_k = \frac{n_k}{\sum_{k=1}^{K} n_k} p \tag{4.20}$$

となることがわかり，全圧のモル分率 $(n_k / \sum_{k=1}^{K} n_k)$ が各気体の分圧になっていることがわかる．Dalton の分圧の関係を図示すると，図 4.2 のようになる.

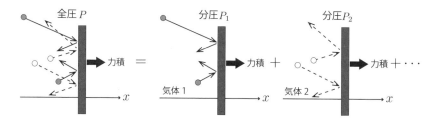

図 4.2　Dalton の分圧の関係性．全圧 p は，全ての気体分子が壁に衝突する際の力積によって計算できる．気体分子に複数の種類がある場合，それぞれの分子が壁に衝突する際の圧力（分圧）が $p_1, p_2,...$ であり，全圧はこれら分圧の和で表すことができる.

| 問題 | 58 | 理想気体における分子の運動と温度 | 基本 |

理想気体分子の2乗平均速度 $\langle v^2 \rangle$ が $3k_B T/m$ で表せることを示せ．ただし，m は分子の質量，T は温度である．また，k_B は Boltzmann 定数と呼ばれ，

$$k_B = \frac{R}{N_A} = 1.380649 \times 10^{-23} \text{ J/K} \tag{4.21}$$

で定義される．このとき，R は気体定数であり，N_A は Avogadro 定数と呼ばれ，

$$N_A = 6.02214076 \times 10^{23} \text{ mol}^{-1} \tag{4.22}$$

である．また，2乗平均速度の平方根である根2乗平均速度に関して，0 °C および 25 °C におけるヘリウム原子（分子量4），窒素分子（分子量28）の速度を計算せよ．

解説　同一圧力，同一温度，同一体積の気体には，同数の分子が含まれており，気体の種類によらない．これを Avogadro の法則という．これは言い換えると，気体の種類によらず，同一温度・同一圧力で，同一数の分子の気体の体積はどれも同じであることを意味している．このとき，1 mol の気体中に含まれる分子数は，$6.02214076 \times 10^{23}$ 個である．実際，標準状態（0 °C, 1 気圧）では，ほとんどの気体の 1 mol の体積は 22.4 L となる（水素，ヘリウム，窒素，アルゴン，酸素の体積はほぼ 22.4 L であるのに対し，塩化水素は 22.24 L，アンモニアは 22.07 L，二酸化硫黄は 21.89 L と厳密には理想気体からのずれが生じている）．Boltzmann 定数 k_B は，1分子あたりの気体定数として定義されるため，R/N_A で与えられる．理想気体分子の2乗平均速度に関する関係式 $\langle v^2 \rangle = 3k_B T/m$ が意味するのは，分子の2乗平均速度は絶対温度に比例し，質量に反比例することである．これより，気体の種類が異なると，温度が同じでも分子の質量により速度が異なり，分子が軽いほど速度が速くなる．また温度が高くなると，分子の熱運動も激しくなり，速度が速くなることを示している．そして，絶対温度 $T = 0$ K では，$\langle v^2 \rangle = 0$ となり，熱運動は完全に停止してしまう．

解答　分子の質量が m の物質量 n の理想気体を考える．このとき，気体の圧力 p と体積 V の積は，式 (4.6) より，

$$pV = \frac{2}{3} n N_A \left\langle \frac{1}{2} m v^2 \right\rangle \tag{4.23}$$

と書くことができる．ここで，状態方程式 $pV = nRT$ と比較すると，

$$nRT = \frac{2}{3} n N_A \left\langle \frac{1}{2} m v^2 \right\rangle \tag{4.24}$$

となる．これより，2乗平均速度 $\langle v^2 \rangle$ は，

$$\langle v^2 \rangle = \frac{3RT}{mN_A} = \frac{3k_B T}{m} \tag{4.25}$$

となる．ただし，$k_B = R/N_A$ である．

一般的に，分子の熱運動の速さを表すために，2 乗平均速度 $\langle v^2 \rangle$ の平方根が用いられる．これを根 2 乗平均速度と呼び，$\bar{v}$ と表すと，

$$\bar{v} = \sqrt{\frac{3k_B T}{m}} = \sqrt{\frac{3RT}{M}} = \sqrt{\frac{3p}{\rho}} \tag{4.26}$$

となる．ただし，$M = mN_A$ は分子 1 mol あたりの質量（分子量）であり，$\rho = nM/V$ は気体の密度である．

各温度におけるいくつかの気体分子の根 2 乗平均速度を計算すると，以下のようになる．ヘリウム原子の場合，0 °C で，1.31×10^3 m/s となり，25 °C で，1.36×10^3 m/s となる．窒素分子の場合，0 °C で，493 m/s となり，25 °C で，515 m/s となる．このように，温度が高い方が熱運動は激しくなり，軽いヘリウム原子の方が，同一温度では，分子の速度が窒素分子より速いことがわかる．ヘリウム原子および窒素分子の根 2 乗平均速度の温度依存性は図 4.3 のようになる．

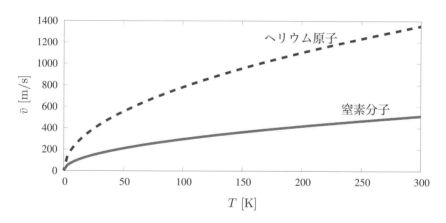

図 4.3 ヘリウム原子および窒素分子の根 2 乗平均速度の温度依存性．ヘリウム原子の方が重さが軽いため分子の速度が速い．

| 問題 | 59 | 気体のエネルギーと比熱 | 基本 |

物質量 n の理想気体の内部エネルギーが,

$$U = \frac{3}{2}nRT \tag{4.27}$$

となり,定積熱容量 C_V および定圧熱容量 C_p が,

$$C_V = \frac{3}{2}nR, \quad C_p = \frac{5}{2}nR \tag{4.28}$$

となることを示せ.また,比熱比 $\gamma = C_p/C_V$ を求めよ.

解 説　理想気体の内部エネルギー U は,分子間相互作用の効果を無視すると,各気体分子の運動エネルギーの総和となり,$U = 3nRT/2$ と表される.例えば,0 °C における気体 1 mol の内部エネルギーは 3400 J となる.この内部エネルギーの温度についての導関数が定積熱容量 C_V であり,理想気体の場合には,$3nR/2$ となる.また,定圧比熱 C_p と定積熱容量 C_V の間には

$$C_p = C_V + nR \tag{4.29}$$

という Mayer の関係が成立する.Mayer の関係式はモル熱容量に対して,問題 23 で導出している.$C_p = nC_{p,m}, C_V = nC_{V,m}$ とすることで,物質量 n の場合の上式が導ける.この理想気体において見積もった熱容量の結果(式 (4.28))は,ヘリウムやアルゴンガスといった単原子分子気体の実験結果とよく一致する.一方で,2 原子分子以上の分子における定積熱容量はこれよりも大きな値になることが知られている.これは運動の自由度が単原子の場合と比べて増えることが要因である.ここで,運動の自由度 f を導入する.f は並進運動だけでなく,回転運動の自由度も含んでいる.単原子分子では,回転の自由度はないため,並進運動のみとなり,3 次元空間においては,$f = 3$ となる.次に 2 原子分子(窒素,酸素,水素ガス等)の自由度を考えると,3 次元で自由に動ける場合,並進運動の自由度は 3,回転運動の自由度は 2 となり,$f = 5$ となる(図 4.4(a) 参照).また,3 原子分子以上では,原子が直線上に並んでなければ,回転自由度がさらに増え,自由度が 3 となるため,$f = 6$ となる(図 4.4(b) 参照).この運動の自由度 f を用いると,内部エネルギーは,

$$U = \frac{f}{2}nRT \tag{4.30}$$

と表される.これは,エネルギーの等分配則(問題 75 で詳しく解説)により各自由度は同じエネルギー値を持っていることに起因する.その結果,定積熱容量 C_V および定圧熱容量 C_p は,

$$C_V = \frac{f}{2}nR, \quad C_p = \left(1 + \frac{f}{2}\right)nR \tag{4.31}$$

と書くことができる．単原子分子の場合 $(f = 3)$ は理想気体の結果と一致する．また，比熱比は，

$$\gamma = 1 + \frac{2}{f} \tag{4.32}$$

である．

解 答

理想気体の内部エネルギーは，各気体分子の運動エネルギーの総和となるため，

$$U = nN_A \left\langle \frac{1}{2}mv^2 \right\rangle \tag{4.33}$$

であり，式 (4.25) を用いると，

$$U = \frac{3}{2}nRT \tag{4.34}$$

となる．

また，理想気体の定積熱容量はこのエネルギーの温度微分を計算すればよく，

$$C_V = \frac{dU}{dT} = \frac{3}{2}nR \tag{4.35}$$

となり，定圧熱容量は，

$$C_p = \frac{3}{2}nR + nR = \frac{5}{2}nR \tag{4.36}$$

となる．これを用いると，比熱比 γ は，

$$\gamma = \frac{C_p}{C_V} = \frac{5}{3} \tag{4.37}$$

となる．

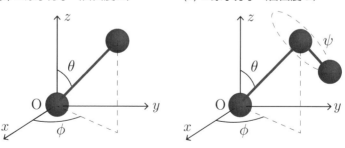

(a) 2原子分子（自由度2）　　(b) 3原子分子（自由度3）

図 4.4　(a)2原子分子における回転自由度．θ, ϕ の 2 自由度がある．(b)3原子分子における回転自由度．θ, ϕ, ψ の 3 自由度がある．

| 問題 | 60 | 気体の凝集 | 基本 |

以下で定義される物質量 1 mol 当たりの van der Waals の状態方程式

$$\left(p + \frac{a}{V^2}\right)(V - b) = RT \tag{4.38}$$

による気体の液化現象 (気体–液体相転移) を考える. ただし, a, b は定数である. 気体–液体間相転移が起こらなくなる点を臨界点と呼び, その点における臨界温度, 臨界圧力, 臨界体積をそれぞれ T_c, p_c, V_c と表す. これらは定数 a, b を用いて,

$$T_c = \frac{8a}{27bR}, \quad p_c = \frac{a}{27b^2}, \quad V_c = 3b \tag{4.39}$$

となる. このとき, 温度, 圧力, 体積を無次元化したパラメータ $\tau = T/T_c, \pi = p/p_c, \nu = V/V_c$ を導入する. これらを用いて, van der Waals の状態方程式を表せ. また, 温度 τ を変えた場合の圧力（π）–体積（ν）カーブを図示せよ.

解説　van der Waals の状態方程式を用いると, 気体の液化現象（気体–液体間相転移）が記述できる. 状態方程式中の a/V^2 は分子間の引力 (凝集効果) に関する項であり, 分子間引力により, 圧力が小さくなっていることを意味している. また, 分子の大きさを表す定数が b であり, その分だけ体積が小さくなっていると考えることができ, 体積 V より b を引くことで, 状態方程式が定義されている. また, この状態方程式は, V に関する 3 次関数になっていることがわかる. つまり, 温度を固定すると, 圧力 p は V に対して極大点, 極小点, 変曲点を持つ関数となる. この極大点, 極小点, 変曲点が一致する温度を臨界点 T_c と呼ぶ. この臨界点を境に, van der Waals 気体の性質が大きく変化する. $T > T_c$ の場合, 圧力 p は体積 V に対して単調減少関数になり, 常に気体として振る舞う. 一方で, $T < T_c$ の場合, 気体分子は凝集し, 液化が起こる. また式 (4.39) は, 問題 12 で得られたものである.

解答　臨界点は, 気体–液体間相転移が起こらなくなる点であり, 臨界温度は, 温度を固定し p を V の関数として表した際に, 極大点, 極小点, 変曲点が一致する温度で与えられる. p の V に対する関数は以下のように与えられる.

$$p = \frac{RT}{V - b} - \frac{a}{V^2} \tag{4.40}$$

問題 12 でも扱ったが, この p が極値となる条件 (1 次導関数が 0) および変曲点となる条件 (2 次導関数が 0) は,

$$\left(\frac{\partial p}{\partial V}\right)_T = 0 \tag{4.41}$$

$$\left(\frac{\partial^2 p}{\partial V^2}\right)_T = 0 \tag{4.42}$$

となる．したがって，極大点，極小点，変曲点が一致する温度 T_c は，このどちらも同時に成立する場合である．まず前者の条件より，

$$\frac{RT_c}{(V_c - b)^2} = \frac{2a}{V_c^3} \tag{4.43}$$

である必要があり，後者の条件より，

$$\frac{RT_c}{(V_c - b)^3} = \frac{3a}{V_c^4} \tag{4.44}$$

が得られる．まず，式 (4.43) と式 (4.44) の比を取ることにより，$V_c - b = 2V_c/3$ となるため，$V_c = 3b$ であることがわかる．次に，$V_c = 3b$ を式 (4.43) に代入することで，$T_c = 8a/27bR$ が成り立つ．最後に，これらの関係を状態方程式に代入することで，$p_c = a/27b^2$ が得られる．

$\tau = T/T_c,\ \pi = p/p_c,\ \nu = V/V_c$ より，

$$T = \frac{8a}{27bR}\tau,\ \ p = \frac{a}{27b^2}\pi,\ \ V = 3b\nu \tag{4.45}$$

と表せるため，

$$\left\{\frac{a}{27b^2}\pi + \frac{a}{(3b\nu)^2}\right\}(3b\nu - b) = \frac{8a}{27b}\tau \tag{4.46}$$

となる．さらにまとめると，

$$\left(\pi + \frac{3}{\nu^2}\right)\left(\nu - \frac{1}{3}\right) = \frac{8}{3}\pi \tag{4.47}$$

となる．また，温度 τ を変えた場合の圧力（π）–体積（ν）カーブを図 4.5 に示した．

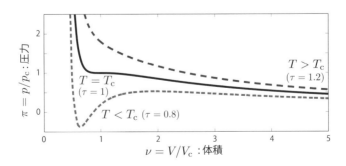

図 4.5 圧力–体積カーブの温度依存性．$T > T_c$, $T < T_c$ で大きく形状が異なる．

問題	61	Maxwell の等面積の規則	基本

van der Waals の状態方程式の性質を考える. 臨界点以下の温度では, 気体を圧縮していくと, 液化が起こる. この液化が起こる圧力 p_0 を求めよ. このとき, 図 4.6 のように臨界点以下の温度で圧力–体積カーブを描いた際に, 面積 S_1 と S_2 が一致することを確認せよ. ただし, Gibbs の自由エネルギーが

$$G = U + pV - TS \tag{4.48}$$

と書けることを用いよ.

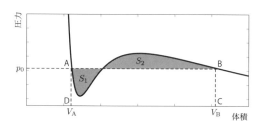

図 4.6 van der Waals の状態方程式における圧力–体積カーブ.

解 説 臨界点以下の温度では, 気体を圧縮していくと, 液体状態に相転移 (液化) を起こす. van der Waals の状態方程式における圧力–体積カーブの観点では, 体積が十分大きな気体を圧縮していく (圧力を上げていく) と, 図 4.6 中 B 点 (体積が V_B) において液化が始まる. その際, 現れる液体は A 点で記述される液体であり, 体積は V_A である. このとき, A 点の液体状態と, B 点の気体状態は平衡状態にあるため, 5 章で学ぶように Gibbs の自由エネルギーは一致している必要がある.

解 答

温度 T_0 の際に, A 点と B 点において Gibbs の自由エネルギーが一致するための条件は以下のようになる.

$$U_A + p_0 V_A - T_0 S_A = U_B + p_0 V_B - T_0 S_B \tag{4.49}$$

ただし, U_A, U_B は A, B 点における内部エネルギーを, S_A, S_B は A, B 点におけるエントロピーをそれぞれ表す. 式 (4.49) より, エントロピー差は,

$$S_B - S_A = \frac{U_B - U_A}{T_0} + p_0 \frac{V_B - V_A}{T_0} \tag{4.50}$$

となる. また, 熱力学の第一法則 $(d'Q = dU + pdV)$ より, A, B 点のエントロピー差は,

$$S_B - S_A = \int_{A \to B} \frac{d'Q}{T_0} = \int_{A \to B} \frac{dU + pdV}{T_0}$$

$$= \frac{U_B - U_A}{T_0} + \frac{1}{T_0} \int_{V_A}^{V_B} pdV \tag{4.51}$$

と評価できる.

式 (4.50) と式 (4.51) のエントロピー差が一致するためには,

$$p_0(V_B - V_A) = \int_{V_A}^{V_B} pdV \tag{4.52}$$

となる必要がある. つまり, 液化が起こる圧力 p_0 は,

$$p_0 = \frac{1}{V_B - V_A} \int_{V_A}^{V_B} pdV \tag{4.53}$$

となる.

式 (4.52) の左辺は, 図における長方形 ABCD の面積となる. 一方で, 右辺は, A 点から B 点まで, 等温曲線と $p = 0$ の横軸に挟まれた領域の面積である. つまり, S_1 と S_2 は等しくなる. これを Maxwell の等面積の規則という.

問題 62   平均自由行程   基本

1. 気体分子を直径 d の剛体球と考えるとき，ある分子が他の気体分子と衝突した後，次の衝突が起こるまでの平均距離 l（平均自由行程と呼ぶ）が，

$$l = \frac{1}{\sqrt{2}n\pi d^2} \tag{4.54}$$

と書けることを示せ．ただし，n は単位体積中にある分子の数であるとする．

2. 圧力 $p = 1 \text{ atm} = 1.013 \times 10^5 \text{ P}_a$，温度 $T = 273 \text{ K}$ における，ヘリウム（$d = 2.18 \times 10^{-10}$ m），水素分子（$d = 2.74 \times 10^{-10}$ m），酸素分子（$d = 3.60 \times 10^{-10}$ m），窒素分子（$d = 3.76 \times 10^{-10}$ m）の平均自由行程をそれぞれ求めよ．また，実験室程度の真空 $p = 10^3$ Pa での平均自由行程も求めよ．

解 説 気体分子の 1 つに着目すると，分子は直線的に運動しているわけではなく，図 4.7 に示すように異なる気体分子と頻繁に衝突を繰り返して運動している．衝突間の距離を平均したものを平均自由行程と呼ぶ．分子を直径 d の剛体球とすると，分子の中心から，距離 d 以内に他の分子があれば衝突が起こる．

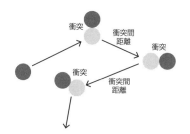

図 4.7   異なる気体分子との衝突の例．

解 答

1. 気体分子の 1 つの平均速さを $\langle v \rangle$ とする．まず，この着目した分子以外は静止している場合を考える．単位時間に，この分子が衝突を起こす回数を N_{coll} とする．この単位時間の分子の運動により，衝突が起こる領域は，底面の半径が d，軸の長さが $\langle v \rangle$ の円柱内であり，その体積は $\pi d^2 \langle v \rangle$ である．この円柱領域に入る粒子数が衝突数であるため，単位体積中に n 個の分子がある場合，

$$N_{\text{coll}} = n\pi d^2 \langle v \rangle \tag{4.55}$$

となる．

単位時間に N_{coll} 回の衝突が起こるため，衝突間の平均時間はその逆数で表される．衝突間の時間で進む平均距離である平均自由行程は，

$$l = \frac{\langle v \rangle}{N_{\mathrm{coll}}} = \frac{1}{n\pi d^2} \tag{4.56}$$

となる．これは，他の分子が静止していると考えた場合の結果である．

一方で，他の分子の運動を考慮する場合，衝突回数 N_{coll} を計算する際に，分子の平均速さ $\langle v \rangle$ の代わりに，分子間の相対速度の大きさ $\langle v_{\mathrm{r}} \rangle$ を用いればよい．2 つの分子の速度をそれぞれ $\boldsymbol{v}_1, \boldsymbol{v}_2$ とすると，相対速度は $\boldsymbol{v}_{\mathrm{r}} = \boldsymbol{v}_2 - \boldsymbol{v}_1$ となり，この両辺の 2 乗平均は，

$$\langle v_{\mathrm{r}}^2 \rangle = \langle v_1^2 \rangle + \langle v_2^2 \rangle - 2\langle \boldsymbol{v}_1 \cdot \boldsymbol{v}_2 \rangle \tag{4.57}$$

となる．このとき，$\langle \boldsymbol{v}_1 \cdot \boldsymbol{v}_2 \rangle$ はあらゆる方向を等確率で取る $\boldsymbol{v}_1 \cdot \boldsymbol{v}_2$ の平均であるため，0 となる．一方で，2 つの分子の速度は等しいと考えると，

$$\langle v_1^2 \rangle = \langle v_2^2 \rangle = \langle v^2 \rangle \tag{4.58}$$

となる．したがって，分子間の相対速度の 2 乗平均は，

$$\langle v_{\mathrm{r}}^2 \rangle = 2\langle v^2 \rangle \tag{4.59}$$

と書ける．ここで，分子の相対速度の大きさを 2 乗平均の平方根であるとすると，

$$\langle v_{\mathrm{r}} \rangle = \sqrt{\langle v_{\mathrm{r}}^2 \rangle} = \sqrt{2}\sqrt{\langle v^2 \rangle} = \sqrt{2}\langle v \rangle \tag{4.60}$$

となる．これが成立するのは，速度の揺らぎ（速度の分散）を考えない場合である．つまり，他の分子の運動を考えた際の衝突回数 N_{coll} は，

$$N_{\mathrm{coll}} = n\pi d^2 \langle v_{\mathrm{r}} \rangle = \sqrt{2}n\pi d^2 \langle v \rangle \tag{4.61}$$

と書ける．これより，平均自由行程は，

$$l = \frac{\langle v \rangle}{N_{\mathrm{coll}}} = \frac{1}{\sqrt{2}n\pi d^2} \tag{4.62}$$

となる．

2. 圧力 p，温度 T の気体の単位体積中の分子数 n は，

$$n = \frac{N}{V} = \frac{N_{\mathrm{A}}p}{RT} \tag{4.63}$$

となる．つまり，圧力 $p = 1\,\mathrm{atm} = 1.013 \times 10^5\,\mathrm{Pa}$，温度 $T = 273\,\mathrm{K}$ の場合の単位体積あたりの分子数は，$n = 2.69 \times 10^{25}\,\mathrm{m}^{-3}$ と計算できる．これより，平均自由行程は，ヘリウム（$l = 17.77 \times 10^{-8}\,\mathrm{m}$），水素分子（$l = 11.15 \times 10^{-8}\,\mathrm{m}$），酸素分子（$l = 6.46 \times 10^{-8}\,\mathrm{m}$），窒素分子（$l = 5.92 \times 10^{-8}\,\mathrm{m}$）となる．

また，実験室真空中での分子数は，$n = 2.65 \times 10^{17}\,\mathrm{m}^{-3}$ と計算できる．これより，平均自由行程は，ヘリウム（$l = 17.8\,\mathrm{m}$），水素分子（$l = 11.3\,\mathrm{m}$），酸素分子（$l = 6.6\,\mathrm{m}$），窒素分子（$l = 6.0\,\mathrm{m}$）となる．つまり，実験室真空中において，小さな容器内では分子の衝突はほとんど起こらないため，分子間衝突は無視できることがわかる．

問題 **63** **Maxwell の速度分布則 1** 基本

N 個の分子によって構成される理想気体を考える．このとき，微小範囲 $(v_x \sim v_x + dv_x, v_y \sim v_y + dv_y, v_z \sim v_z + dv_z)$ に入る速度をもつ分子の数は

$$\rho(v_x, v_y, v_z)dv_x dv_y dv_z = NA \exp[-\alpha(v_x^2 + v_y^2 + v_z^2)]dv_x dv_y dv_z \quad (4.64)$$

と書けることを示せ．ただし，A および α は定数である．

解 説 $\rho(v_x, v_y, v_z)$ を速度分布関数と呼ぶ．式 (4.64) は，James Clerk Maxwell によって求められたものであり，Maxwell の速度分布則とも呼ばれる．これを導く際に，以下の仮定を利用する．

1. 速度分布は (x, y, z) 成分で等しく，互いに独立であるとする．この仮定を導入することで，それぞれの成分の速度分布を表す $f(v_x), f(v_y), f(v_z)$ を用いて，

$$\rho(v_x, v_y, v_z)dv_x dv_y dv_z = Nf(v_x)f(v_y)f(v_z)dv_x dv_y dv_z \quad (4.65)$$

と表すことができる．右辺が N に比例しているのは，$f(v_x), f(v_y), f(v_z)$ を分子 1 つの速度を表す分布として定義しているためである．

2. 速度分布は (x, y, z) 成分で等しく，方向に依存しないとする．つまり，座標系に速度分布関数は依存してはいけないことを意味する．これが満たされるためには，速度分布関数が，座標変換に対して不変な $v_x^2 + v_y^2 + v_z^2$ のみの関数となっている必要がある．この関数を $F(v_x^2 + v_y^2 + v_z^2)$ とすると，

$$\rho(v_x, v_y, v_z)dv_x dv_y dv_z = NF(v_x^2 + v_y^2 + v_z^2)dv_x dv_y dv_z \quad (4.66)$$

という仮定をおくこととなる．ここでも，$F(v_x^2 + v_y^2 + v_z^2)$ は分子 1 つの速度を表す分布と定義する．

これらの仮定から，速度分布則が $v_x^2 + v_y^2 + v_z^2$ の指数関数に比例することを導くことができる．

解 答 上記の 2 つの仮定から，

$$F(v_x^2 + v_y^2 + v_z^2) = f(v_x)f(v_y)f(v_z) \quad (4.67)$$

が満たされている必要がある．この両辺を v_x, v_y, v_z でそれぞれ微分すると，

$$2v_x F'(v_x^2 + v_y^2 + v_z^2) = f'(v_x)f(v_y)f(v_z) \quad (4.68)$$

$$2v_y F'(v_x^2 + v_y^2 + v_z^2) = f(v_x)f'(v_y)f(v_z) \quad (4.69)$$

$$2v_z F'(v_x^2 + v_y^2 + v_z^2) = f(v_x)f(v_y)f'(v_z) \quad (4.70)$$

となる. ただし,

$$F'(x) = \frac{dF(x)}{dx} \tag{4.71}$$

$$f'(x) = \frac{df(x)}{dx} \tag{4.72}$$

とした. この 3 式から, $F'(v_x^2 + v_y^2 + v_z^2)$ を消去すると, 以下の関係が得られる.

$$\frac{f'(v_x)}{v_x f(v_x)} = \frac{f'(v_y)}{v_y f(v_y)} = \frac{f'(v_z)}{v_z f(v_z)} \tag{4.73}$$

これからそれぞれが v_x, v_y, v_z のみの関数になっていることがわかる. つまり, この等式が満たされるためには, すべての項が定数である必要があり, この定数を -2α とおく. これより, v_x の方程式として,

$$\frac{f'(v_x)}{f(v_x)} = -2\alpha v_x \tag{4.74}$$

が得られる. この両辺を積分することで,

$$\int \frac{df(v_x)}{f(v_x)} = -\int 2\alpha v_x dv_x \tag{4.75}$$

となる. これを解くと,

$$\ln f(v_x) = -\alpha v_x^2 + C \tag{4.76}$$

となる. ただし, C は積分定数である. これより, $f(v_x)$ は,

$$f(v_x) = a \exp(-\alpha v_x^2) \tag{4.77}$$

となる. $a(= \exp(C))$ は定数である. 同様に,

$$f(v_y) = a \exp(-\alpha v_y^2) \tag{4.78}$$

$$f(v_z) = a \exp(-\alpha v_z^2) \tag{4.79}$$

となる. ここで, a は上記に述べた仮定より x, y, z 方向で同じであるといえる. これらを式 (4.65) に代入することで, 速度分布関数は,

$$\rho(v_x, v_y, v_z) = NA \exp[-\alpha(v_x^2 + v_y^2 + v_z^2)] \tag{4.80}$$

となる. ただし, $A = a^3$ とおいた.

| 問題 | 64 | Maxwell の速度分布則 2 | 基本 |

　分子の運動エネルギーの平均値は $3k_BT/2$ である．このとき，式 (4.64) で表される Maxwell の速度分布の定数 α, A を求めよ．その結果，Maxwell の速度分布関数が

$$\rho(v_x, v_y, v_z) = N \left(\frac{m}{2\pi k_B T}\right)^{\frac{3}{2}} \exp\left[-\frac{m}{2k_B T}(v_x^2 + v_y^2 + v_z^2)\right] \quad (4.81)$$

となることを示せ．

解説　Maxwell の速度分布に現れる定数 α, A は，全分子数が N であることおよび，分子の運動エネルギーを考慮することで決められる．気体分子の質量が m である気体分子全体の運動エネルギーは，速度分布関数 $\rho(v_x, v_y, v_z)$ を用いると，

$$\int_{-\infty}^{\infty} \int_{-\infty}^{\infty} \int_{-\infty}^{\infty} \frac{1}{2}m(v_x^2 + v_y^2 + v_z^2)\rho(v_x, v_y, v_z)dv_x dv_y dv_z$$
$$= NA \int_{-\infty}^{\infty} \int_{-\infty}^{\infty} \int_{-\infty}^{\infty} \frac{1}{2}m(v_x^2 + v_y^2 + v_z^2) \exp[-\alpha(v_x^2 + v_y^2 + v_z^2)]dv_x dv_y dv_z$$

$$(4.82)$$

と表すことができる．つまり，分子 1 つのエネルギーは，これを N で割ったものとなり，この分子 1 つのエネルギーは $3k_BT/2$ である必要がある．また，式 (4.81) は，分子の速さ $v = \sqrt{v_x^2 + v_y^2 + v_z^2}$ に対して，

$$\exp\left[-\frac{m}{2k_B T}v^2\right] \quad (4.83)$$

に比例している．統計力学では，

$$\exp\left[-\frac{E}{k_B T}\right] \quad (4.84)$$

に従う分布を Boltzmann 分布と呼び，これはエネルギー E を持つ粒子が従う分布である．つまり，ここで導かれた Maxwell の速度分布は，$E = mv^2/2$ というエネルギーに従う粒子の速度分布と捉えることができる．

解答
　まず，全分子数が N である条件は，

$$\int_{-\infty}^{\infty} \int_{-\infty}^{\infty} \int_{-\infty}^{\infty} \rho(v_x, v_y, v_z)dv_x dv_y dv_z = N \quad (4.85)$$

となる．つまり，速度分布関数 $\rho(v_x, v_y, v_z)$ を全空間で積分したものが，全分子数である．これより，

$$A \int_{-\infty}^{\infty} \int_{-\infty}^{\infty} \int_{-\infty}^{\infty} \exp[-\alpha(v_x^2 + v_y^2 + v_z^2)]dv_x dv_y dv_z = 1 \quad (4.86)$$

が成り立つ必要がある．この積分は，v_x, v_y, v_z に対してそれぞれ独立であり，以下の定積分の公式（Gauss 積分と呼ばれる）を利用することで計算できる．

$$\int_{-\infty}^{\infty} \exp(-av_x^2)dv_x = \left(\frac{\pi}{a}\right)^{\frac{1}{2}} \tag{4.87}$$

これより，A と α の間の関係式として，

$$A\left(\frac{\pi}{\alpha}\right)^{\frac{3}{2}} = 1 \tag{4.88}$$

が得られる．

　次に，式 (4.82) の積分を計算する．この積分も v_x, v_y, v_z に対してそれぞれ独立であり，

$$\int_{-\infty}^{\infty} v_x^2 \exp(-\alpha v_x^2)dv_x = \frac{1}{2}\left(\frac{\pi}{\alpha^3}\right)^{\frac{1}{2}} \tag{4.89}$$

となる．この関係は，式 (4.87) の両辺を a で微分することによって得られる積分公式である．これより，

$$NA\int_{-\infty}^{\infty}\int_{-\infty}^{\infty}\int_{-\infty}^{\infty} \frac{1}{2}mv_x^2 \exp[-\alpha(v_x^2 + v_y^2 + v_z^2)]dv_x dv_y dv_z$$
$$= \frac{1}{4}NAm\left(\frac{\pi^3}{\alpha^5}\right)^{\frac{1}{2}} \tag{4.90}$$

となる．式 (4.82) はこれを 3 倍したものであり，1 分子あたりのエネルギーはこれを N で割ったものであるから，

$$\frac{3}{4}Am\left(\frac{\pi^3}{\alpha^5}\right)^{\frac{1}{2}} = \frac{3}{2}k_{\mathrm{B}}T \tag{4.91}$$

となる．

　式 (4.88) および式 (4.91) より，

$$\alpha = \frac{m}{2k_{\mathrm{B}}T} \tag{4.92}$$

$$A = \left(\frac{m}{2\pi k_{\mathrm{B}}T}\right)^{\frac{3}{2}} \tag{4.93}$$

と求めることができる．よって，Maxwell の速度分布関数は，

$$\rho(v_x, v_y, v_z) = N\left(\frac{m}{2\pi k_{\mathrm{B}}T}\right)^{\frac{3}{2}} \exp\left[-\frac{m}{2k_{\mathrm{B}}T}(v_x^2 + v_y^2 + v_z^2)\right] \tag{4.94}$$

となる．

問題 | 65 | **Maxwell の速度分布則に従う分子の速さ** | 応用

Maxwell の速度分布則に従う理想気体を考える．このとき，以下の問いに答えよ．
1. 分子の速さの平均 $\langle v \rangle$ を求めよ．
2. 分子の速度の 2 乗平均 $\langle v^2 \rangle$ を求めよ．
3. 最大分布を与える速さ $v_{\max}$ を求めよ．また，速度分布関数を図示せよ．

解 説 分子の速さは $v = \sqrt{v_x^2 + v_y^2 + v_z^2}$ と表せる．また，分子の速度が方向に依存しない場合，速度の微小範囲は，極座標系への変換を利用すると，

$$dv_x dv_y dv_z = 4\pi v^2 dv \tag{4.95}$$

となる．つまり，速さ v に対する速度分布関数を $\rho(v)$ とおくと，式 (4.81) の Maxwell の速度分布則より，

$$\rho(v)dv = 4\pi N \left(\frac{m}{2\pi k_{\mathrm{B}}T}\right)^{\frac{3}{2}} v^2 \exp\left[-\frac{m}{2k_{\mathrm{B}}T}v^2\right] dv \tag{4.96}$$

と表すことができる．これを用いることで，速さの平均，速度の 2 乗平均および最大分布を与える速さを求めることができる．

解 答

1. 速さの平均は，速さ v に対する速度分布関数の $[0, \infty]$ 積分で表すことができるため，

$$\begin{aligned}\langle v \rangle &= \frac{1}{N}\int_0^\infty v\rho(v)dv \\ &= 4\pi \left(\frac{m}{2\pi k_{\mathrm{B}}T}\right)^{\frac{3}{2}} \int_0^\infty v^3 \exp\left[-\frac{m}{2k_{\mathrm{B}}T}v^2\right] dv\end{aligned} \tag{4.97}$$

で計算できる．ここで，この積分を計算するために，

$$\int_0^\infty x \exp(-ax^2)dx = \frac{1}{2a} \tag{4.98}$$

という積分公式を使う．この公式は，$-ax^2 = u$ とおくことで，$xdx = -du/2a$ となり，

$$\int_0^\infty x \exp(-ax^2)dx = -\frac{1}{2a}\int_0^{-\infty} \exp(u)du = \frac{1}{2a} \tag{4.99}$$

と証明できる．この両辺を a で微分することで，

$$\int_0^\infty x^3 \exp(-ax^2)dx = \frac{1}{2a^2} \tag{4.100}$$

という公式を得ることができる．これにより，平均速さは，

$$\begin{aligned}\langle v \rangle &= \frac{1}{N}\int_0^\infty v\rho(v)dv = 4\pi \left(\frac{m}{2\pi k_{\mathrm{B}}T}\right)^{\frac{3}{2}} \cdot \frac{1}{2}\left(\frac{2k_{\mathrm{B}}T}{m}\right)^2 \\ &= \sqrt{\frac{8k_{\mathrm{B}}T}{\pi m}}\end{aligned} \tag{4.101}$$

と計算される.

2. 速度の 2 乗平均は，速度の 2 乗 v^2 に対する速度分布関数の $[0, \infty]$ 積分で表すことができるため，

$$\langle v^2 \rangle = \frac{1}{N} \int_0^\infty v^2 \rho(v) dv$$

$$= 4\pi \left(\frac{m}{2\pi k_B T} \right)^{\frac{3}{2}} \int_0^\infty v^4 \exp\left[-\frac{m}{2k_B T} v^2 \right] dv \tag{4.102}$$

で計算できる．ここで，この積分を計算するために，

$$\int_0^\infty x^4 \exp(-ax^2) dx = \frac{3}{4} \sqrt{\frac{\pi}{a^5}} \tag{4.103}$$

という積分公式を使う．これは，式 (4.87) の両辺を a で 2 階微分することによって得られる．これにより，平均 2 乗速度は，

$$\langle v^2 \rangle = 4\pi \left(\frac{m}{2\pi k_B T} \right)^{\frac{3}{2}} \cdot \frac{3}{4} \sqrt{\pi} \left(\frac{2k_B T}{m} \right)^{\frac{5}{2}} = \frac{3k_B T}{m} \tag{4.104}$$

と計算される．また，$\langle v^2 \rangle$ の平方根である $\bar{v}$ は，

$$\bar{v} = \sqrt{\langle v^2 \rangle} = \sqrt{\frac{3k_B T}{m}} \tag{4.105}$$

となる.

3. 式 (4.96) の速度分布関数を v で微分することで

$$\frac{d\rho(v)}{dv} = 4\pi N \left(\frac{m}{2\pi k_B T} \right)^{\frac{3}{2}} \left(2 - \frac{m}{k_B T} v^2 \right) v \exp\left[-\frac{m}{2k_B T} v^2 \right] \tag{4.106}$$

となる．つまり極値条件 $\frac{d\rho(v)}{dv} = 0$ となる解において，$v = 0$ でない解が，速度分布関数を最大とする速度となり，

$$v_{\max} = \sqrt{\frac{2k_B T}{m}} \tag{4.107}$$

となる．また，速度分布関数を図示すると，図 4.8 のようになる．温度が高くなると，速度の速い分子が増えることがわかる．

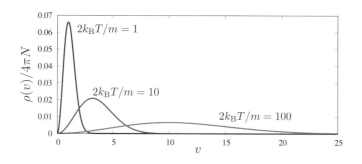

図 4.8　速度分布関数.

問題 | **66** | **分子の分布** | **基本**

1. 分子が N 個ある．このうち，エネルギー ϵ_k $(k = 1, \ldots, K)$ を持つ分子が，N_k 個あるとする．このとき，分子の分配の仕方がいくつあるかを求めよ．
2. 1. においてエネルギー ϵ_k にある 1 つの分子が取りうる状態が g_k 通りある場合の，分子の分配の仕方がいくつあるかを求めよ．

解 説　$N = 3$ の場合に，取りうるエネルギーが 2 種類ある場合 (ϵ_1, ϵ_2) について考える．ϵ_1 にある分子の個数を n とすると，$N = 3$ であるから $n = 0, 1, 2, 3$ が取りうる値となる．ここで n の値を決めると，ϵ_1 をもつ分子の数および，ϵ_2 をもつ分子の数が決まるため，全体のエネルギー E が決まる．そのため，この n を指定した状態を巨視的状態と呼ぶ．一方で，分子は 3 つあり，それらを A, B, C とすると，n を決めても，どの分子が ϵ_1 を持つのかが残されている．これを図示したものが，図 4.9 である．このように，n を決めた際の分子の振り分けのひとつひとつの配置を微視的状態と呼ぶ．つまり，微視的状態は，分子の振り分けの個数だけ存在する．つまりこの場合，各分子が 2 種類の状態をとるので，全体で 2^3 の微視的状態が存在する．次に，ϵ_1 の状態が $g_1 = 1$ 通り，ϵ_2 の状態が $g_2 = 2$ 通りある場合を考える．$n = 1$ の場合の 1 つの微視的状態に対して，図のように 4 通りの配置が生じる．

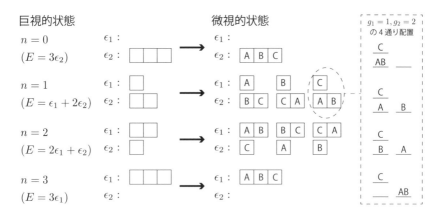

図 4.9　$N = 3$ の場合の巨視的状態および微視的状態．右に ϵ_1 の状態が $g_1 = 1$ 通り，ϵ_2 の状態が $g_2 = 2$ 通りある場合の微視的状態についても図示した．

解 答

1. 解説と同様にまずは，$N = 3$ の場合に，2 種類のエネルギー (ϵ_1, ϵ_2) に分ける個数を考える．巨視的状態 $n = 0$ の場合，全ての状態が ϵ_2 にあるため，微視的状態は

1 つしかない．これは 3 つの分子を 3:0 に分ける場合の数であり，3!/(3!0!) = 1 で計算できる．一方で，$n = 1$ の場合，1 つの分子が ϵ_1 にあり，残りの 2 つの分子が ϵ_2 にある．つまり，全部で 3 通りの状態がある．これは，3 つの分子を 2:1 に分ける場合の数であり，3!/(2!1!) = 3 で計算できる．同様に，$n = 2$ の場合は，3!/(1!2!) = 3 通り分配の仕方があり，$n = 3$ の場合は，3!/(0!3!) = 1 通り分配の仕方がある．これより，N 個の分子があり，各分子の取りうるエネルギーが 2 通りある場合，巨視的状態を決める n を指定すると，

$$W(n) = \frac{N!}{n!(N-n)!} \tag{4.108}$$

個の微視的状態があることがわかる．つまり，各巨視的状態には $W(n)$ 個の微視的状態が含まれているといえる．

　これを拡張すれば，エネルギーが 2 値だけでなく，$\epsilon_k \, (k = 1, \ldots, K)$ を持つ場合の微視的状態数もわかる．それぞれのエネルギーをもつ分子数が N_k 個であるなら，巨視的状態は，$N_k \, (k = 1, \ldots, K)$ の組を 1 つ与えることで決まる．そして，$N_k \, (k = 1, \ldots, K)$ の組を与えたときの微視的状態の数は，

$$W(\{N_k\}_{k=1,\ldots,K}) = \frac{N!}{N_1! N_2! \cdots N_K!} \tag{4.109}$$

となる．

2. エネルギー ϵ_k にある分子が，g_k 個の取りうる状態がある場合を考える．この場合，ϵ_k のエネルギーを持つ N_k 個の分子それぞれが g_k 個の状態のどれかを取るため，$g_k^{N_k}$ 通りの状態があることがわかる．そのため，$N_k \, (k = 1, \ldots, K)$ の組を一つ与えた場合，1. で求めた各微視的状態のそれぞれに対して，さらに，

$$g_1^{N_1} g_2^{N_2} \cdots g_K^{N_K} \tag{4.110}$$

通りの状態がある．したがって，g_k 個の取りうる状態がある場合の微視的状態の数は，

$$W(\{N_k\}_{k=1,\ldots,K}) = \frac{N!}{N_1! N_2! \cdots N_K!} g_1^{N_1} g_2^{N_2} \cdots g_K^{N_K} \tag{4.111}$$

となる．

| 問題 | 67 | Stirling の公式 | 基本 |

N が十分に大きい場合，以下の近似式が成立することを示せ，

$$\ln N! \simeq N \ln N - N \tag{4.112}$$

解 説　式 (4.112) の近似式を，Stirling の公式と呼ぶ．両辺を図示すると，図 4.10 のようになり，N が大きい際に，漸近することがわかる．熱力学で扱う分子数は Avogadro 定数程度であり，非常に多数の分子を扱うことになる．その階乗計算を近似するために Stirling の公式は利用され，これを用いることで次問以降の式変形を実行できる．

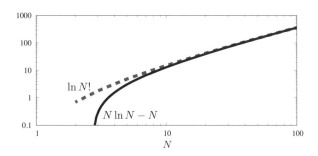

図 4.10　Stirling の公式の漸近．

解 答

Stirling の式を導くために，階乗が以下のように積分で表せることを確認する．

$$N! = \int_0^\infty t^N \mathrm{e}^{-t} dt \tag{4.113}$$

この右辺の積分を部分積分すると，

$$\int_0^\infty t^N \mathrm{e}^{-t} dt = -\left[t^N \mathrm{e}^{-t} \right]_0^\infty + N \int_0^\infty t^{N-1} \mathrm{e}^{-t} dt = N \int_0^\infty t^{N-1} \mathrm{e}^{-t} dt \tag{4.114}$$

となる．これを繰り返すことにより，

$$\int_0^\infty t^N \mathrm{e}^{-t} dt = N(N-1) \cdots 2 \cdot 1 \int_0^\infty \mathrm{e}^{-t} dt = N! \tag{4.115}$$

となる．また，この積分は，

$$\int_0^\infty t^N \mathrm{e}^{-t} dt = \int_0^\infty \mathrm{e}^{-(t - N \ln t)} dt = \int_0^\infty \mathrm{e}^{-\tau(t)} dt \tag{4.116}$$

のように書き換えることができる．ただし，

$$\tau(t) = t - N \ln t \tag{4.117}$$

とおいた．この関数の t 依存性は図 4.11 のようになる．

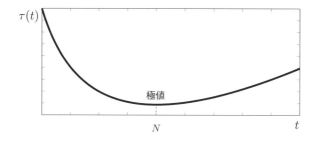

図 **4.11** $\tau(t)$ の t 依存性. $t = N$ で極値が現れる.

この $\tau(t)$ を $t = N$ の近傍で Taylor 展開する. $\tau(t)$ の 1 次導関数と 2 次導関数は,

$$\frac{d\tau(t)}{dt} = 1 - N/t \tag{4.118}$$

$$\frac{d^2\tau(t)}{dt^2} = N/t^2 \tag{4.119}$$

となる. これより, $t = N$ で 1 次導関数は 0 となり, 極値であることがわかる. $t = N$ での Taylor 展開は

$$\tau(t) \simeq \tau(t = N) + \left(\frac{d\tau(t)}{dt}\right)_{t=N} (t - N)$$
$$+ \frac{1}{2} \left(\frac{d^2\tau(t)}{dt^2}\right)_{t=N} (t - N)^2 + \cdots$$
$$= (N - N \ln N) + \frac{1}{2} \frac{1}{N} (t - N)^2 + \cdots \tag{4.120}$$

となる. N が大きければ, 式 (4.120) の高次の項は無視できるため, 3 次以上の項を無視すると,

$$\int_0^\infty \mathrm{e}^{-\tau(t)} dt \simeq \mathrm{e}^{-(N - N \ln N)} \int_0^\infty \mathrm{e}^{-(t-N)^2/2N} dt$$
$$\simeq \mathrm{e}^{-(N - N \ln N)} \int_{-\infty}^\infty \mathrm{e}^{-\xi^2/2N} d\xi$$
$$= N^N \mathrm{e}^{-N} \sqrt{2\pi N} \tag{4.121}$$

と積分が近似的に実行できる. ただし, $\xi = t - N$ とおき, $N \to \infty$ の極限で計算を行った.

以上の計算をまとめると,

$$\ln N! \simeq N \ln N - N + \frac{1}{2} \ln(2\pi N)$$
$$\simeq N \ln N - N \tag{4.122}$$

となる. ここで, $N \to \infty$ の極限では,

$$N \gg \ln N \tag{4.123}$$

であるため, 最後の変形において $\ln(2\pi N)/2$ は他の項よりも値が小さいため無視した.

問題　68　Lagrange の未定乗数法　　　　　　基本

1. 束縛条件 $x^2 + y^2 = 1$ の下で $3x + 2y$ の最大値および最小値を求めよう．まずは，$x^2 + y^2 = 1$ が円を表すことを考えて，

$$\begin{cases} x = \cos\phi, \\ y = \sin\phi, \end{cases} \tag{4.124}$$

と x, y を ϕ を用いて極座標表示する $(0 \leq \phi < 2\pi)$．$3x + 2y$ をパラメータ ϕ に変数変換し，それを ϕ で偏微分することによって，最大値および最小値を求めよ．

2. Lagrange の未定乗数法

$\boldsymbol{x} = (x_1, \cdots, x_N)$ を変数にもつ関数 $f(\boldsymbol{x})$ と $g_k(\boldsymbol{x})$ $(k = 1, \cdots, r)$ を考える．$f(\boldsymbol{x})$ を $g_k(\boldsymbol{x}) = 0$ $(k = 1, \cdots, r)$ の下で最大化もしくは最小化するという問題を考える．このとき，変数 λ_k を用いて，

$$L(\boldsymbol{x}) = f(\boldsymbol{x}) - \sum_{k=1}^{r} \lambda_k g_k(\boldsymbol{x}) \tag{4.125}$$

を作ると $g_k(\boldsymbol{x}) = 0$ $(k = 1, \cdots, r)$ の下で $f(\boldsymbol{x})$ の極値を与える $\boldsymbol{x}$ は

$$\begin{cases} \dfrac{\partial L}{\partial x_1} = \cdots = \dfrac{\partial L}{\partial x_N} = 0, \\ \dfrac{\partial L}{\partial \lambda_1} = \cdots = \dfrac{\partial L}{\partial \lambda_r} = 0 \end{cases} \tag{4.126}$$

の解である．Lagrange の未定乗数法を 1. の問題に適用し，解を再現することを確認せよ．

解　説　Lagrange の未定乗数法は拘束条件（束縛条件）のもとで関数の極値を求めるための方法である．Lagrange の未定乗数を導入することで，拘束条件のある極値問題を拘束条件のない極値問題として解くことが可能となる．

解　答

1. $3x + 2y$ を極座標表示した関数を $\tilde{f}(\phi)$ とすると，

$$\tilde{f}(\phi) = 3\cos\phi + 2\sin\phi \tag{4.127}$$

となる．

$\tilde{f}(\phi)$ の極値を与える ϕ は，

$$0 = \frac{\partial \tilde{f}(\phi)}{\partial \phi} = -3\sin\phi + 2\cos\phi \tag{4.128}$$

$$\leftrightarrow \tan\phi = \frac{2}{3} \tag{4.129}$$

である. この式を満たす ϕ は 2 つ存在し, それらを ϕ_1, ϕ_2 とすると, $(\cos\phi_1, \sin\phi_1) = (3/\sqrt{13}, 2/\sqrt{13})$, $(\cos\phi_2, \sin\phi_2) = (-3/\sqrt{13}, -2/\sqrt{13})$ で与えられる. 次に, 極値が極大値をとるか極小値をとるかを調べるため, $\tilde{f}(\phi)$ の 2 次導関数を求める.

$$\tilde{f}''(\phi) = \frac{\partial^2 \tilde{f}(\phi)}{\partial \phi^2} = -3\cos\phi - 2\sin\phi \tag{4.130}$$

より, $\tilde{f}''(\phi_1) < 0$, $\tilde{f}''(\phi_2) > 0$ であるから, ϕ_1 は極大値を, ϕ_2 は極小値を与えることがわかる. したがって, 最大値は

$$\tilde{f}(\phi_1) = \sqrt{13} \tag{4.131}$$

となり, 最小値は

$$\tilde{f}(\phi_2) = -\sqrt{13} \tag{4.132}$$

となる.

2. Lagrange の未定乗数法を適用するためには, $x_1 = x$, $x_2 = y$ とし,

$$f(x, y) = 3x + 2y, \quad g_1(x, y) = x^2 + y^2 - 1 \tag{4.133}$$

とおく. このとき, 未定乗数 λ_1 を用いて

$$L(x, y) = f(x, y) - \lambda_1 g_1(x, y) = 3x + 2y - \lambda_1(x^2 + y^2 - 1) \tag{4.134}$$

となる. 極値を与える x, y は, まず

$$\begin{aligned} 0 = \frac{\partial L}{\partial x} = 3 - 2\lambda_1 x &\leftrightarrow x = \frac{3}{2\lambda_1} \\ 0 = \frac{\partial L}{\partial y} = 2 - 2\lambda_1 y &\leftrightarrow y = \frac{1}{\lambda_1} \end{aligned} \tag{4.135}$$

を得る. 次に,

$$0 = \frac{\partial L}{\partial \lambda_1} = x^2 + y^2 - 1 \tag{4.136}$$

より, 式 (4.135) を代入して,

$$0 = \left(\frac{3}{2\lambda_1}\right)^2 + \left(\frac{1}{\lambda_1}\right)^2 - 1$$
$$\leftrightarrow \lambda_1 = \pm\frac{\sqrt{13}}{2} \tag{4.137}$$

となる.

式 (4.135) より, 極大値, 極小値の候補として,

$$(x^{(1)}, y^{(1)}) = \left(\frac{3}{13}\sqrt{13}, \frac{2}{13}\sqrt{13}\right)$$
$$(x^{(2)}, y^{(2)}) = \left(-\frac{3}{13}\sqrt{13}, -\frac{2}{13}\sqrt{13}\right) \tag{4.138}$$

を得る. $f(x^{(1)}, y^{(1)}) = \sqrt{13}$, $f(x^{(2)}, y^{(2)}) = -\sqrt{13}$ より, 最大値は $\sqrt{13}$, 最小値は $-\sqrt{13}$ で与えられる. この結果は 1. の結果と一致している.

問題	*69*	分子の最大分布	基本

理想気体を構成する N 個の分子が，体積 V の空間に入っている場合を考える．このとき，実現確率が最も高い巨視的状態は，空間に分子が一様に分布する場合であることを示せ．

解説 体積 V の空間に N 個の分子が含まれている場合の微視的状態と巨視的状態について考える．体積 V を体積 Δ の微小空間にわけ，それぞれの微小空間のインデックスを $k = 1, \ldots, K$ とする．すると，微視的状態は，各分子が，どの微小空間にいるかで与えられる．一方で，巨視的状態は，各微小空間に分子が何個入っているのかで特徴付けられる．つまり，各微小空間に含まれる分子数を $\{N_k\}_{k=1,\ldots,K}$ とすると，この N_k のすべての値を与えると，巨視的状態は決まる．巨視的状態は，体積 V 内で分子がどのように分布するかを表すこととなる．このとき，各微視的状態が現れる確率は全て等しいと考える．これは，分子間の相互作用が無視でき，任意の分子が空間のどこにいるかを決める存在確率は同じである場合に正しい．この場合，各巨視的状態が現れる確率は，対応する微視的状態の数に比例することとなる．そのため，実現確率が最も高い巨視的状態は，対応する微視的状態の数が最も多い状態となる．

解答 微視的状態の個数が最大となる $\{N_k\}_{k=1,\ldots,K}$ を求めれば良い．$\{N_k\}_{k=1,\ldots,K}$ を与えたときの，微視的状態の個数は，式 (4.111) から導出できる．式 (4.111) での，各分子が取りうるエネルギーを，この場合は微小空間 $k = 1, \ldots, K$ に対応させる．このとき，各微小空間では，取りうる状態は 1 つであるため，$\{g_k = 1\}_{k=1,\ldots,K}$ である．つまり，微視的状態の数は，

$$W(\{N_k\}_{k=1,\ldots,K}) = \frac{N!}{N_1! N_2! \cdots N_K!} \tag{4.139}$$

となる．これを最大とする巨視的状態を求める．ただし，$\ln W$ の最大は W も最大とするため，$\ln W$ を最大とする状態を求めることとする．

問題 67 の Stirling の公式を用いると，

$$\ln W(\{N_k\}_{k=1,\ldots,K}) \simeq N(\ln N - 1) - \sum_{k=1}^{K} N_k(\ln N_k - 1)$$

$$= N(\ln N - 1) - \sum_{k=1}^{K} N_k \ln N_k \tag{4.140}$$

となる．また，各微小空間の粒子数に対して変分を取ると，

$$\delta(\ln W(\{N_k\}_{k=1,\ldots,K})) = -\sum_{k=1}^{K} (\ln N_k - 1)\delta N_k = 0 \tag{4.141}$$

となる．これは，N_k を微小変化 $N_k + \delta N_k$ させても $\ln W$ が変わらないという条件であり，これが成り立つ場合に $\ln W$ は最大となる．

また，全分子数が N であるため，

$$N = \sum_{k=1}^{K} N_k \tag{4.142}$$

という条件がある．この変分は，

$$\delta N = \sum_{k=1}^{K} \delta N_k = 0 \tag{4.143}$$

となり，満たされる必要がある条件である．

式 (4.141) および式 (4.143) がどちらも満たされる $\{N_k\}_{k=1,\ldots,K}$ を求める問題は，問題 68 で扱った Lagrange の未定乗数法を利用することで解くことができる．Lagrange の未定乗数 $\alpha - 1$ を式 (4.143) に掛けて，式 (4.141) と足し合わせることにより，

$$\sum_{k=1}^{K} (\alpha - \ln N_k)\delta N_k = 0 \tag{4.144}$$

となり，δN_k は任意に選べるため，最大条件は，

$$\alpha - \ln N_k = 0 \quad (k = 1, \ldots, K) \tag{4.145}$$

となる．この未定乗数 α は，全分子数が N である条件から決まり，

$$N = \sum_{k=1}^{K} N_k = \sum_{k=1}^{K} \mathrm{e}^{\alpha} = K\mathrm{e}^{\alpha} \tag{4.146}$$

より，

$$\mathrm{e}^{\alpha} = \frac{N}{K} = \frac{N}{V/\Delta} \tag{4.147}$$

となる．ただし，Δ は各微小空間の体積とした．したがって，微視的状態の数が最大となる巨視的状態は，

$$N_k = \frac{N}{V/\Delta} \quad (k = 1, \ldots, K) \tag{4.148}$$

となり k に依存しない．これは，すべての微小空間に同じ個数の分子が含まれていることを意味しており，実現確率が最も高い巨視的状態は，分子が空間に一様分布する場合であることがわかった．また，実現確率が最も高い巨視的状態に含まれる，微視的状態の個数 $W_{\max}$ は，微小空間の体積が Δ のとき，$K = V/\Delta$ であるから，

$$\ln W_{\max} \simeq N \ln N - \frac{V}{\Delta}\frac{N}{V/\Delta} \ln \frac{N}{V/\Delta} = N \ln \frac{N}{\Delta} \tag{4.149}$$

より，

$$W_{\max} \simeq \left(\frac{V}{\Delta}\right)^N \propto V^N \tag{4.150}$$

であることがわかる．

問題 70　微視的状態からの分子速度分布 1　　　　　応用

　本問および問題 71 で，一定体積内の分子の速度分布を微視的観点から見積もることで，Maxwell の速度分布則を導く.

　速度空間が $k = 1, \ldots, K$ のインデックスで K 個の領域に図 4.12 のように分割されているとする. k 番目の領域に含まれる分子の平均エネルギーを ϵ_k とする. また，k 番目の領域には N_k 個の分子が含まれている. さらに，各領域は k に依存して g_k 個のさらに微小な領域が含まれている場合を考える. このとき，実現確率が最大となる巨視的状態は

$$N_k = g_k \mathrm{e}^{\alpha - \beta \epsilon_k} \tag{4.151}$$

で特徴付けられることを示せ. ただし，α および β は Lagrange の未定乗数である.

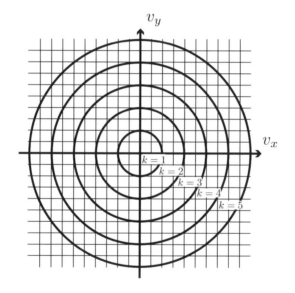

図 4.12　微小なマス目に区切られた速度空間. 速度の大きさが同じとなる点は原点を中心とする円となる.

解 説　問題 69 では，空間分布を考えたが，ここでは速度空間を考えることとなる. ここで速度空間とは，速度が 2 次元成分 (v_x, v_y) を持つ場合，図 4.12 のように (v_x, v_y) によって張られる空間となる. この速度空間を微小なマス目に分割し，それぞれの微小空間の体積を Δ とおく. このとき，速度の大きさが同じとなる点（分子の運動エネルギーが等しくなる点）は原点を中心とする円を描く. そのため，速度空間を原点を中心

とする同心円で分割し，それぞれの領域のインデックスを $k = 1, \ldots, K$ とおく．それぞれの領域にある分子は，運動エネルギーが等しいと考え，その領域の平均エネルギーを ϵ_k とおくこととする．また，k 番目の領域には，微小マス目が g_k 個含まれているとする．すると，それぞれの領域に $\{N_k\}_k = 1, \ldots, K$ 個の分子が入った巨視的状態における，微視的状態の数 W は，式 (4.111) によれば，

$$W(\{N_k\}_{k=1,\ldots,K}) = \frac{N!}{N_1! N_2! \cdots N_K!} g_1^{N_1} g_2^{N_2} \cdots g_K^{N_K} \tag{4.152}$$

となる．これを最大とする状態が実現確率が最も高い巨視的状態である．

解 答

全分子数を N とし，系の全運動エネルギーを E とすると，

$$N = \sum_k N_k \tag{4.153}$$

$$E = \sum_k \epsilon_k N_k \tag{4.154}$$

となり，この条件のもと，W を最大とする $\{N_k\}_{k=1,\ldots,K}$ を導けば良い．問題 69 同様に，$\ln W$ を最大とする状態を求めることとし，Stirling の公式を用いると，

$$\ln W \simeq N(\ln N - 1) - \sum_k (N_k \ln N_k - N_k) + \sum_k N_k \ln g_k$$

$$= N \ln N - \sum_k N_k \ln \frac{N_k}{g_k} \tag{4.155}$$

となる．$\ln W$ の変分をとると，

$$\delta(\ln W) = -\sum_k \left(\ln \frac{N_k}{g_k} + 1 \right) \delta N_k = 0 \tag{4.156}$$

となる．また，式 (4.153) および式 (4.154) の変分より，

$$\delta N = \sum_k \delta N_k = 0 \tag{4.157}$$

$$\delta E = \sum_k \epsilon_k \delta N_k = 0 \tag{4.158}$$

が得られる．Lagrange の未定乗数 $\alpha + 1$ を式 (4.157) にかけ，$-\beta$ を式 (4.158) にかけ，式 (4.156) と足し合わせることにより，

$$\sum_k \left(\alpha - \beta \epsilon_k - \ln \frac{N_k}{g_k} \right) \delta N_k = 0 \tag{4.159}$$

となる．δN_k は任意に選べるため，$\ln W$ の最大条件は，

$$\alpha - \beta \epsilon_k - \ln \frac{N_k}{g_k} = 0 \quad (k = 1, \ldots, K) \tag{4.160}$$

となる．これより，実現確率が最も高い巨視的状態は，

$$N_k = g_k e^{\alpha - \beta \epsilon_k} \tag{4.161}$$

で特徴付けられることがわかる．

| 問題 | 71 | 微視的状態からの分子速度分布 2 | 応用 |

問題 70 で求めた，実現確率が最も高い巨視的状態を表す式 (4.161) の Lagrange の未定乗数を求めることで，Maxwell の速度分布則

$$\rho(v)dv = 4\pi N \left(\frac{m}{2\pi k_{\rm B}T}\right)^{\frac{3}{2}} v^2 \exp\left[-\frac{m}{2k_{\rm B}T}v^2\right]dv \tag{4.162}$$

が得られることを確認せよ．また，実現確率が最も高い巨視的状態に含まれる微視的状態の数が，

$$W_{\rm max} \propto \left(\frac{k_{\rm B}T}{m}\right)^{\frac{3}{2}N} \tag{4.163}$$

となることを示せ．ただし，N は分子数，v は分子の速さ，m は分子の質量，$k_{\rm B}$ は Boltzmann 定数，T は温度をそれぞれ表す．

解説　前問の解説では，2 次元で考えたが，Maxwell の速度分布則を導く際は，速度空間は 3 次元 (v_x, v_y, v_z) となる．つまり，運動エネルギーが等しくなる領域は球殻となる．3 次元速度空間において，k 番目の領域の速さを v_k とすると，球殻の体積は $4\pi v_k^2 dv_k$ であるため，

$$g_k = \frac{4\pi v_k^2 dv_k}{\Delta} \tag{4.164}$$

となる．また，その領域における運動エネルギーの平均は，

$$\epsilon_k = \frac{1}{2}mv_k^2 \tag{4.165}$$

となる．ただし，分子の質量を m とし，微小なマス目の体積を Δ とした．

解答
速さが v_k である分子の個数 N_k は，速度分布関数 $\rho(v_k)$ を用いて，

$$N_k = \rho(v_k)dv_k \tag{4.166}$$

と表される．実現確率が最も高い巨視的状態の N_k は式 (4.161) であたえられるため，

$$\rho(v_k)dv_k = \frac{4\pi v_k^2}{\Delta}e^{\alpha}e^{-\frac{1}{2}\beta mv_k^2}dv_k \tag{4.167}$$

という関係が成立する．これは，全ての速度空間の領域で同様の関係が成立するため，インデックス k を取り除くことができ，

$$\rho(v)dv = \frac{4\pi v^2}{\Delta}e^{\alpha}e^{-\frac{1}{2}\beta mv^2}dv \tag{4.168}$$

と書ける．これを用いて α および β を求める．

まず，全分子数が N であるため，

$$N = \frac{4\pi}{\Delta}e^\alpha \int_0^\infty v^2 e^{-\frac{1}{2}\beta mv^2} dv = \frac{4\pi}{\Delta}e^\alpha \frac{1}{4}\left\{\frac{8\pi}{(\beta m)^3}\right\}^{\frac{1}{2}} \tag{4.169}$$

となり，全エネルギーが $3k_{\mathrm{B}}TN/2$ であるから，

$$\frac{3}{2}k_{\mathrm{B}}TN = \frac{4\pi}{\Delta}e^\alpha \int_0^\infty \frac{1}{2}mv^2 v^2 e^{-\frac{1}{2}\beta mv^2} dv = \frac{4\pi}{\Delta}e^\alpha \frac{1}{2}m\frac{3}{8}\left\{\frac{32\pi}{(\beta m)^5}\right\}^{\frac{1}{2}} \tag{4.170}$$

となる．式 (4.170) を式 (4.169) で割って，β を求めると，

$$\beta = \frac{1}{k_{\mathrm{B}}T} \tag{4.171}$$

となる．また，これを式 (4.169) に代入することで，

$$\frac{e^\alpha}{\Delta} = N\left(\frac{m}{2\pi k_{\mathrm{B}}T}\right)^{\frac{3}{2}} \tag{4.172}$$

となる．したがって，式 (4.168) にこれらを代入することで，

$$\rho(v)dv = 4\pi N\left(\frac{m}{2\pi k_{\mathrm{B}}T}\right)^{\frac{3}{2}} v^2 \exp\left(-\frac{m}{2k_{\mathrm{B}}T}v^2\right) dv \tag{4.173}$$

が得られる．

またこの実現確率が最も高い巨視的状態に含まれる微視的状態の個数は，$\ln(N_k/g_k) = \alpha - \beta\epsilon_k$ であるから，

$$\ln W_{\max} \simeq N\ln N - \sum_k N_k(\alpha - \beta\epsilon_k) = N\ln N - \alpha N + \frac{3}{2}k_{\mathrm{B}}TN\beta \tag{4.174}$$

となる．ここに α および β を代入すれば，

$$\ln W_{\max} \simeq \frac{3}{2}N + N\ln\left\{\frac{1}{\Delta}\left(\frac{2\pi k_{\mathrm{B}}T}{m}\right)^{\frac{3}{2}}\right\} \tag{4.175}$$

となる．これより，比例係数を無視すると，状態数 $W_{\max}$ は，

$$W_{\max} \propto \left(\frac{k_{\mathrm{B}}T}{m}\right)^{\frac{3}{2}N} \tag{4.176}$$

となる．これは状態数の温度依存性を表す式であり，温度が高温になるにつれ，状態数が増加することがわかる．

問題 72　**重力のある場合の速度分布**　　応用

　重力がある場合の理想気体の分布を考える．z を基準点からの高さとし，基準点 $z = 0$ における圧力を p_0 とする．また，単位体積あたりの分子数を n_0 とする．このとき，g を重力加速度の大きさとすると，圧力および分子数の高さ z 依存性が，

$$p(z) = p_0 \exp\left(-\frac{mgz}{k_{\mathrm{B}}T}\right) \tag{4.177}$$

$$n(z) = n_0 \exp\left(-\frac{mgz}{k_{\mathrm{B}}T}\right) \tag{4.178}$$

となることを示せ．また，その結果を利用し，速度分布関数が，

$$\rho(v_x, v_y, v_z) \propto \exp\left[-\frac{1}{k_{\mathrm{B}}T}\left\{\frac{1}{2}m(v_x^2 + v_y^2 + v_z^2) + mgz\right\}\right]$$
$$\tag{4.179}$$

と書けることを確認せよ．ただし，m は分子数，k_{B} は Boltzmann 定数，T は温度である．

解　説　重力がある場合，空気は上空に行くほど薄く，地面近くでは濃くなる．これを理想気体の分布の観点から見ていこう．高さ z における圧力を $p(z)$ とし，そこから微小距離だけ進んだ $z + dz$ におけるを圧力 $p + dp$ とする．このとき，$dz > 0$ であれば，より上空気圧に対応するため，圧力は下がり，$dp < 0$ となる．上空では気圧が低いことは有名な事実である．この圧力の違い dp は，z と $z + dz$ の間に含まれる気体の重さによる違いである．そのため，z に依存する気体の密度を $\sigma(z)$ とすると，

$$dp(z) = -\sigma(z)g\,dz \tag{4.180}$$

となる．また，高さ z における密度 $\sigma(z)$ は，分子数が $n(z)$ であるから，分子 1 つの質量を m とすると，

$$\sigma(z) = mn(z) \tag{4.181}$$

という関係が成立する．これを利用すると，式 (4.177) および式 (4.178) を導くことができる．これらの式によると，気体の圧力や分子数（密度）は高さとともに指数関数的に減少することを表している．実際に，上空では空気の密度は希薄であり，現象を捉えた式となっている．また，気体分子に働く力は重力だけとは限らないため，座標 (x, y, z) にいる分子のポテンシャルを $\phi(x, y, z)$ とすると，気体分子 1 つのエネルギーは，

$$\epsilon(x, y, z) = \frac{1}{2}m(v_x^2 + v_y^2 + v_z^2) + \phi(x, y, z) \tag{4.182}$$

と表すことができる．このときの速度分布は，式 (4.179) を拡張することで，表すことができ，

$$\rho(v_x, v_y, v_z)\,dv_x\,dv_y\,dv_z \propto \exp\left\{-\beta\epsilon(x, y, z)\right\} dv_x\,dv_y\,dv_z \tag{4.183}$$

となる．ただし，$\beta = 1/k_\mathrm{B}T$ である．これを Maxwell–Boltzmann の分布則と呼ぶ．

解 答

高さ z の位置には，単位体積あたり $n(z)$ 個の分子があるため，圧力 $p(z)$ は，状態方程式から，

$$p(z) = n(z)k_\mathrm{B}T \tag{4.184}$$

となる．これより，密度 $\sigma(z)$ は，

$$\sigma(z) = mn(z) = \frac{m}{k_\mathrm{B}T}p(z) \tag{4.185}$$

と表すことができる．これを式 (4.180) に代入すると，

$$dp(z) = -\frac{mg}{k_\mathrm{B}T}p(z)dz \tag{4.186}$$

と書ける．ここで，温度 T が z に依存しないと仮定すると，積分が実行でき，

$$\ln p(z) = C - \frac{mg}{k_\mathrm{B}T}z \tag{4.187}$$

となる．ただし，C は積分定数である．$z = 0$ における圧力を $p(z=0) = p_0$ とすると，

$$\ln p_0 = C \tag{4.188}$$

となり，

$$\ln p(z) = \ln p_0 - \frac{mg}{k_\mathrm{B}T}z \tag{4.189}$$

となる．つまり，

$$p(z) = p_0 \exp\left(-\frac{mgz}{k_\mathrm{B}T}\right) \tag{4.190}$$

と書くことができる．また，これより，分子数は，

$$n(z) = \frac{1}{k_\mathrm{B}T}p(z) = \frac{p_0}{k_\mathrm{B}T}\exp\left(-\frac{mgz}{k_\mathrm{B}T}\right) = n_0\exp\left(-\frac{mgz}{k_\mathrm{B}T}\right) \tag{4.191}$$

となる．ただし，$z = 0$ における分子数を $n_0 = p_0/k_\mathrm{B}T$ とおいた．

また，重力のない速度分布は式 (4.81) で表される Maxwell の速度分布関数となることを導いた．式 (4.81) では，粒子数 N に比例しており，この粒子数分布が重力がある場合には空間に対して一様ではなく，式 (4.178) で表される．つまり，速度分布は全粒子数 N ではなく，粒子数分布 $n(z)$ に比例することになり，

$$\rho(v_x, v_y, v_z) \propto \exp\left[-\frac{1}{k_\mathrm{B}T}\left\{\frac{1}{2}m(v_x^2 + v_y^2 + v_z^2) + mgz\right\}\right] \tag{4.192}$$

と表すことができる．

| 問題 | 73 | 微視的状態によるエントロピー | 基本 |

微視的状態の数 W を用いて，エントロピー S は，

$$S = k_B \ln W \tag{4.193}$$

と書ける．これが理想気体の場合のエントロピーの定義

$$S(T, V) = nR \ln V + C_V \ln T + \text{const.} \tag{4.194}$$

と同等であることを確認せよ．ただし，k_B は Boltzmann 定数，T は温度，V は体積，C_V は定積熱容量である．

解説　3 章で扱った巨視的なエントロピーについて復習する．まず，温度 T および体積 V を独立変数とすると，内部エネルギーの微小変化は，

$$dU = \left(\frac{\partial U}{\partial T}\right)_V dT + \left(\frac{\partial U}{\partial V}\right)_T dV \tag{4.195}$$

となる．また熱力学第一法則より，熱量の微小変化は，

$$dQ = dU + pdV \tag{4.196}$$

となる．これらの式より，

$$dQ = \left(\frac{\partial U}{\partial T}\right)_V dT + \left\{\left(\frac{\partial U}{\partial V}\right)_T + p\right\} dV \tag{4.197}$$

と表せる．ここで，理想気体では，内部エネルギーが体積に依存しないため，

$$\left(\frac{\partial U}{\partial V}\right)_T = 0 \tag{4.198}$$

である．つまりエントロピー S は

$$dS = \frac{dQ}{T} = \frac{1}{T}\left(\frac{\partial U}{\partial T}\right)_V dT + \frac{p}{T} dV \tag{4.199}$$

と表すことができる．また，$\left(\frac{\partial U}{\partial T}\right)_V = C_V$ は定積熱容量であること，状態方程式から，$p/T = nR/V$ であることを利用すると，

$$dS = \frac{C_V}{T} dT + \frac{nR}{V} dV \tag{4.200}$$

となる．このとき，基準の状態の温度および体積を T_0 および V_0 とすると，任意の温度 T，体積 V におけるエントロピーは，

$$S(T, V) - S(T_0, V_0) = C_V \ln \frac{T}{T_0} + nR \ln \frac{V}{V_0} \tag{4.201}$$

となる（問題 40 参照）．これを変形すると，

$$S(T, V) = nR \ln V + C_V \ln T + \text{const.} \tag{4.202}$$

が得られる．これが，エントロピーの微視的定義 $(S = k_B \ln W)$ と一致することとなる．では，エントロピーの微視的定義から熱力学法則について考えてみよう．もし微視的状態数が少ない巨視的状態からスタートすると，実現確率の高い，微視的状態が多い巨視的状態へ移行するだろう．これはエントロピーの微視的定義によると，エントロピーが低い状態よりエントロピーが高い状態が現れることを意味しており，系はエントロピーが高い状態に変化するという熱力学第 2 法則を表している．

解答

実現確率が最も大きな巨視的状態における微視的状態数の体積依存性は，式 (4.150) より，

$$W \propto V^N \tag{4.203}$$

となり，温度依存性は，式 (4.176) より，

$$W \propto \left(\frac{k_B T}{m}\right)^{\frac{3}{2}N} \tag{4.204}$$

となる．したがって，これらを合わせると，

$$W \propto V^N \left(\frac{k_B T}{m}\right)^{\frac{3}{2}N} \tag{4.205}$$

と書くことができる．これよりエントロピーは，

$$S = k_B \ln V^N \left(\frac{k_B T}{m}\right)^{\frac{3}{2}N} + \text{const.} \tag{4.206}$$

$$= k_B N \ln V + \frac{3}{2} k_B N \ln \left(\frac{k_B T}{m}\right) + \text{const.} \tag{4.207}$$

となる．ここで，右辺第 2 項は，

$$\frac{3}{2} k_B N \ln T + \frac{3}{2} k_B N \ln \left(\frac{k_B}{m}\right) = \frac{3}{2} k_B N \ln T + \text{const.} \tag{4.208}$$

と書くことができる．理想気体の定積熱容量 $C_V = 3nR/2$ および $N k_B = nR$ を利用することで，

$$S = nR \ln V + C_V \ln T + \text{const.} \tag{4.209}$$

となり，3 章の問題 40 で求めた巨視的なエントロピーの表記と一致する．

| 問題 | 74 | 微視的状態によるエネルギーと状態密度 | 応用 |

体積 V の中に質量が m である 1 つの単原子分子が封入されている場合を考える. このとき, エネルギーが E と $E + dE$ の間にある微視的状態の個数 $g(E)dE$ は,

$$g(E)dE = 2\pi \frac{(2m)^{3/2}}{h^3} V \sqrt{E} dE \tag{4.210}$$

となることを示せ. ただし, h は空間を分割する単位であり, Planck 定数と呼ばれる.

解説　単原子分子が N 個ある系を考える. 各原子の座標を (x_i, y_i, z_i), 運動量を (p_{xi}, p_{yi}, p_{zi}) とおくと, 微視的状態は,

$$(\boldsymbol{q}, \boldsymbol{p}) = (x_1, y_1, z_1, \ldots, x_N, y_N, z_N, p_{x1}, p_{y1}, p_{z1}, \ldots, p_{xN}, p_{yN}, p_{zN}) \tag{4.211}$$

と表される. つまり, $6N$ 次元の変数を決めることで, 微視的状態が 1 つ決まる. この $6N$ 次元の空間（位相空間と呼ばれる）における微小空間は,

$$d\delta = d\boldsymbol{q} d\boldsymbol{p} \tag{4.212}$$

で表される. ただし,

$$d\boldsymbol{q} = dx_1 dy_1 dz_1 \cdots dx_N dy_N dz_N \tag{4.213}$$

$$d\boldsymbol{p} = dp_{x1} dp_{y1} dp_{z1} \cdots dp_{xN} dp_{yN} dp_{zN} \tag{4.214}$$

である. この位相空間は, 古典系では連続空間である. しかし, 量子力学を考えると, 離散化されるため, 取りうる最小微小空間は離散的な空間となる. この最小微小空間について考える. $d\delta$ の次元は,

$$[d\delta] = [(長さ) \times (運動量)]^{3N} \tag{4.215}$$

である. この (長さ) × (運動量) は作用と呼ばれる物理量であり, この作用に最小微小単位があると考えこれを h とおく. この h は Planck 定数と呼ばれる量子力学における定数であり,

$$[h] = [(長さ) \times (運動量)] = [(エネルギー) \times (時間)] \tag{4.216}$$

という次元をもつ. 実際, この Planck 定数は,

$$h = 6.62607015 \times 10^{-34} \text{ J} \cdot \text{s} \tag{4.217}$$

である. この Planck 定数を用いると, 離散的な最小微小空間は体積 h^{3N} をもつ空間となる. これより, $\boldsymbol{q}$ および $\boldsymbol{p}$ を決めた際のエネルギーを $E(\boldsymbol{q}, \boldsymbol{p})$ とし, 空間 $d\delta$ に含まれる状態はどれもこのエネルギー $E(\boldsymbol{q}, \boldsymbol{p})$ となるとすると, エネルギー $E(\boldsymbol{q}, \boldsymbol{p})$ を持つ微視的状態の個数は,

$$g = \frac{d\delta}{h^{3N}} = \frac{d\boldsymbol{q} d\boldsymbol{p}}{h^{3N}} \tag{4.218}$$

と表すことができる.

解答

単原子分子のエネルギーは，運動量を用いて，

$$E = \frac{1}{2m} \left(p_x^2 + p_y^2 + p_z^2 \right) \tag{4.219}$$

と表すことができる．この場合，座標空間はエネルギーに関与しないため，運動量 (p_x, p_y, p_z) で張られる 3 次元の運動量空間を考える．この運動量空間で，エネルギーが E よりも小さい空間は，半径が，

$$\sqrt{p_x^2 + p_y^2 + p_z^2} = \sqrt{2mE} \tag{4.220}$$

の球の内部である．つまり，このエネルギーが E よりも小さい運動量空間の体積は，

$$\frac{4\pi}{3}(2mE)^{\frac{3}{2}} \tag{4.221}$$

となる．また，座標空間の体積は V であるため，運動量空間の体積に V をかけたものが位相空間の体積となる．

したがって，エネルギーが E よりも小さい微視的状態の個数は，

$$g = \frac{4\pi}{3}(2mE)^{\frac{3}{2}} V \frac{1}{h^3} \tag{4.222}$$

となる．これを利用すると，エネルギーが E と $E + dE$ の間にある微視的状態の個数は，

$$g(E)dE = \frac{dg}{dE}dE = 2\pi \frac{(2m)^{3/2}}{h^3} V \sqrt{E} dE \tag{4.223}$$

と表される．

| 問題 | 75 | エネルギー等分配則 | 応用 |

1. 単原子分子を考える．運動量の (x, y, z) 成分を (p_x, p_y, p_z) とすると，1 つの分子のエネルギーは，

$$E(\boldsymbol{q}, \boldsymbol{p}) = \frac{1}{2m}(p_x^2 + p_y^2 + p_z^2) \tag{4.224}$$

と表せる．ただし，m は分子の質量である．このとき，右辺各項の平均値は，

$$\left\langle \frac{1}{2m}p_x^2 \right\rangle = \left\langle \frac{1}{2m}p_y^2 \right\rangle = \left\langle \frac{1}{2m}p_z^2 \right\rangle = \frac{k_{\mathrm{B}}T}{2} \tag{4.225}$$

となることを示せ．これは，各項が同じエネルギーをもっているため，エネルギー等分配の法則と呼ばれる．

2. $E(q, p)$ のとき，エネルギー等分配の法則を一般化した，

$$\left\langle q\frac{\partial E}{\partial q} \right\rangle = \left\langle p\frac{\partial E}{\partial p} \right\rangle = k_{\mathrm{B}}T \tag{4.226}$$

が成立することを示せ．

| 解 説 |　温度 T が与えられた場合を考える．$(\boldsymbol{q}, \boldsymbol{p})$ を持つ状態のエネルギーが $E(\boldsymbol{q}, \boldsymbol{p})$ である場合，この状態の出現確率は，

$$f(\boldsymbol{q}, \boldsymbol{p})d\boldsymbol{q}d\boldsymbol{p} = C\exp[-\beta E(\boldsymbol{q}, \boldsymbol{p})]d\boldsymbol{q}d\boldsymbol{p} \tag{4.227}$$

と書ける．ただし，$\beta = 1/k_{\mathrm{B}}T$ であり，C は全確率が 1 となる条件より，

$$\int\int f(\boldsymbol{q}, \boldsymbol{p})d\boldsymbol{q}d\boldsymbol{p} = C\int\int \exp[-\beta E(\boldsymbol{q}, \boldsymbol{p})]d\boldsymbol{q}d\boldsymbol{p} = 1 \tag{4.228}$$

が成立する必要があり，

$$C = \frac{1}{\displaystyle\int\int \exp[-\beta E(\boldsymbol{q}, \boldsymbol{p})]d\boldsymbol{q}d\boldsymbol{p}} \tag{4.229}$$

となる．このとき，物理量 $Q(\boldsymbol{q}, \boldsymbol{p})$ の平均値は，

$$\langle Q(\boldsymbol{q}, \boldsymbol{p})\rangle = \frac{\displaystyle\int\int Q(\boldsymbol{q}, \boldsymbol{p})\exp[-\beta E(\boldsymbol{q}, \boldsymbol{p})]d\boldsymbol{q}d\boldsymbol{p}}{\displaystyle\int\int \exp[-\beta E(\boldsymbol{q}, \boldsymbol{p})]d\boldsymbol{q}d\boldsymbol{p}} \tag{4.230}$$

で計算される．

| 解 答 |

1. 物理量の平均値は式 (4.230) で計算できるため，

で表される. 分母分子の積分はそれぞれ, 式 (4.87) および式 (4.89) の積分公式
を用いることで計算でき,

$$\left\langle \frac{1}{2m}p_x^2 \right\rangle = \frac{\int\int \frac{1}{2m}p_x^2 \exp\left[-\beta\frac{1}{2m}(p_x^2 + p_y^2 + p_z^2)\right] d\boldsymbol{p}d\boldsymbol{q}}{\int\int \exp\left[-\beta\frac{1}{2m}(p_x^2 + p_y^2 + p_z^2)\right] d\boldsymbol{p}d\boldsymbol{q}} \tag{4.231}$$

で表される. 分母分子の積分はそれぞれ, 式 (4.87) および式 (4.89) の積分公式
を用いることで計算でき,

$$\left\langle \frac{1}{2m}p_x^2 \right\rangle = \frac{\frac{1}{2m}\frac{1}{2}\left(\frac{2^3 m^3 \pi}{\beta^3}\right)^{\frac{1}{2}}\left(\frac{2m\pi}{\beta}\right)}{\left(\frac{2m\pi}{\beta}\right)^{\frac{3}{2}}} = \frac{1}{2\beta} = \frac{k_B T}{2} \tag{4.232}$$

となる. 同様に $\langle p_y^2/2m \rangle$, $\langle p_z^2/2m \rangle$ に関しても計算でき, 各項は同じエネルギー
値 $k_B T/2$ を持つことがわかる.

2. 座標 q に関する平均値を計算する. 座標 q の下限と上限を $q_{\min}$, $q_{\max}$ とする. 下
限と上限の位置では, 位置エネルギーが無限大となるため, $\lim_{q \to q_{\min}} E(q, p) \to \infty$
および $\lim_{q \to q_{\max}} E(q, p) \to \infty$ となる. これより, 以下の積分は部分積分により,

$$\int_{q_{\min}}^{q_{\max}} q\frac{\partial E}{\partial q} e^{-\beta E} dq = \left[-\frac{1}{\beta}q e^{-\beta E}\right]_{q_{\min}}^{q_{\max}} + \frac{1}{\beta}\int_{q_{\min}}^{q_{\max}} e^{-\beta E} dq$$
$$= \frac{1}{\beta}\int_{q_{\min}}^{q_{\max}} e^{-\beta E} dq \tag{4.233}$$

となる. この関係を用いて, $\langle q\partial E/\partial q \rangle$ を計算すると,

$$\left\langle q\frac{\partial E}{\partial q} \right\rangle = \frac{\int_{q_{\min}}^{q_{\max}} q\frac{\partial E}{\partial q} e^{-\beta E} dq}{\int_{q_{\min}}^{q_{\max}} e^{-\beta E} dq} = \frac{1}{\beta} = k_B T \tag{4.234}$$

となる.
一方で, 運動量 p に関しては, 下限と上限が $-\infty$, $+\infty$ となるため,

$$\int_{-\infty}^{\infty} p\frac{\partial E}{\partial p} e^{-\beta E} dp = \left[-\frac{1}{\beta}p e^{-\beta E}\right]_{-\infty}^{\infty} + \frac{1}{\beta}\int_{-\infty}^{\infty} e^{-\beta E} dp$$
$$= \frac{1}{\beta}\int_{-\infty}^{\infty} e^{-\beta E} dp \tag{4.235}$$

となる. ただし, $\lim_{p \to -\infty} E(q, p) \to \infty$ および $\lim_{p \to \infty} E(q, p) \to \infty$ となることを
使った. これより,

$$\left\langle p\frac{\partial E}{\partial p} \right\rangle = \frac{\int_{-\infty}^{\infty} p\frac{\partial E}{\partial p} e^{-\beta E} dp}{\int_{-\infty}^{\infty} e^{-\beta E} dp} = \frac{1}{\beta} = k_B T \tag{4.236}$$

となる. 以上より, 式 (4.226) が成立することがわかる.

| 問題 | 76 | 固体の比熱 | 基本 |

1. 1 次元の調和振動子のエネルギーは,

$$E(q,p) = \frac{1}{2m}p^2 + \frac{m}{2}\omega^2 q^2 \tag{4.237}$$

とかける. ただし, p は座標, q は運動量であり, ω は角振動数と呼ばれる定数である. 温度が T のとき, 1 次元調和振動子 1 個当たりのエネルギーの期待値が,

$$\langle E \rangle = k_{\mathrm{B}}T \tag{4.238}$$

となることを示せ. ただし, k_{B} は Boltzmann 定数である.

2. 固体中の原子は微小振動をしており, 各微小振動が調和振動子で表せると考えた場合に, 固体の定積モル比熱が,

$$C_{V,m} = \frac{\partial U}{\partial T} = 3R \tag{4.239}$$

で表せることを示せ.

解 説　固体中の原子は, 規則正しく配列している. 各原子は, お互いに力を及ぼし合いながら, 格子点を中心として微小振動をしている. この微小振動は, 温度が上昇するとともに激しくなる. これは, 図 4.13 のように 3 次元的に格子を組んだ質点がそれぞればねでつながっており, 平衡な位置の周りで微小振動していると考えることができる. このような定点を中心としてばねで振動する系は調和振動子で表すことができる. 1 次元方向の調和振動子はばね定数 k のばねに質量 m の質点を繋いだ系であり, エネルギーは, 式 (4.237) で与えられる. このとき $\omega = \sqrt{k/m}$ は角振動数であり, ばね定数と質量によって決まり, 2π 秒あたりの振動数を表す. 各原子の運動を, (x, y, z) 方向の独立な 3 次元の調和振動子とみなすと, 各方向の振動子のエネルギーの 3 倍が各原子のエネルギーとなる. この関係を用いることにより, 固体全体のエネルギーを見積もることができる. その結果から, 固体のモル比熱が $C_{V,m} = 3R = 24.91\ \mathrm{J/(mol \cdot K)}$ であることがわかる. これは, Dulong–Petit の法則と呼ばれ実験的に発見された. 例えば, Fe の 25°C における実験の比熱は $24.66\ \mathrm{J/(mol \cdot K)}$ であり理論値とほぼ等価である. しかしながら, 低温における比熱はどんどん小さくなり, 絶対零度では, ほぼ 0 となることが知られている. この振る舞いは, 古典論では説明できず, 量子論による解釈が必要となる.

解 答

1. 座標 q および運動量 p は, ともに $-\infty \sim \infty$ のいかなる値も取りうる. そのため, エネルギーの右辺第 1 項の平均値は,

$$\left\langle \frac{1}{2m}p^2 \right\rangle = \frac{\displaystyle\int_{-\infty}^{\infty} \frac{1}{2m}p^2 \exp\left[-\beta \frac{1}{2m}p^2\right] dp}{\displaystyle\int_{-\infty}^{\infty} \exp\left[-\beta \frac{1}{2m}p^2\right] dp} \tag{4.240}$$

$$= \frac{\dfrac{1}{2m} \dfrac{1}{2} \left(\dfrac{2^3 m^3 \pi}{\beta^3}\right)^{\frac{1}{2}} \left(\dfrac{2m\pi}{\beta}\right)}{\left(\dfrac{2m\pi}{\beta}\right)^{\frac{3}{2}}} = \frac{k_\mathrm{B}T}{2} \tag{4.241}$$

となる．一方で，エネルギーの右辺第 2 項は，

$$\left\langle \frac{m}{2}\omega^2 q^2 \right\rangle = \frac{\displaystyle\int_{-\infty}^{\infty} \frac{m}{2}\omega^2 q^2 \exp\left[-\beta \frac{m}{2}\omega^2 q^2\right] dp}{\displaystyle\int_{-\infty}^{\infty} \exp\left[-\beta \frac{m}{2}\omega^2 q^2\right] dp} \tag{4.242}$$

$$= \frac{\dfrac{m}{2}\omega^2 \dfrac{1}{2} \left(\dfrac{2^3 \pi}{\beta^3 m^3 \omega^6}\right)^{\frac{1}{2}} \left(\dfrac{2\pi}{\beta m \omega^2}\right)}{\left(\dfrac{2\pi}{\beta m \omega^2}\right)^{\frac{3}{2}}} = \frac{k_\mathrm{B}T}{2} \tag{4.243}$$

となる．したがって，振動子 1 個当たりのエネルギーの平均は，

$$\langle E \rangle = \left\langle \frac{1}{2m}p^2 \right\rangle + \left\langle \frac{m}{2}\omega^2 q^2 \right\rangle = k_\mathrm{B}T \tag{4.244}$$

となる．

2. 各原子の運動は 3 次元的であるため，各原子のエネルギーは，各方向の振動子の
エネルギーの 3 倍となる．したがって，固体 1 mol 当たりのエネルギーは

$$U = 3N_\mathrm{A} k_\mathrm{B}T \tag{4.245}$$

となる．ただし，N_A は Avogadro 定数である．これより，固体のモル比熱は，

$$C_{V,m} = \frac{\partial U}{\partial T} = 3R \tag{4.246}$$

となる．

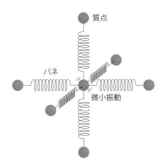

図 **4.13**　格子振動の模式図．

　磁気熱量効果は磁性体のエントロピーと温度の磁場依存性から生じる性質であり，冷却に利用できる．これはエントロピーの微視的な考察によって理解できる現象である．磁性体は，スピンと呼ばれる小さな磁石の集合で表すことができる．磁場は，その小さな磁石の方向を揃える効果を持っており，磁場が印加されている場合は全てのスピンが整列している．この場合，微視的状態の数は少ないことがわかる．一方，磁場がない場合には，スピンは各々の方向をランダムに向いた状態となる．この状態の微視的状態の数は非常に多いことがわかるだろう．エントロピーは微視的状態数に依存しているため，磁場が印加されている場合は，スピンによるエントロピーである磁気エントロピーが低く，磁場がない場合は，磁気エントロピーが高くなる．つまり，印加されている磁場をなくす（消磁）と，磁気エントロピーが上昇することとなる．では，磁性体を周囲との熱的な接触を断ち，消磁するとなにが起こるだろうか．系全体のエントロピーは変化してはいけないため，磁気エントロピーの増加により，原子の微小振動から来るエントロピーが減少することとなる．これは原子の微小振動が弱くなることを意味しており，磁性体の温度が冷えることとなる．この冷却は，極低温を実現するために利用されている．

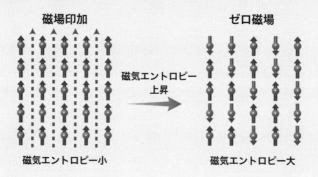

Chapter 5

相平衡・相転移

相とは，物理的状態と化学組成が一様な物質の形態を指す．物質の三態として知られる，気相，液相，固相が代表的である．異なる相が互いに境を接して存在することを，相平衡と呼ぶ．また，示強変数を変えるとき，物質の形態がある相から別の相に変わることを相転移と呼ぶ．この章では，相平衡・相転移にかかわる現象について見ていこう．

問題	77	化学ポテンシャル（単成分系）	基本

　単成分からなる粒子系を考える．体積 V 一定，エントロピー S 一定の下で粒子を 1 mol 増やしたときの内部エネルギー変化を化学ポテンシャル μ と呼ぶ．つまり，内部エネルギー U の全微分は，

$$dU = TdS - pdV + \mu dn \tag{5.1}$$

となる．ここで，T は温度，p は圧力，n は物質量を表す．

1. F を Helmholtz の自由エネルギー，G を Gibbs の自由エネルギーとするとき，

$$\mu = -T \left(\frac{\partial S}{\partial n} \right)_{U,V} = \left(\frac{\partial F}{\partial n} \right)_{T,V} = \left(\frac{\partial G}{\partial n} \right)_{T,p} \tag{5.2}$$

を示せ．

2. $G = n\mu$ が成り立つことを用いて，

$$-SdT + Vdp - nd\mu = 0 \tag{5.3}$$

を示せ．この関係式を Gibbs–Duhem の関係式と呼ぶ．

3.

$$\left(\frac{\partial \mu}{\partial T} \right)_p = -\frac{S}{n}, \quad \left(\frac{\partial \mu}{\partial p} \right)_T = \frac{V}{n} \tag{5.4}$$

を示せ．

解 説　ギブスの自由エネルギー G と化学ポテンシャル μ との間には $G = n\mu$ という関係式が成り立つ．この関係式は以下のように導かれる．G と n が示量変数，T と p が示強変数であるから，系全体を λ 倍したとき，

$$\lambda G(T, p, n) = G(T, p, \lambda n) \tag{5.5}$$

が成り立つ．この関係式は，G が n に関して 1 次の斉次（同次）式であることを意味しており，したがって T と p の関数 $a(T, p)$ を用いて $G = na(T, p)$ と書ける．$\mu = (\partial G/\partial n)_{T,p}$ であるから，$\mu = a(T, p)$ となる．よって，$G = n\mu$ を得る．単成分系の化学ポテンシャルは n に依らず，T と p の関数となる．

解 答

1. 式 (5.1) より，エントロピーの全微分は，

$$dS = \frac{dU}{T} + \frac{p}{T}dV - \frac{\mu}{T}dn \tag{5.6}$$

となる．したがって，$(\partial S/\partial n)_{U,V} = -\mu/T$ となり，

$$\mu = -T \left(\frac{\partial S}{\partial n}\right)_{U,V} \tag{5.7}$$

を得る．Helmholtz の自由エネルギーの全微分は，

$$\begin{aligned} dF &= d(U - TS) \\ &= -SdT - pdV + \mu dn \end{aligned} \tag{5.8}$$

より，

$$\left(\frac{\partial F}{\partial n}\right)_{T,V} = \mu \tag{5.9}$$

を得る．Gibbs の自由エネルギーの全微分は，

$$\begin{aligned} dG &= d(U - TS + pV) \\ &= -SdT + Vdp + \mu dn \end{aligned} \tag{5.10}$$

より，

$$\left(\frac{\partial G}{\partial n}\right)_{T,p} = \mu \tag{5.11}$$

を得る．

2. $G = n\mu$ より，

$$\begin{aligned} dG &= d(n\mu) \\ &= nd\mu + \mu dn \end{aligned} \tag{5.12}$$

を得る．式 (5.10) と式 (5.12) より，

$$\begin{aligned} dG = {}&-SdT + Vdp + \mu dn = nd\mu + \mu dn \\ \leftrightarrow {}&-SdT + Vdp - nd\mu = 0 \end{aligned} \tag{5.13}$$

と Gibbs–Duhem の関係式を得る．Gibbs–Duhem の関係式は，単成分からなる系において温度と圧力と化学ポテンシャルはそれぞれ独立に変えられないということを表している．

3. Gibbs–Duhem の関係式より，

$$d\mu = -\frac{S}{n}dT + \frac{V}{n}dp \tag{5.14}$$

となる．したがって，

$$\left(\frac{\partial \mu}{\partial T}\right)_p = -\frac{S}{n}, \quad \left(\frac{\partial \mu}{\partial p}\right)_T = \frac{V}{n} \tag{5.15}$$

を得る．

| 問題 | 78 | 熱平衡条件 | 基本 |

熱力学第 2 法則より，断熱系（外部と熱のやり取りをしない系）では，熱平衡状態はエントロピー最大の状態として与えられる（エントロピー最大則）．熱力学第 2 法則は，断熱系で起こる無限小過程に対して $dS \geq 0$ によって与えられる．熱平衡状態はこれ以上自発的に変化しない状態であるので，系に与えることのできるあらゆる仮想的変位に対して $\delta S \leq 0$ が成り立つ必要がある．ここで，仮想的変位による物理量 A の変化を δA で表している．この式は，たとえば熱平衡状態において系の内部で温度の異なる 2 つの部分系に分けるような仮想的変位を考えたとき，エントロピーは下がるということを表している．系に与えることのできるあらゆる仮想的変位に対してエントロピーは下がるので，熱平衡状態はエントロピーが最大の状態として与えられる．

いま，温度 T の熱浴と熱のやりとりをする系について考える．このとき，熱力学第 2 法則は $dS \geq \dd Q/T$ で与えられる．

1. （等温系）気体が体積一定の容器に封入されており，温度 T の熱浴と接している場合を考える．また容器の中の気体の物質量 n は一定であるとする．このとき，熱平衡状態は Helmholtz の自由エネルギー $F = U - TS$ が最小の状態として与えられることを示せ．
2. （等温・等圧系）温度 T の熱浴と接している気体が容器に封入されており，ピストンによって外から圧力 p がかけられている場合を考える．また容器の中の気体の物質量は一定であるとする．このとき，熱平衡状態は Gibbs の自由エネルギー $G = U - TS + pV$ が最小の状態として与えられることを示せ．

| 解　説 |

表 5.1 に代表的な系における熱平衡条件を示した．熱平衡状態は，保存量を一定に保つ仮想的変位が与える状態のなかで熱平衡条件を満たす状態となる．たとえば，孤立系では内部エネルギー U，体積 V，物質量 n を一定に保つ仮想的変位が与える状態のなかで，エントロピーを最大にする状態として熱平衡状態は与えられる．また，化学

表 5.1　熱平衡条件

系	熱平衡条件	保存量
孤立系	S を最大にする	U, V, n
断熱・等圧系	S を最大にする	H, n
等温系	F を最小にする	V, n
等温・等圧系	G を最小にする	n
等温・等化学ポテンシャル系	J を最小にする	V

ポテンシャル μ で与えられる粒子浴と接することで，外部と粒子のやりとりをする系を考えることができる．たとえば，熱浴と粒子浴と接した系の熱平衡状態は，体積を一定に保つ仮想的変位が与える状態のなかで，グランドポテンシャル $J = U - TS - \mu n$ を最小にする状態として与えられる．

解 答

1. （等温系）

  熱力学第 2 法則は，等温系で起こる無限小過程に対して $dS \geq dQ/T$ によって与えられる．熱平衡状態はこれ以上自発的に変化しない状態であるので，系に与えることのできるあらゆる仮想的変位に対して

$$\delta S \leq \frac{\delta Q}{T} \tag{5.16}$$

  が成り立つ必要がある．熱力学第 1 法則により，体積，物質量一定の系では，

$$\delta Q = \delta U \tag{5.17}$$

  となる．したがって，

$$\delta S \leq \frac{\delta U}{T} \leftrightarrow \delta(U - TS) \geq 0 \tag{5.18}$$

  を得る．この式は，等温系（体積，物質量一定）の熱平衡条件であり，熱平衡状態は Helmholtz の自由エネルギー $F = U - TS$ が最小の状態で与えられることを示している．

2. （等温・等圧系）

  熱力学第 2 法則は，等温・等圧系で起こる無限小過程に対して $dS \geq dQ/T$ によって与えられる．熱平衡状態はこれ以上自発的に変化しない状態であるので，系に与えることのできるあらゆる仮想的変位に対して

$$\delta S \leq \frac{\delta Q}{T} \tag{5.19}$$

  が成り立つ必要がある．熱力学第 1 法則により，物質量一定の系では，

$$\delta Q = \delta U + p\delta V \tag{5.20}$$

  となる．ここで，p は外圧を表す．したがって，

$$\delta S \leq \frac{\delta U + p\delta V}{T} \leftrightarrow \delta(U - TS + pV) \geq 0 \tag{5.21}$$

  を得る．この式は，等温・等圧系（物質量一定）の熱平衡条件であり，熱平衡状態は Gibbs の自由エネルギー $G = U - TS + pV$ が最小の状態で与えられることを示している．

| 問題 | 79 | **2相間の熱平衡条件（孤立系）** | 基本 |

　1成分の分子からなる系が2相をなす場合を考える．相1の温度，圧力，化学ポテンシャルを T_1, p_1, μ_1, 相2の温度，圧力，化学ポテンシャルを T_2, p_2, μ_2 とする．系全体が孤立系（系全体でエネルギー，体積，物質量が一定）のとき，熱平衡条件は

$$T_1 = T_2, \quad p_1 = p_2, \quad \mu_1 = \mu_2, \tag{5.22}$$

で与えられることを説明せよ．ただし，相境界は平面的であり，表面張力の影響はないものとする．

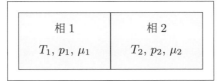

断熱・定積・物質量一定

図 5.1　孤立系

解説　孤立系では，熱平衡状態はエントロピー最大の状態として与えられる（エントロピー最大則）．エントロピー最大則から，孤立系において1成分の分子からなる系が2相をなすとき，各相の示強変数は熱平衡状態において互いに等しい値を取ることが導かれる．身近な例として，水と氷が相平衡にある場合を考えよう．このときには，水の温度と氷の温度，水の圧力と氷の圧力，水の化学ポテンシャルと氷の化学ポテンシャルがそれぞれ等しくなる．

解答
　孤立系では外部と熱のやり取りがないので，エントロピー最大の状態が熱平衡状態として実現する．相1のエントロピーを S_1, 相2のエントロピーを S_2 とすると，系全体のエントロピーは

$$S_1(U_1, V_1, n_1) + S_2(U_2, V_2, n_2) \tag{5.23}$$

で与えられる．ただし，相1の内部エネルギー，体積，物質量を U_1, V_1, n_1, 相2の内部エネルギー，体積，物質量を U_2, V_2, n_2 とした．問題78より，熱平衡条件は

$$\delta S_1(U_1, V_1, n_1) + \delta S_2(U_2, V_2, n_2) \leq 0 \tag{5.24}$$

で与えられる．いま，仮想的変位として，$i = 1, 2$ に対して δU_i, δV_i, δn_i を考える．式 (5.24) を満たすためには，系全体のエントロピーの δU_i, δV_i, δn_i に対する1次の

変分は 0 となる必要がある．つまり，

$$
0 = \sum_{i=1}^{2} \left[\left(\frac{\partial S_i}{\partial U_i} \right)_{V_i, n_i} \delta U_i + \left(\frac{\partial S_i}{\partial V_i} \right)_{U_i, n_i} \delta V_i + \left(\frac{\partial S_i}{\partial n_i} \right)_{V_i, U_i} \delta n_i \right]
$$

$$
= \sum_{i=1}^{2} \left(\frac{1}{T_i} \delta U_i + \frac{p_i}{T_i} \delta V_i - \frac{\mu_i}{T_i} \delta n_i \right) \tag{5.25}
$$

を得る．ここで，問題 46，問題 77 で得られた関係式，

$$
\left(\frac{\partial S}{\partial U} \right)_{V, n} = \frac{1}{T}, \quad \left(\frac{\partial S}{\partial V} \right)_{U, n} = \frac{p}{T}, \quad \left(\frac{\partial S}{\partial n} \right)_{U, V} = -\frac{\mu}{T} \tag{5.26}
$$

を用いた．孤立系では，全内部エネルギー，全体積，全物質量は一定であるので，

$$
U_1 + U_2 = \text{const} \tag{5.27}
$$

$$
V_1 + V_2 = \text{const} \tag{5.28}
$$

$$
n_1 + n_2 = \text{const} \tag{5.29}
$$

それぞれの式に対して変分を取ると，

$$
\delta U_1 + \delta U_2 = 0 \tag{5.30}
$$

$$
\delta V_1 + \delta V_2 = 0 \tag{5.31}
$$

$$
\delta n_1 + \delta n_2 = 0 \tag{5.32}
$$

を得る．これらの式は，例えば U_1 と U_2 は互いに独立に値を変えられないことを意味している．式 (5.30)，式 (5.31)，式 (5.32) を用いて，式 (5.25) から $\delta U_2, \delta V_2, \delta n_2$ を消去することで，

$$
0 = \left(\frac{1}{T_1} - \frac{1}{T_2} \right) \delta U_1 + \left(\frac{p_1}{T_1} - \frac{p_2}{T_2} \right) \delta V_1 - \left(\frac{\mu_1}{T_1} - \frac{\mu_2}{T_2} \right) \delta n_1 \tag{5.33}
$$

を得る．各変分は独立であるので，それぞれの係数は 0 となる．δU_1 の係数から

$$
\frac{1}{T_1} - \frac{1}{T_2} = 0
$$

$$
\leftrightarrow \ T_1 = T_2 \tag{5.34}
$$

δV_1 の係数から（$T_1 = T_2$ を用いて）

$$
\frac{p_1}{T_1} - \frac{p_2}{T_2} = 0
$$

$$
\leftrightarrow \ p_1 = p_2 \tag{5.35}
$$

δn_1 の係数から（$T_1 = T_2$ を用いて）

$$
\frac{\mu_1}{T_1} - \frac{\mu_2}{T_2} = 0
$$

$$
\leftrightarrow \ \mu_1 = \mu_2 \tag{5.36}
$$

となり，式 (5.22) を得る．

| 問題 | *80* | 2 相間の熱平衡条件（等温系） | 基本 |

　1 成分の分子からなる系が 2 相をなす場合を考える．系全体が温度 T の熱浴と接
しており，相 1 と相 2 は温度 T の熱平衡状態にあるとする．相 1 の圧力，化学ポテ
ンシャルを p_1, μ_1, 相 2 の圧力，化学ポテンシャルを p_2, μ_2 とする．系全体で体
積，物質量が一定であるとき，熱平衡条件は

$$p_1 = p_2, \quad \mu_1 = \mu_2 \tag{5.37}$$

で与えられることを説明せよ．ただし，相境界は平面的であり，表面張力の影響は
ないものとする．

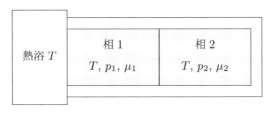

定積・物質量一定

図 5.2　等温系

解 説　体積，物質量が一定の等温系においては，Helmholtz の自由エネルギー F が
最小の状態が熱平衡状態として実現する．Helmholtz の自由エネルギー F が最小の条件
から，等温系において 1 成分の分子からなる系が 2 相をなすとき，各相の圧力と化学ポ
テンシャルは熱平衡状態において互いに等しい値を取ることが示される．

解 答
　温度 T の熱浴と接している系では，Helmholtz の自由エネルギーが最小の状態が熱
平衡状態として実現する．相 1，相 2 の Helmholtz の自由エネルギーを F_1, F_2 とする
と，系全体の Helmholtz の自由エネルギーは

$$F_1(T, V_1, n_1) + F_2(T, V_2, n_2) \tag{5.38}$$

で与えられる．ただし，相 1 の体積，物質量を V_1, n_1, 相 2 の体積，物質量を V_2, n_2
とした．問題 78 より，熱平衡条件は

$$\delta F_1(T, V_1, n_1) + \delta F_2(T, V_2, n_2) \geq 0 \tag{5.39}$$

で与えられる．いま，仮想的変位として，$i = 1, 2$ に対して δV_i, δn_i を考える．式 (5.39)
を満たすためには，系全体の Helmholtz の自由エネルギーの δV_i, δn_i に対する 1 次の

変分は 0 となる必要がある．つまり，

$$0 = \sum_{i=1}^{2} \left[\left(\frac{\partial F_i}{\partial V_i} \right)_{T,n_i} \delta V_i + \left(\frac{\partial F_i}{\partial n_i} \right)_{V_i,T} \delta n_i \right]$$
$$= \sum_{i=1}^{2} \left(-p_i \delta V_i + \mu_i \delta n_i \right) \tag{5.40}$$

を得る．ここで，問題 46，問題 77 で得られた関係式，

$$\left(\frac{\partial F}{\partial V} \right)_{T,n} = -p, \quad \left(\frac{\partial F}{\partial n} \right)_{V,T} = \mu \tag{5.41}$$

を用いた．全体として体積，物質量は一定であるので，

$$V_1 + V_2 = \text{const} \tag{5.42}$$
$$n_1 + n_2 = \text{const} \tag{5.43}$$

それぞれの式に対して変分を取ることで，

$$\delta V_1 + \delta V_2 = 0 \tag{5.44}$$
$$\delta n_1 + \delta n_2 = 0 \tag{5.45}$$

を得る．これらの式は，例えば V_1 と V_2 は互いに独立に値を変えられないことを意味している．式 (5.44)，式 (5.45) を用いて，式 (5.40) から $\delta V_2, \delta n_2$ を消去することで，

$$0 = -(p_1 - p_2)\delta V_1 + (\mu_1 - \mu_2)\delta n_1 \tag{5.46}$$

を得る．各変分は独立であるので，それぞれの係数は 0 となる．δV_1 の係数から

$$p_1 = p_2 \tag{5.47}$$

を得る．また，δn_1 の係数から

$$\mu_1 = \mu_2 \tag{5.48}$$

となり，式 (5.37) を得る．

| 問題 | 81 | 2相間の熱平衡条件（等温・等圧系） | 基本 |

　1成分の分子からなる系が2相をなす場合を考える．系全体が温度 T の熱浴と接しており，またピストンによって系全体に圧力 p の外圧がかかっているとする．このとき，相1と相2は温度 T，圧力 p の熱平衡状態にあるとする．相1の化学ポテンシャルを μ_1，相2の化学ポテンシャルを μ_2 とする．系全体で物質量が一定のとき，熱平衡条件は

$$\mu_1 = \mu_2 \tag{5.49}$$

で与えられることを説明せよ．

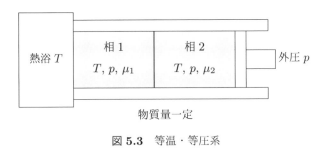

図 5.3　等温・等圧系

解説　物質量が一定の等温・等圧系においては，Gibbs の自由エネルギー G が最小の状態が熱平衡状態として実現する．Gibbs の自由エネルギー G が最小の条件から，等温・等圧系において1成分の分子からなる系が2相をなすとき，各相の化学ポテンシャルは熱平衡状態において互いに等しい値を取ることが示される．

解答
　全系が等温・等圧系であるので，Gibbs の自由エネルギー最小の状態が平衡状態として実現する．相1の Gibbs の自由エネルギーを G_1，相2の Gibbs の自由エネルギーを G_2 とすると，系全体の Gibbs の自由エネルギーは

$$G_1(T, p, n_1) + G_2(T, p, n_2) \tag{5.50}$$

で与えられる．ただし，相1の物質量を n_1，相2の物質量を n_2 とした．問題78より，熱平衡条件は

$$\delta G_1(T, p, n_1) + \delta G_2(T, p, n_2) \geq 0 \tag{5.51}$$

で与えられる．いま，仮想的変位として，$i = 1, 2$ に対して δn_i を考える．式 (5.51) を満たすためには，系全体の Gibbs の自由エネルギーの δn_i に対する1次の変分は0と

なる必要がある．つまり，

$$0 = \sum_{i=1}^{2} \left[\left(\frac{\partial G_i}{\partial n_i} \right)_{p,T} \delta n_i \right]$$
$$= \sum_{i=1}^{2} \mu_i \delta n_i \tag{5.52}$$

を得る．ここで，問題 77 で得られた関係式，

$$\left(\frac{\partial G}{\partial n} \right)_{p,T} = \mu \tag{5.53}$$

を用いた．全体として物質量は一定であるので，

$$n_1 + n_2 = \text{const} \tag{5.54}$$

両辺の変分を取ることで，

$$\delta n_1 + \delta n_2 = 0 \tag{5.55}$$

を得る．この式は，n_1 と n_2 は互いに独立に値を変えることができないということを意味している．式 (5.55) を用いて，式 (5.52) から δn_2 を消去することで，

$$0 = (\mu_1 - \mu_2)\delta n_1 \tag{5.56}$$

を得る．δn_1 の係数から

$$\mu_1 = \mu_2 \tag{5.57}$$

となり，式 (5.49) を得る．

問題	82	2 相間の熱平衡条件	基本

Lagrange の未定乗数法（問題 68 参照）を，問題 79，問題 80，問題 81 に適用し，それぞれの場合の熱平衡条件が得られることを確認せよ．また，外圧 p がかかった断熱容器の中で，1 成分の分子からなる系が熱平衡状態において 2 相をなす場合，熱平衡条件が 2 相の温度と化学ポテンシャルが互いに等しいとして与えられることを示せ．ただし，系全体で物質量は一定であるとする．

解答

1. （孤立系）

全系のエントロピー $S = S_1 + S_2$ を，全エネルギー $U = U_1 + U_2$，全体積 $V = V_1 + V_2$，全物質量 $n = n_1 + n_2$ が一定の条件のもとで最大化する．Lagrange の未定乗数法より，実数 α, β, γ を用いて与えられる関数 L_1，

$$L_1 = (S_1 + S_2) + \alpha(U_1 + U_2 - U) + \beta(V_1 + V_2 - V) + \gamma(n_1 + n_2 - n) \tag{5.58}$$

の極値を求めれば良い．したがって，$i = 1, 2$ に対して，

$$0 = \left(\frac{\partial L_1}{\partial U_i}\right)_{V_i, n_i} = \left(\frac{\partial S_i}{\partial U_i}\right)_{V_i, n_i} + \alpha = \frac{1}{T_i} + \alpha$$

$$0 = \left(\frac{\partial L_1}{\partial V_i}\right)_{U_i, n_i} = \left(\frac{\partial S_i}{\partial V_i}\right)_{U_i, n_i} + \beta = \frac{p_i}{T_i} + \beta$$

$$0 = \left(\frac{\partial L_1}{\partial n_i}\right)_{U_i, V_i} = \left(\frac{\partial S_i}{\partial n_i}\right)_{U_i, V_i} + \gamma = -\frac{\mu_i}{T_i} + \gamma \tag{5.59}$$

を得る．よって，

$$T_1 = T_2 = -\frac{1}{\alpha}, \quad p_1 = p_2 = \frac{\beta}{\alpha}, \quad \mu_1 = \mu_2 = -\frac{\gamma}{\alpha} \tag{5.60}$$

となり，孤立系での熱平衡条件を得る．

2. （等温系）

全系の Helmholtz の自由エネルギー $F = F_1 + F_2$ を，全体積 $V = V_1 + V_2$，全物質量 $n = n_1 + n_2$ が一定の条件のもとで最小化する．Lagrange の未定乗数法より，実数 β, γ を用いて与えられる関数 L_2，

$$L_2 = (F_1 + F_2) + \beta(V_1 + V_2 - V) + \gamma(n_1 + n_2 - n) \tag{5.61}$$

の極値を求めれば良い．したがって，$i = 1, 2$ に対して，

$$0 = \left(\frac{\partial L_2}{\partial V_i}\right)_{T, n_i} = \left(\frac{\partial F_i}{\partial V_i}\right)_{T, n_i} + \beta = -p_i + \beta$$

$$0 = \left(\frac{\partial L_2}{\partial n_i}\right)_{T, V_i} = \left(\frac{\partial F_i}{\partial n_i}\right)_{T, V_i} + \gamma = \mu_i + \gamma \tag{5.62}$$

を得る．よって，

$$p_1 = p_2 = \beta, \quad \mu_1 = \mu_2 = -\gamma \tag{5.63}$$

となり，等温系での熱平衡条件を得る．

3.　（等温・等圧系）

全系の Gibbs の自由エネルギー $G = G_1 + G_2$ を，全物質量 $n = n_1 + n_2$ が一定の条件のもとで最小化する．Lagrange の未定乗数法より，実数 γ を用いて与えられる関数 L_3，

$$L_3 = (G_1 + G_2) + \gamma(n_1 + n_2 - n) \tag{5.64}$$

の極値を求めれば良い．したがって，$i = 1, 2$ に対して，

$$0 = \left(\frac{\partial L_3}{\partial n_i}\right)_{T,p} = \left(\frac{\partial G_i}{\partial n_i}\right)_{T,p} + \gamma = \mu_i + \gamma \tag{5.65}$$

を得る．よって，

$$\mu_1 = \mu_2 = -\gamma \tag{5.66}$$

となり，等温・等圧系での熱平衡条件を得る．

4.　（断熱・等圧系）

全系のエントロピー $S = S_1 + S_2$ を，全エンタルピー $H = H_1 + H_2$，全物質量 $n = n_1 + n_2$ が一定の条件のもとで最大化する．Lagrange の未定乗数法より，実数 α, γ を用いて与えられる関数 L_4，

$$L_4 = (S_1 + S_2) + \alpha(H_1 + H_2 - H) + \gamma(n_1 + n_2 - n) \tag{5.67}$$

の極値を求めれば良い．したがって，$i = 1, 2$ に対して，

$$0 = \left(\frac{\partial L_4}{\partial H_i}\right)_{n_i} = \left(\frac{\partial S_i}{\partial H_i}\right)_{n_i} + \alpha = \frac{1}{T_i} + \alpha$$

$$0 = \left(\frac{\partial L_4}{\partial n_i}\right)_{H_i} = \left(\frac{\partial S_i}{\partial n_i}\right)_{H_i} + \gamma = -\frac{\mu_i}{T_i} + \gamma \tag{5.68}$$

を得る．よって，

$$T_1 = T_2 = -\frac{1}{\alpha}, \quad \mu_1 = \mu_2 = -\frac{\gamma}{\alpha} \tag{5.69}$$

となる．したがって，断熱・等圧系での熱平衡条件は，相 1 と相 2 で温度と化学ポテンシャルが等しいという条件で与えられる．

問題	83	浸透圧	応用

　希薄溶液の熱力学的性質について考える．希薄溶液とは，溶質分子の物質量 n_s が溶媒分子の物質量 n に比べて，十分少ない溶液を指す．ここで，溶質が 1 種類の場合を考え，溶液の濃度 c を $c = n_s/n$ で与える．濃度 c の溶液に対し，溶媒の化学ポテンシャルは

$$\mu(p, T) = \mu_0(p, T) - cRT \tag{5.70}$$

で与えられる．ここで，$\mu_0(p, T)$ は純溶媒，つまり溶質分子が混ざっていない溶液の化学ポテンシャルであり，T は溶媒の温度である．R は気体定数を表す．

　いま，系全体が温度 T の熱浴と接しており，溶液 (濃度 c，体積 V) と純溶媒が，図 5.4 のように膜によって互いに隔てられているような系を考えよう．この膜は，溶媒分子は通り抜けることが出来るが，一方で溶質分子は通り抜けることができないという，半透膜としての性質をもつ．半透膜が変形しないとき，溶液の圧力は純溶媒の圧力よりも大きくなる（圧力差 Δp を浸透圧と呼ぶ）．両溶液間の熱平衡条件は，それぞれの溶媒の化学ポテンシャルと温度とがそれぞれ等しいという条件で与えられる．

1. 浸透圧は c の 1 次のオーダーで，

$$\Delta p = c \frac{nRT}{V} \tag{5.71}$$

　　で与えられることを示せ．この公式を van 't Hoff の公式と呼ぶ．
2. 20°C において，1.8 g のグルコース $C_6H_{12}O_6$ を水 0.10 L に溶かした際の浸透圧は何 Pa か求めよ．ただし，グルコースは電離せず，各原子の原子量は $H = 1, C = 12, O = 16$ とする．気体定数は $R = 8.3 \, J/(K \cdot mol)$ とする．

図 5.4　半透膜によって純溶媒と溶液が分離している系

解 説	濃度の異なる溶液を半透膜によって隔てると，溶媒は濃度の小さな溶液から

濃度の大きな溶液に流れようとする．このときに生じる圧力を浸透圧という．浸透圧は，例えば漬物を作る際に用いられる．野菜の水分は細胞壁によって蓄えられている．野菜

を砂糖水や塩水につけると，細胞壁が半透膜となり，浸透圧によって細胞内の水分を抜くことができる．希薄溶液の場合，浸透圧は van 't Hoff の公式によって与えられる．この公式は溶質や溶媒の種類に依らないため，どんな溶液に対しても成り立つ普遍的な関係式である．

解 答

1. 溶液中の溶媒と純溶媒の化学ポテンシャル・温度がそれぞれ等しいという熱平衡条件より，

$$\mu_0(p, T) = \mu(p', T) \tag{5.72}$$

となる．ここで，p と p' はそれぞれ純溶媒の圧力と溶液の圧力を表し，浸透圧は

$$\Delta p = p' - p \tag{5.73}$$

で与えられる．式 (5.70) より

$$\mu(p', T) = \mu_0(p', T) - cRT \tag{5.74}$$

$\mu_0(p', T)$ を $p' = p$ の周りで Taylor 展開すると，Δp の 1 次のオーダーで

$$\begin{aligned}
\mu_0(p', T) &= \mu_0(p, T) + \left(\frac{\partial \mu_0}{\partial p}\right)_T \Delta p \\
&= \mu_0(p, T) + \frac{V}{n} \Delta p
\end{aligned} \tag{5.75}$$

を得る．ここで，$(\partial \mu_0 / \partial p)_T = V/n$ を用いた（問題 77 参照）．したがって，熱平衡条件 (式 (5.72)) は，

$$\begin{aligned}
&\mu_0(p, T) = \mu_0(p, T) + \frac{V}{n} \Delta p - cRT \\
&\leftrightarrow\ \Delta p = \frac{nRT}{V} c
\end{aligned} \tag{5.76}$$

となり，van 't Hoff の公式が得られる．浸透圧は，溶液の濃度と温度に比例する．

2. $c = n_s/n$ を van 't Hoff の公式に代入すると，

$$\Delta p = \frac{n_s RT}{V} \tag{5.77}$$

となる．グルコースの分子量は $C_6H_{12}O_6 = 180$ であるので，

$$\begin{aligned}
\Delta p &= \frac{1.8\ \text{g}}{180\ \text{g/mol}} \times \frac{8.3 \times 293\ \text{J/mol}}{0.10\ \text{L}} \\
&= 2.43 \times 10^5\ \text{Pa} \\
&= 2.4 \times 10^5\ \text{Pa}
\end{aligned} \tag{5.78}$$

を得る．

問題 *84*　凝固点降下　　　　　　　　　　　　　　　　　　　　　　　　　応用

　1013 hPa において，水と氷とが共存している系の温度は $T_m^{(0)} = 273.15$ K である．ここで，水に溶質を溶かした濃度 c の希薄溶液を考える（c は水分子の物質量に対する溶質分子の物質量であり，1 に比べて十分に小さいものとする）．また，溶質は水に対しては溶解するが，氷に対しては溶解しないものとする．このとき，1013 hPa において水溶液から氷が凝固する温度 T_m は $T_m^{(0)}$ より下がる．この現象を凝固点降下と呼ぶ．溶質を水に溶かすことで生じる，凝固点の変化を $\Delta T_m = T_m^{(0)} - T_m$ とする．

1. 水溶液と氷が相平衡にあるとき，水溶液中の水と氷の温度，圧力，化学ポテンシャルが等しいという条件で熱平衡条件は与えられる．濃度 c の 1 次までのオーダーにおいて，

$$\Delta T_m = \frac{cR(T_m^{(0)})^2}{L_m} \tag{5.79}$$

   で与えられることを示せ．ここで L_m はモル当たりの融解熱，R は気体定数とする．

2. 水の融解熱は，$q = 6.0 \times 10^3$ J/mol で与えられる．このとき，式 (5.79) を用いて，18 g のグルコース $C_6H_{12}O_6$ を水 0.10 L に溶かした水溶液の凝固点を求めよ．ただし，グルコースの分子量は 180 であり，グルコースは水中で電離はしないものとする．また，気体定数を $R = 8.3$ J/(K·mol) とし，0 °C の水 1 L 当たりに水分子は 56 mol 含まれているものとする．

解 説　凝固点降下は，液体にのみ溶解し，固体には溶解しない溶質を溶媒に溶かしたとき，純溶媒と比較して溶液の凝固点が低くなることを表す．凍結した路面に塩を撒くことで，気温が 0°C 以下の場合にも氷を溶かすことができる．一方で，不揮発性の溶質を溶媒に溶かしたとき，純溶媒と比較して溶液の沸点は高くなる．このことを，沸点上昇と呼ぶ．純溶媒の沸点を $T_b^{(0)}$，溶液の沸点を T_b とすると，沸点の変化 $\Delta T_b = T_b - T_b^{(0)}$ は濃度 c の 1 次までのオーダーで，

$$\Delta T_b = \frac{(T_b^{(0)})^2 cR}{L_b} \tag{5.80}$$

で与えられる．ただし，L_b はモル当たりの気化熱である．

解 答

1. 凝固点においては，濃度 c の水溶液と氷が相平衡にある．熱平衡条件は

$$\mu(p, T_m) = \mu_s(p, T_m) \tag{5.81}$$

で与えられる．ここで，$\mu(p,T)$ と $\mu_s(p,T)$ は，それぞれ水溶液中の水と氷の化学ポテンシャルを表しており，相平衡にあるため，それぞれの相における圧力・温度は等しい．水溶液中の水の化学ポテンシャル $\mu(p,T)$ は，

$$\mu(p,T) = \mu_0(p,T) - cRT \tag{5.82}$$

で与えられる（問題 83 の式 (5.70) 参照）．ただし，ここで $\mu_0(p,T)$ は純水の化学ポテンシャルである．式 (5.82) を式 (5.81) に代入すると，

$$\mu_0(p,T_{\mathrm{m}}) - cRT_{\mathrm{m}} = \mu_s(p,T_{\mathrm{m}}) \tag{5.83}$$

さらに，

$$T_{\mathrm{m}} = T_{\mathrm{m}}^{(0)} - \Delta T_{\mathrm{m}} \tag{5.84}$$

を代入し，ΔT_{m} と c の 1 次のオーダーまでを残すと，

$$\mu_0(p,T_{\mathrm{m}}^{(0)}) - \left(\frac{\partial \mu_0}{\partial T}\right)_p \Delta T_{\mathrm{m}} - cRT_{\mathrm{m}}^{(0)} = \mu_s(p,T_{\mathrm{m}}^{(0)}) - \left(\frac{\partial \mu_s}{\partial T}\right)_p \Delta T$$

$$\leftrightarrow \quad S_{0,m}\Delta T_{\mathrm{m}} - cRT_{\mathrm{m}}^{(0)} = S_{s,m}\Delta T_{\mathrm{m}}$$

$$\leftrightarrow \quad \Delta T_{\mathrm{m}} = \frac{cRT_{\mathrm{m}}^{(0)}}{S_{0,m} - S_{s,m}} \tag{5.85}$$

となる．ここで，$S_{0,m}$ と $S_{s,m}$ は純水と氷のモルエントロピーであり，$(\partial \mu_0/\partial T)_p = S_{0,m}$，$(\partial \mu_s/\partial T)_p = S_{s,m}$（問題 77 参照）と純水と氷との間の熱平衡条件

$$\mu_0(p,T_{\mathrm{m}}^{(0)}) = \mu_s(p,T_{\mathrm{m}}^{(0)}) \tag{5.86}$$

を用いた．融解熱は

$$L_{\mathrm{m}} = (S_{0,m} - S_{s,m})T_{\mathrm{m}}^{(0)} \tag{5.87}$$

によって与えられるので，式 (5.85) に代入して

$$\Delta T_{\mathrm{m}} = \frac{cR(T_{\mathrm{m}}^{(0)})^2}{L_{\mathrm{m}}} \tag{5.88}$$

を得る．

2. 濃度 c を求める．グルコースの分子量は 180 なので，18 g のグルコースには 0.10 mol の分子が含まれる．水 0.10 L には 5.6 mol の分子が含まれるので，

$$c = \frac{0.10\ \mathrm{mol}}{5.6\ \mathrm{mol}} = 1.78 \times 10^{-2} \tag{5.89}$$

よって，

$$\Delta T_{\mathrm{m}} = \frac{273^2\ \mathrm{K}^2 \cdot 1.8 \times 10^{-2} \cdot 8.3\ \mathrm{J/(K \cdot mol)}}{6.0 \times 10^3\ \mathrm{J/mol}}$$

$$= 1.85\ \mathrm{K} \tag{5.90}$$

純水の凝固点は 0 °C であるから，水溶液の凝固点は -1.9 °C となる．

問題 　85　　蒸気圧降下　　　　　　　　　　　　　　　　　　　　　応用

　100 °C ($T = 373.15$ K) において，水と水蒸気とが共存している系の圧力は $p^{(0)} = 1013$ hPa である．ここで，水に溶質を溶かした濃度 c の希薄溶液を考える (c は水分子の物質量に対する溶質分子の物質量であり，1 に比べて十分に小さいものとする)．また，溶質は不揮発性であり，水には溶解するが，水蒸気には含まれないものとする．このとき，100 °C において水溶液から水蒸気が蒸発する圧力 p は 1013 hPa より下がる．この現象を蒸気圧降下と呼ぶ．溶質を水に溶かすことで生じる蒸気圧の変化を $\Delta p = p^{(0)} - p$ とする．

1. 水溶液と水蒸気が相平衡にあるとき，水溶液中の水と水蒸気の温度，圧力，化学ポテンシャルが等しいという条件で熱平衡条件は与えられる．このとき濃度 c の 1 次までのオーダーにおいて，

$$\Delta p = \frac{cRT}{V_{g,m} - V_{\ell,m}} \tag{5.91}$$

で与えられることを示せ．ここで $V_{\ell,m}$ と $V_{g,m}$ はそれぞれ水のモル体積と水蒸気のモル体積を，R は気体定数を表す．

2. 水蒸気が理想気体とみなせるとき，式 (5.91) を用いて，18 g のグルコース $C_6H_{12}O_6$ を水 0.10 L に溶かした水溶液の，温度 100 °C における蒸気圧を hPa の単位で求めよ．ただし，$V_{\ell,m}$ は $V_{g,m}$ と比べて十分に小さいとしてよい．グルコースの分子量は 180 であり，水中で電離はしないものとする．また，100 °C の水 1 L 当たりに水分子は 53 mol 含まれているものとする．

解 説　希薄溶液において，凝固点降下 (ΔT_m) (問題 84 参照)，沸点上昇 (ΔT_b)，蒸気圧降下 (Δp) が起こる．図 5.5 では，実線で水溶液の相図を，破線で水の相図を示している．蒸気圧降下は沸点上昇とペアになって現れることがわかる．

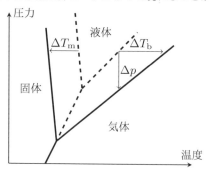

図 5.5　水溶液（実線）と水（破線）の相図

解 答

1. 熱平衡条件は,

$$\mu(p,T) = \mu_{\mathrm{g}}(p,T) \tag{5.92}$$

で与えられる. ここで, $\mu(p,T)$ と $\mu_{\mathrm{g}}(p,T)$ は, それぞれ水溶液中の水と水蒸気の化学ポテンシャルを表しており, 相平衡にあるため, それぞれの相における圧力・温度は等しい. 水溶液中の水の化学ポテンシャル $\mu(p,T)$ は,

$$\mu(p,T) = \mu_0(p,T) - cRT \tag{5.93}$$

で与えられる（問題 83 の式 (5.70) 参照）. ただし, ここで $\mu_0(p,T)$ は純水の化学ポテンシャルである. 式 (5.93) を式 (5.92) に代入すると,

$$\mu_0(p,T) - cRT = \mu_{\mathrm{g}}(p,T) \tag{5.94}$$

さらに,

$$p = p^{(0)} - \Delta p \tag{5.95}$$

を代入し, Δp と c の 1 次のオーダーまでを残すと,

$$\mu_0(p^{(0)},T) - \left(\frac{\partial \mu_0}{\partial p}\right)_T \Delta p - cRT = \mu_{\mathrm{g}}(p^{(0)},T) - \left(\frac{\partial \mu_{\mathrm{g}}}{\partial p}\right)_T \Delta p$$

$$\leftrightarrow \ -V_{\ell,m}\Delta p - cRT = -V_{\mathrm{g},m}\Delta p$$

$$\leftrightarrow \ \Delta p = \frac{cRT}{V_{\mathrm{g},m} - V_{\ell,m}} \tag{5.96}$$

となる. ここで, $(\partial \mu_0/\partial p)_T = V_{\ell,m}, (\partial \mu_{\mathrm{g}}/\partial p)_T = V_{\mathrm{g},m}$（問題 77 参照）と純水と水蒸気との間の熱平衡条件

$$\mu_0(p^{(0)},T) = \mu_{\mathrm{g}}(p^{(0)},T) \tag{5.97}$$

を用いた.

2. $V_{\mathrm{g},m} \gg V_{\ell,m}$ とし, 理想気体の状態方程式 $pV_{\mathrm{g},m} = RT$ を式 (5.96) に代入すると,

$$\Delta p = cp \tag{5.98}$$

を得る. この関係式を Raoult の法則と呼ぶ. 濃度 c を求める. グルコースの分子量は 180 なので, 18 g のグルコースには 0.10 mol の分子が含まれる. 水 0.10 L には 5.3 mol の分子が含まれるので,

$$c = \frac{0.10 \text{ mol}}{5.3 \text{ mol}} = 1.87 \times 10^{-2} \tag{5.99}$$

よって,

$$\Delta p = 1.9 \times 10^{-2} \cdot 1013 \text{ hPa} = 19.2 \text{ hPa} \tag{5.100}$$

純水の蒸気圧は 1013 hPa であるから, 水溶液の蒸気圧は 994 hPa となる.

| 問題 | 86 | 表面張力 | 応用 |

　2 つの相が接している系を考える．相 1 の体積と物質量を V_1, n_1, 相 2 の体積と物質量を V_2, n_2 とする．2 つの相の境界面の面積 σ を変えるためには仕事が必要となる．全系のエントロピー S, V_1, V_2, n_1, n_2 を一定に保ったまま，σ を微小変化したときのエネルギー変化 dU を，

$$dU = \gamma d\sigma \tag{5.101}$$

で与える．このようにして定義された γ を表面張力という．

1. 温度 T の熱浴と接した全体積一定の容器において，半径 r の球状の水滴が水蒸気と相平衡にある場合を考える．表面張力の効果により，水滴内の圧力 p_ℓ と水蒸気の圧力 p_v との間に圧力差 $\Delta p = p_\ell - p_\mathrm{v}$ が生じる．Δp を r と γ_w の関数として求めよ．ただし，γ_w は水の表面張力を表す．また，系全体で水分子の物質量は一定であるとする．

2. 温度 T の熱浴と接した全体積一定の容器の中に気体が封入されており，容器の中に半径 r の球殻状のシャボン玉がある場合を考える．シャボン玉の膜の厚さは r に比べて無視できるほど小さいとする．また，系に含まれる気体の物質量は一定であるとする．表面張力の効果により，シャボン玉の外の圧力 p_out とシャボン玉の内の圧力 p_in との間に圧力差 $\Delta p_\mathrm{b} = p_\mathrm{in} - p_\mathrm{out}$ が生じる．Δp_b を r と γ_b の関数として求めよ．また，シャボン液の表面張力 $\gamma_\mathrm{b} = 2.1 \times 10^{-2}$ N/m を用いて，半径 5.0 cm のシャボン玉における Δp_b [Pa] を求めよ．

解 説　表面張力は原子や分子が互いに引き合うことによって生じる現象であり，表面積をできる限り小さくするように働く．液体の中では，水銀の表面張力が大きく（$\gamma = 482.1 \times 10^{-3}$ N/m (25°C，窒素気体と接触)），水の表面張力も他の多くの液体と比べて大きい（$\gamma = 71.972 \times 10^{-3}$ N/m （25°C））．水を例に挙げて，表面張力が働くことで起こる現象を見てみよう．外力がないとき，水滴は球状になる．これは，表面張力が表面積を小さくするように働く結果である．水滴に軽い物体を乗せると，その物体の密度が水の密度より大きな場合でも，物体は水滴の上に浮かぶ．これは物体によって凹んだ水滴が元の形に戻ろうとする復元力が働くためである．アメンボはこの現象を利用して水の上を移動している．

解 答

1. 全体積が一定の等温系において，熱平衡状態は Helmholtz の自由エネルギー F が最小の状態である．Helmholtz の自由エネルギーの 1 次の変分が 0 になると

いう熱力学条件から，

$$0 = -p_\ell \delta V_\ell - p_\mathrm{v} \delta V_\mathrm{v} + \gamma_\mathrm{w} \delta\sigma + \mu_\ell \delta n_\ell + \mu_\mathrm{v} \delta n_\mathrm{v} \tag{5.102}$$

を得る（問題 80 参照）．ここで，V_ℓ, n_ℓ, μ_ℓ は水滴の体積，物質量，化学ポテンシャルを，V_v, n_v, μ_v は水蒸気の体積，物質量，化学ポテンシャルを表す．いま，$\delta n_\ell = \delta n_\mathrm{v} = 0$ とし，水滴の球の半径を r から $r + \delta r$ とする仮想的な変位を考える．水滴の内側の体積変化 δV_ℓ は，

$$\delta V_\ell = \delta\left(\frac{4\pi}{3}r^3\right) = 4\pi r^2 \delta r \tag{5.103}$$

で与えられる．全系で体積は一定であるので，水蒸気の体積変化 δV_v は，

$$\delta V_\mathrm{v} = -\delta V_\ell = -4\pi r^2 \delta r \tag{5.104}$$

となる．水滴の表面積の変化 $\delta\sigma$ は，

$$\delta\sigma = \delta(4\pi r^2) = 8\pi r \delta r \tag{5.105}$$

となる．式 (5.103)，式 (5.104)，式 (5.105) を，熱平衡条件（式 (5.102)）に代入すると，

$$0 = 4\pi r[-(p_\ell - p_\mathrm{v})r + 2\gamma_\mathrm{w}]\delta r \leftrightarrow \Delta p = \frac{2\gamma_\mathrm{w}}{r} \tag{5.106}$$

を得る．Δp を Laplace 圧と呼ぶ．Δp は水滴が大きくなると小さくなる．

2. 1 と同様にして，Helmholtz の自由エネルギー F が最小という条件から，

$$0 = -p_\mathrm{in}\delta V_\mathrm{in} - p_\mathrm{out}\delta V_\mathrm{out} + \gamma_\mathrm{b}\delta\sigma \tag{5.107}$$

を得る．ここで，V_in はシャボン玉の内側の体積を，V_out はシャボン玉の外側の体積を表す．シャボン玉の球の半径を r から $r + \delta r$ とする仮想的な変位を考えると，シャボン玉の内側と外側の体積変化は，

$$\delta V_\mathrm{in} = -\delta V_\mathrm{out} = \delta\left(\frac{4\pi}{3}r^3\right) = 4\pi r^2 \delta r \tag{5.108}$$

で与えられる．シャボン玉の表面積の変化 $\delta\sigma$ は，シャボン玉には内膜と外膜があることに注意すると，

$$\delta\sigma = 2\delta(4\pi r^2) = 16\pi r \delta r \tag{5.109}$$

となる．式 (5.108)，式 (5.109) を，熱平衡条件（式 (5.107)）に代入すると，

$$0 = 4\pi r[-(p_\mathrm{in} - p_\mathrm{out})r + 4\gamma_\mathrm{b}]\delta \leftrightarrow \Delta p_\mathrm{b} = \frac{4\gamma_\mathrm{b}}{r} \tag{5.110}$$

を得る．
シャボン液の表面張力 $\gamma_\mathrm{b} = 2.1 \times 10^{-2}$ N/m を用いると，半径 5.0cm のシャボン玉における圧力差 Δp_b は

$$\Delta p_\mathrm{b} = \frac{4 \times 2.1 \times 10^{-2}}{5.0 \times 10^{-2}} \text{ N/m}^2$$
$$= 1.68 \text{ Pa} = 1.7 \text{ Pa} \tag{5.111}$$

となる．

| 問題 | 87 | 熱力学安定性（数学的準備） | 基本 |

2 変数関数 $f(x, y)$ を考える. $f(x, y)$ が $x = x_0, y = y_0$ において, 極値条件

$$\left(\frac{\partial f}{\partial x}\right)_0 = \left(\frac{\partial f}{\partial y}\right)_0 = 0 \tag{5.112}$$

を満たす. ここで $()_0$ は $()_{(x,y)=(x_0,y_0)}$ を表す.

1. $(x, y) = (x_0, y_0)$ が極小点となるための十分条件が,

$$\left(\frac{\partial^2 f}{\partial x^2}\right)_0 > 0 \tag{5.113}$$

かつ

$$\left(\frac{\partial^2 f}{\partial x^2}\right)_0 \left(\frac{\partial^2 f}{\partial y^2}\right)_0 - \left(\frac{\partial^2 f}{\partial x \partial y}\right)_0^2 > 0 \tag{5.114}$$

で与えられることを示せ.

2. 2 変数関数 $f(x, y)$ が

$$f(x, y) = ax^2 + bxy + cy^2 \ (a, b, c \text{ は実数}) \tag{5.115}$$

で与えられるとき, 式 (5.113) と式 (5.114) より $(x, y) = (0, 0)$ で $f(x, y)$ が極小となるための十分条件を求めよ.

解 説 $(x, y) = (x_0, y_0)$ が極大点となるための十分条件は, 以下で与えられる.

$$\left(\frac{\partial^2 f}{\partial x^2}\right)_0 < 0 \text{ かつ } \left(\frac{\partial^2 f}{\partial x^2}\right)_0 \left(\frac{\partial^2 f}{\partial y^2}\right)_0 - \left(\frac{\partial^2 f}{\partial x \partial y}\right)_0^2 > 0 \tag{5.116}$$

解 答

1. (x, y) を (x_0, y_0) から $(x_0 + \delta x, y_0 + \delta y)$ に変化させたときの $f(x, y)$ の変化

$$\delta f(\delta x, \delta y) = f(x_0 + \delta x, y_0 + \delta y) - f(x_0, y_0) \tag{5.117}$$

を Taylor 展開で調べる. $\delta x, \delta y$ の 2 次のオーダーまでを考慮すると,

$$
\begin{aligned}
\delta f(\delta x, \delta y) &= \left(\frac{\partial f}{\partial x}\right)_0 \delta x + \left(\frac{\partial f}{\partial y}\right)_0 \delta y \\
&\quad + \frac{1}{2!}\left[\left(\frac{\partial^2 f}{\partial x^2}\right)_0 (\delta x)^2 + 2\left(\frac{\partial^2 f}{\partial x \partial y}\right)_0 \delta x \delta y + \left(\frac{\partial^2 f}{\partial y^2}\right)_0 (\delta y)^2\right] \\
&= \frac{1}{2}\left[\left(\frac{\partial^2 f}{\partial x^2}\right)_0 (\delta x)^2 + 2\left(\frac{\partial^2 f}{\partial x \partial y}\right)_0 \delta x \delta y + \left(\frac{\partial^2 f}{\partial y^2}\right)_0 (\delta y)^2\right]
\end{aligned}
\tag{5.118}
$$

となる．ここで，$(\partial f/\partial x)_0 = (\partial f/\partial y)_0 = 0$ を用いた．$f(x,y)$ が $(x,y) = (x_0, y_0)$ において極小となるためには，$\delta x, \delta y$ の取り方によらず，$\delta f(\delta x, \delta y) > 0$ であれば良い．$\delta y = 0(\delta x \neq 0)$ とおくと，

$$\delta f(\delta x, 0) = \frac{1}{2}\left(\frac{\partial^2 f}{\partial x^2}\right)_0 (\delta x)^2 > 0 \tag{5.119}$$

であるから，$(\partial^2 f/\partial x^2)_0 > 0$ を得る．$(\partial^2 f/\partial x^2)_0 > 0$ を用いて，式 (5.118) を変形すると

$$\delta f(\delta x, \delta y) = \frac{1}{2}\left(\frac{\partial^2 f}{\partial x^2}\right)_0 \left[\delta x + \left(\frac{\partial^2 f}{\partial x^2}\right)_0^{-1}\left(\frac{\partial^2 f}{\partial x \partial y}\right)_0 \delta y\right]^2$$
$$+ \frac{1}{2}\left(\frac{\partial^2 f}{\partial x^2}\right)_0^{-1}\left[\left(\frac{\partial^2 f}{\partial x^2}\right)_0\left(\frac{\partial^2 f}{\partial y^2}\right)_0 - \left(\frac{\partial^2 f}{\partial x \partial y}\right)_0^2\right](\delta y)^2 \tag{5.120}$$

となることから，極小となるための十分条件は，

$$\left(\frac{\partial^2 f}{\partial x^2}\right)_0 > 0 \text{ かつ } \left(\frac{\partial^2 f}{\partial x^2}\right)_0^{-1}\left[\left(\frac{\partial^2 f}{\partial x^2}\right)_0\left(\frac{\partial^2 f}{\partial y^2}\right)_0 - \left(\frac{\partial^2 f}{\partial x \partial y}\right)_0^2\right] > 0 \tag{5.121}$$

となる．2つ目の条件は，1つ目の条件を用いて

$$\left(\frac{\partial^2 f}{\partial x^2}\right)_0\left(\frac{\partial^2 f}{\partial y^2}\right)_0 - \left(\frac{\partial^2 f}{\partial x \partial y}\right)_0^2 > 0 \tag{5.122}$$

であるので，式 (5.113) と式 (5.114) を得る．

2. $f(x,y) = ax^2 + bxy + cy^2$ を式 (5.113) と式 (5.114) に代入する．式 (5.113) からは，

$$\left(\frac{\partial^2 f}{\partial x^2}\right)_0 = 2a > 0 \leftrightarrow a > 0 \tag{5.123}$$

を，式 (5.114) からは

$$\left(\frac{\partial^2 f}{\partial x^2}\right)_0\left(\frac{\partial^2 f}{\partial y^2}\right)_0 - \left(\frac{\partial^2 f}{\partial x \partial y}\right)_0^2 > 0 \leftrightarrow 4ac - b^2 > 0 \tag{5.124}$$

を得る．両者を合わせて，$f(x,y) = ax^2 + bxy + cy^2$ が $(x,y) = (0,0)$ で極小となるための十分条件は，

$$a > 0, \quad 4ac - b^2 > 0 \tag{5.125}$$

問題 88　熱力学安定性　　　　　　　　　　　　　　　　　　　　基本

　孤立系の熱平衡状態は，エントロピーが最大となる状態として与えられる．エントロピーが極大となるための十分条件は，問題 87 によりそれぞれの内部エネルギーを U，体積を V としたとき，

$$\left(\frac{\partial^2 S}{\partial U^2}\right)_V < 0 \text{ かつ } \left(\frac{\partial^2 S}{\partial U^2}\right)_V \left(\frac{\partial^2 S}{\partial V^2}\right)_U - \left[\left(\frac{\partial}{\partial V}\left(\frac{\partial S}{\partial U}\right)_V\right)_U\right]^2 > 0 \quad (5.126)$$

で与えられる．ここでは，式 (5.126) から，エントロピーが極大となるために系が満たすべき条件について考える．

1. C_V を定積熱容量，κ_T を等温圧縮率とする．

$$C_V = \left(\frac{\partial U}{\partial T}\right)_V, \quad \kappa_T = -\frac{1}{V}\left(\frac{\partial V}{\partial p}\right)_T \quad (5.127)$$

　このとき，次の関係式を示せ．

$$\begin{cases} \left(\dfrac{\partial^2 S}{\partial U^2}\right)_V = -\dfrac{1}{C_V T^2} \\[2mm] \left(\dfrac{\partial^2 S}{\partial V^2}\right)_U = -\dfrac{1}{\kappa_T V T} - \dfrac{1}{C_V T^2}\left[\left(\dfrac{\partial U}{\partial V}\right)_T\right]^2 \\[2mm] \left(\dfrac{\partial}{\partial V}\left(\dfrac{\partial S}{\partial U}\right)_V\right)_U = \dfrac{1}{C_V T^2}\left(\dfrac{\partial U}{\partial V}\right)_T \end{cases} \quad (5.128)$$

2. 式 (5.126) を満たすためには，C_V と κ_T が正である必要があることを示せ．

解説　例として，van der Waals 気体を考える．図 5.6 では，臨界温度以下において，van der Waals 気体が単一の相を取る場合の等温曲線を示している（問題 12 や問題 60 参照）．点線で示した領域では，$\kappa_T < 0$ であり，したがってエントロピーは極大とならない．この領域では，単一の相で表される状態は不安定となり，2 つの相に分離した状態が熱平衡状態として実現する．

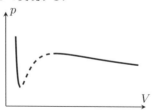

図 5.6　van der Waals 気体の等温曲線

解 答

1. 1 つ目の関係式：

$$\left(\frac{\partial^2 S}{\partial U^2}\right)_V = \left(\frac{\partial}{\partial U}\left(\frac{1}{T}\right)\right)_V = -\frac{1}{T^2}\left(\frac{\partial T}{\partial U}\right)_V = -\frac{1}{C_V T^2} \tag{5.129}$$

2 つ目の関係式：

$$\left(\frac{\partial^2 S}{\partial V^2}\right)_U = \left(\frac{\partial}{\partial V}\left(\frac{p}{T}\right)\right)_U = \frac{1}{T}\left(\frac{\partial p}{\partial V}\right)_U - \frac{p}{T^2}\left(\frac{\partial T}{\partial V}\right)_U \tag{5.130}$$

右辺に，

$$\left(\frac{\partial T}{\partial V}\right)_U = -\frac{1}{C_V}\left(\frac{\partial U}{\partial V}\right)_T$$

$$\left(\frac{\partial p}{\partial V}\right)_U = \left(\frac{\partial p}{\partial V}\right)_T + \left(\frac{\partial p}{\partial T}\right)_V\left(\frac{\partial T}{\partial V}\right)_U$$

$$= \left(\frac{\partial p}{\partial V}\right)_T - \frac{1}{C_V}\left(\frac{\partial p}{\partial T}\right)_V\left(\frac{\partial U}{\partial V}\right)_T \tag{5.131}$$

を代入すると，

$$\left(\frac{\partial^2 S}{\partial V^2}\right)_U = \frac{1}{T}\left[\left(\frac{\partial p}{\partial V}\right)_T - \frac{1}{C_V}\left(\frac{\partial p}{\partial T}\right)_V\left(\frac{\partial U}{\partial V}\right)_T\right] + \frac{p}{C_V T^2}\left(\frac{\partial U}{\partial V}\right)_T$$

$$= -\frac{1}{\kappa_T V T} - \frac{1}{C_V T^2}\left(\frac{\partial U}{\partial V}\right)_T\left[T\left(\frac{\partial p}{\partial T}\right)_V - p\right] \tag{5.132}$$

を得る．エネルギー方程式より，

$$\left(\frac{\partial U}{\partial V}\right)_T = T\left(\frac{\partial p}{\partial T}\right)_V - p \tag{5.133}$$

であるから，

$$\left(\frac{\partial^2 S}{\partial V^2}\right)_U = -\frac{V}{\kappa_T T} - \frac{1}{C_V T^2}\left[\left(\frac{\partial U}{\partial V}\right)_T\right]^2 \tag{5.134}$$

三つ目の関係式：

$$\left(\frac{\partial}{\partial V}\left(\frac{\partial S}{\partial U}\right)_V\right)_U = \left(\frac{\partial}{\partial V}\frac{1}{T}\right)_U = -\frac{1}{T^2}\left(\frac{\partial T}{\partial V}\right)_U = \frac{1}{C_V T^2}\left(\frac{\partial U}{\partial V}\right)_T \tag{5.135}$$

2. 式 (5.126) の 1 つ目の関係式からは

$$-\frac{1}{C_V T^2} < 0 \leftrightarrow C_V > 0 \tag{5.136}$$

を得る．式 (5.126) の 2 つ目の関係式からは，

$$\left(-\frac{1}{C_V T^2}\right)\left(-\frac{1}{\kappa_T V T} - \frac{1}{C_V T^2}\left[\left(\frac{\partial U}{\partial V}\right)_T\right]^2\right) - \left(\frac{1}{C_V T^2}\left(\frac{\partial U}{\partial V}\right)_T\right)^2 > 0$$

$$\leftrightarrow \frac{1}{C_V \kappa_T V T^3} > 0 \leftrightarrow \kappa_T > 0 \tag{5.137}$$

を得る（ここで $C_V > 0$ を用いた）．以上の結果より，式 (5.126) を満たすためには，定積熱容量と等温圧縮率が正である必要があることがわかる．

| 問題　*89*　いろいろな不等式 | 基本 |

　問題 88 で導いた定積熱容量 C_V と等温圧縮率 κ_T の関係式，$C_V > 0$ と $\kappa_T > 0$ を用いて，以下の不等式を導け．

1. $C_p \geq C_V$
   ただし，C_p は定圧熱容量である．

$$C_p = \left(\frac{\partial H}{\partial T} \right)_p \tag{5.138}$$

2. $\kappa_T \geq \kappa_S$
   ただし，κ_S は断熱圧縮率である．

$$\kappa_S = -\frac{1}{V} \left(\frac{\partial V}{\partial p} \right)_S \tag{5.139}$$

解　説　$C_p \geq C_V$ を定性的に説明する．定積過程では，系に加えた熱は全て内部エネルギーの増加に使われる．一方，定圧過程では，系に加えた熱は，内部エネルギーの増加と体積を増加する仕事に使われる．したがって，同じ熱を加えた際，定積過程の方が定圧過程よりも温度が高くなり，これは定圧熱容量が定積熱容量よりも大きいことを表す．理想気体では Mayer の関係式が成り立つ（問題 23 参照）．

　次に，$\kappa_T \geq \kappa_S$ を定性的に説明する．断熱過程では，系の体積を小さくすると温度が高くなる．一方で，等温過程では，温度一定である．圧力は温度とともに大きくなるので，体積を同じだけ小さくしたとき，断熱過程での圧力は等温過程の圧力より大きくなる．つまり，圧力を同じだけ大きくしたとき，断熱過程での体積変化は等温過程の体積変化より小さくなり，これは断熱圧縮率が等温圧縮率よりも小さいことを表す．

解　答

1.

$$C_p = \left(\frac{\partial H}{\partial T} \right)_p = T \left(\frac{\partial S}{\partial T} \right)_p \tag{5.140}$$

また，

$$\begin{aligned}
\left(\frac{\partial S}{\partial T} \right)_p &= \left(\frac{\partial S}{\partial T} \right)_V + \left(\frac{\partial S}{\partial V} \right)_T \left(\frac{\partial V}{\partial T} \right)_p \\
&= \left(\frac{\partial S}{\partial T} \right)_V - \left[\left(\frac{\partial p}{\partial T} \right)_V \right]^2 \left(\frac{\partial V}{\partial p} \right)_T \\
&= \left(\frac{\partial S}{\partial T} \right)_V + \kappa_T V \left[\left(\frac{\partial p}{\partial T} \right)_V \right]^2
\end{aligned} \tag{5.141}$$

ただし，ここで Maxwell の関係式（問題 48 参照）

$$\left(\frac{\partial S}{\partial V}\right)_T = \left(\frac{\partial p}{\partial T}\right)_V \tag{5.142}$$

を用いた．よって，

$$
\begin{aligned}
C_p &= T\left\{\left(\frac{\partial S}{\partial T}\right)_V + \kappa_T V\left[\left(\frac{\partial p}{\partial T}\right)_V\right]^2\right\} \\
&= \left(\frac{\partial U}{\partial T}\right)_V + \kappa_T V T\left[\left(\frac{\partial p}{\partial T}\right)_V\right]^2 \\
&= C_V + \kappa_T V T\left[\left(\frac{\partial p}{\partial T}\right)_V\right]^2 \geq C_V \tag{5.143}
\end{aligned}
$$

となる．ここで，$\kappa_T > 0$ を用いた．

2.

$$
\begin{aligned}
\kappa_S &= -\frac{1}{V}\left(\frac{\partial V}{\partial p}\right)_S \\
&= -\frac{1}{V}\left[\left(\frac{\partial V}{\partial p}\right)_T + \left(\frac{\partial V}{\partial T}\right)_p\left(\frac{\partial T}{\partial p}\right)_S\right] \\
&= \kappa_T - \frac{1}{V}\left(\frac{\partial V}{\partial T}\right)_p\left(\frac{\partial T}{\partial p}\right)_S \tag{5.144}
\end{aligned}
$$

右辺第 2 項を

$$
\begin{aligned}
\left(\frac{\partial T}{\partial p}\right)_S &= -\left(\frac{\partial S}{\partial p}\right)_T\left[\left(\frac{\partial S}{\partial T}\right)_p\right]^{-1} \\
&= \frac{T}{C_p}\left(\frac{\partial V}{\partial T}\right)_p \tag{5.145}
\end{aligned}
$$

を用いて変形する．ただし，ここで Maxwell の関係式（問題 48 参照）

$$\left(\frac{\partial S}{\partial p}\right)_T = -\left(\frac{\partial V}{\partial T}\right)_p \tag{5.146}$$

を用いた．式 (5.145) を式 (5.144) に代入し，

$$\kappa_S = \kappa_T - \frac{T}{V C_p}\left[\left(\frac{\partial V}{\partial T}\right)_p\right]^2 \tag{5.147}$$

となる．問題 89-1. より $C_p \geq C_V > 0$ であるから，$\kappa_S \leq \kappa_T$ を得る．
[別解] 問題 26 で導出した関係式，

$$\frac{\kappa_T}{\kappa_S} = \frac{C_p}{C_V} \tag{5.148}$$

より，

$$\kappa_T = \frac{C_p}{C_V}\kappa_S \geq \kappa_S \tag{5.149}$$

を導くことができる．

| 問題 | 90 | 相転移の分類 | 基本 |

　相転移は，水が氷になることに代表されるように，ある相から別の相に変わる現象である．Gibbs の自由エネルギー $G(T, p, \mathcal{H})$ が，示強変数である温度 T，圧力 p，磁場 $\mathcal{H}$ によって与えられるとする．このとき，Gibbs の自由エネルギーの示強変数に対する 1 次導関数が不連続となる場合を 1 次相転移と呼び，示強変数に対する 1 次導関数が連続となり 2 次導関数が不連続となるもしくは発散する場合を 2 次相転移と呼ぶ．以下の場合，1 次相転移であるか 2 次相転移であるか答えよ．ただし，$\lim_{\epsilon \to +0}$ は ϵ を正の方から 0 に近づけることを表し，$\lim_{\epsilon \to -0}$ は ϵ を負の方から 0 に近づけることを表す．

1. 転移温度 T_c において，エントロピー S は連続であり，定圧熱容量 $C(T)$ が不連続に跳ぶ．

$$\lim_{\epsilon \to +0} C(T = T_c + \epsilon) \neq \lim_{\epsilon \to -0} C(T = T_c + \epsilon). \tag{5.150}$$

2. 転移温度 T_c において，潜熱が生じる．

3. 転移温度 T_c において，体積 V は連続であり，等温圧縮率 κ が不連続に跳ぶ．

$$\lim_{\epsilon \to +0} \kappa(T = T_c + \epsilon) \neq \lim_{\epsilon \to -0} \kappa(T = T_c + \epsilon). \tag{5.151}$$

4. 転移磁場 $\mathcal{H}_c$ において，磁化 M は連続であり，帯磁率 $\chi(\mathcal{H})$ が不連続に跳ぶ．

$$\lim_{\epsilon \to +0} \chi(\mathcal{H} = \mathcal{H}_c + \epsilon) \neq \lim_{\epsilon \to -0} \chi(\mathcal{H} = \mathcal{H}_c + \epsilon). \tag{5.152}$$

解 説　相転移は，温度や圧力といった熱力学パラメータの変化や，電場や磁場といった外部パラメータの変化によって，物質の性質が劇的に変化する現象である．気相，液相，固相の間の転移の他にさまざまな相転移がある．例えば，電気的性質が変化する金属・絶縁体相転移，磁気的性質が変化する強磁性・常磁性相転移などが挙げられる．

解 答

　Gibbs の自由エネルギーの全微分は，

$$dG = -SdT + Vdp - \mu_0 M d\mathcal{H} \tag{5.153}$$

で与えられる（μ_0 は真空の透磁率を表す）．この式を用いて，各問題について考える．

1. 定圧熱容量は，

$$C = \left(\frac{\partial H}{\partial T}\right)_{p, \mathcal{H}} = T\left(\frac{\partial S}{\partial T}\right)_{p, \mathcal{H}} \tag{5.154}$$

で与えられる．式 (5.153) より，

$$S = -\left(\frac{\partial G}{\partial T}\right)_{p,\mathcal{H}} \tag{5.155}$$

であるので,

$$C = -T\left(\frac{\partial^2 G}{\partial T^2}\right)_{p,\mathcal{H}} \tag{5.156}$$

したがって, 定圧熱容量が不連続に跳ぶとき, 2 次相転移となる.

2. 潜熱とは, 相転移のとき, 温度変化を伴わないで吸収もしくは発生する熱のことである. ϵ を正として, 転移点よりわずかに温度が低いときの温度を $T_c - \epsilon$, 転移点よりわずかに温度が高いときの温度を $T_c + \epsilon$ とする. このとき, 潜熱を L とおくと,

$$L = \lim_{\epsilon \to +0} T_c |S(T_c + \epsilon) - S(T_c - \epsilon)|$$

$$\leftrightarrow \left| \lim_{\epsilon \to +0} S(T_c + \epsilon) - \lim_{\epsilon \to -0} S(T_c + \epsilon) \right| = \frac{L}{T_c} \tag{5.157}$$

となり, エントロピーが転移温度において不連続に跳ぶ. 式 (5.153) より,

$$S = -\left(\frac{\partial G}{\partial T}\right)_{p,\mathcal{H}} \tag{5.158}$$

であるので, 潜熱が生じるとき, 1 次相転移となる.

3. 等温圧縮率は,

$$\kappa = -\frac{1}{V}\left(\frac{\partial V}{\partial p}\right)_{T,\mathcal{H}} \tag{5.159}$$

で与えられる. 式 (5.153) より,

$$V = \left(\frac{\partial G}{\partial p}\right)_{T,\mathcal{H}} \tag{5.160}$$

であるので,

$$C = -\frac{1}{V}\left(\frac{\partial^2 G}{\partial p^2}\right)_{T,\mathcal{H}} \tag{5.161}$$

したがって, 等温圧縮率が不連続に跳ぶとき, 2 次相転移となる.

4. 帯磁率は,

$$\chi = \left(\frac{\partial M}{\partial \mathcal{H}}\right)_{T,p} \tag{5.162}$$

で与えられる. 式 (5.153) より,

$$M = -\frac{1}{\mu_0}\left(\frac{\partial G}{\partial \mathcal{H}}\right)_{T,p} \tag{5.163}$$

であるので,

$$\chi = -\frac{1}{\mu_0}\left(\frac{\partial^2 G}{\partial \mathcal{H}^2}\right)_{T,p} \tag{5.164}$$

したがって, 帯磁率が不連続に跳ぶとき, 2 次相転移となる.

| 問題 | 91 | **van der Waals 気体における相転移** | 基本 |

　van der Waals 気体は相転移を示す代表的な系である. ここでは, 高温から低温へと温度を下げる定圧過程を考える. このとき, $p < p_c$ で 1 次相転移を, $p = p_c$ で 2 次相転移を示す (p_c は臨界圧力を表す). van der Waals 気体の状態方程式とエントロピー $S(T, V)$ は, それぞれ

$$\left[p + a \left(\frac{n}{V} \right)^2 \right] (V - nb) = nRT, \tag{5.165}$$

$$S(T, V) = C_V \ln \frac{T}{T_0} + nR \ln \frac{V - nb}{V_0 - nb} + S(T_0, V_0) \tag{5.166}$$

で与えられる (問題 53 参照). ここで V は体積, n は物質量, C_V は定積熱容量を表す. このとき, 以下の問いに答えよ.

1. 1 次相転移 ($p < p_c$)

   定圧過程によって相が変化する際に, 温度変化を伴わずに生じる熱を潜熱と呼ぶ. このときの温度を T_c とする. 図 5.7 で示すように, 1 次相転移によって van der Waals 気体の体積が V_B から V_A に不連続に変わるときに生じる潜熱 L を, V_A, V_B, T_c, n の関数として求めよ.

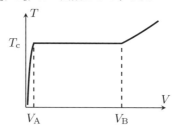

図 5.7　van der Waals 気体の等圧曲線

2. 2 次相転移 ($p = p_c$)

   2 次相転移点において, 等温圧縮率 κ_T は発散する. このことを用いて, 2 次相転移点において, 定圧熱容量が発散することを示せ. ただし, 等温圧縮率は,

$$\kappa_T = -\frac{1}{V} \left(\frac{\partial V}{\partial p} \right)_T \tag{5.167}$$

で与えられる.

解答

1.　1 次相転移点では, Gibbs の自由エネルギーの温度の 1 次導関数であるエントロ

ピーに不連続な跳びが生じる. そのエントロピーの跳びを ΔS とするとき, 潜熱 L は

$$L = T_c \Delta S \tag{5.168}$$

によって与えられる. ΔS は式 (5.166) より,

$$\begin{aligned} \Delta S &= S(T_c, V_B) - S(T_c, V_A) \\ &= nR \frac{\ln(V_B - nb)}{\ln(V_A - nb)} \end{aligned} \tag{5.169}$$

で与えられるので,

$$L = nRT_c \frac{\ln(V_B - nb)}{\ln(V_A - nb)} \tag{5.170}$$

となる.

2. 問題 89 の式 (5.143) より, 定圧熱容量は,

$$C_p = C_V + \kappa_T V T \left[\left(\frac{\partial p}{\partial T} \right)_V \right]^2 \tag{5.171}$$

となる. van der Waals 気体の状態方程式 (式 (5.165)) より,

$$p = \frac{nRT}{V - nb} - a \left(\frac{n}{V} \right)^2 \tag{5.172}$$

であるから,

$$\left(\frac{\partial p}{\partial T} \right)_V = \frac{nR}{V - nb} \tag{5.173}$$

となる. 式 (5.171) に代入して,

$$C_p = C_V + V T \left(\frac{nR}{V - nb} \right)^2 \kappa_T \tag{5.174}$$

となる. 2 次相転移点において, 等温圧縮率は発散するから, 定圧熱容量も発散することがわかる.

また,

$$\begin{cases} C_p = T \left(\frac{\partial^2 G}{\partial T^2} \right)_p \\ \kappa_T = -V \left(\frac{\partial^2 G}{\partial p^2} \right)_T \end{cases} \tag{5.175}$$

であるので, 2 次相転移点において, Gibbs の自由エネルギーの温度の 2 次導関数, 圧力の 2 次導関数が発散していることがわかる. このように, 2 次相転移点では, Gibbs の自由エネルギーの温度の 2 次導関数, 圧力の 2 次導関数が, 不連続に跳ぶ, もしくは発散する.

| 問題 | 92 | Clausius–Clapeyron の式 | 基本 |

ある温度 T で気相と液相とが相平衡にあるときの圧力を蒸気圧 p_v という. 蒸気圧の温度依存性は Clausius–Clapeyron の式によって

$$\frac{dp_v}{dT} = \frac{L_m}{T(V_{g,m} - V_{\ell,m})} \tag{5.176}$$

で与えられる. ここで, $V_{g,m}$, $V_{\ell,m}$ は気相, 液相のモル体積, L_m は 1 mol 当たりの蒸発熱を表す. 特に, (i) 気体のモル体積は液体のモル体積と比較して十分大きい $V_{g,m} \gg V_{\ell,m}$, (ii) 気相は理想気体の状態方程式 $pV_{g,m} = RT$ (R は気体定数) にしたがうとする, (iii) 蒸発熱 L_m は温度に依らない定数である, としたとき, 蒸気圧は

$$p_v = A \exp\left(-\frac{L_m}{RT}\right) \tag{5.177}$$

で与えられる (A は定数).

1. 式 (5.176) および式 (5.177) を導け.
2. 1013 hPa において水の沸点は 373.15 K であり, 1 mol 当たりの蒸発熱は 41 kJ/mol で与えられる. このとき, 式 (5.177) を用いて, 富士山山頂 (638 hPa) における水の沸点を求めよ. ただし, 気体定数 $R = 8.3$ J/(K·mol)), $\ln 0.63 = -0.46$ を用いよ.

解説 Clausius–Clapeyron の式は純物質の 1 次相転移に対して成り立つ関係式であり, 相境界線 (図 5.8 参照) の方程式を与える. 気体と液体とが相平衡にある場合は蒸気圧曲線を, 固体と液体とが相平衡にある場合は融解曲線を, 固体と気体とが相平衡にある場合は昇華曲線を与える. ただし, 融解曲線, 昇華曲線の場合, 式 (5.176) の L_m はそれぞれ 1 mol 当たりの融解熱, 昇華熱となる.

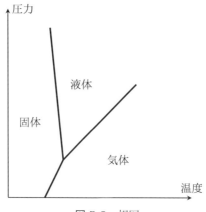

図 **5.8** 相図

解 答

1. 気相と液相の化学ポテンシャルをそれぞれ μ_g, μ_ℓ とおくと，熱平衡条件は

$$\mu_\mathrm{g}(p_v, T) = \mu_\ell(p_v, T) \tag{5.178}$$

で与えられる．温度 $T + dT$ における蒸気圧を $p_v + dp_v$ としたとき，同様にして，

$$\mu_\mathrm{g}(p_v + dp_v, T + dT) = \mu_\ell(p_v + dp_v, T + dT) \tag{5.179}$$

が成り立つ．式 (5.178) と式 (5.179) より，dT と dp_v の 1 次までのオーダーで，

$$\left(\frac{\partial \mu_\mathrm{g}}{\partial p_v}\right)_T dp_v + \left(\frac{\partial \mu_\mathrm{g}}{\partial T}\right)_{p_v} dT = \left(\frac{\partial \mu_\ell}{\partial p_v}\right)_T dp_v + \left(\frac{\partial \mu_\ell}{\partial T}\right)_{p_v} dT$$

$$\leftrightarrow \ V_{\mathrm{g},m} dp_v - S_{\mathrm{g},m} dT = V_{\ell,m} dp_v - S_{\ell,m} dT$$

$$\leftrightarrow \ \frac{dp_v}{dT} = \frac{S_{\mathrm{g},m} - S_{\ell,m}}{V_{\mathrm{g},m} - V_{\ell,m}} = \frac{L_m}{T(V_{\mathrm{g},m} - V_{\ell,m})} \tag{5.180}$$

ただし，$S_{\mathrm{g},m}$, $S_{\ell,m}$ はモルエントロピーであり，蒸発熱とエントロピーとの間の関係式 $L_m = T(S_{\mathrm{g},m} - S_{\ell,m})$ を用いた．これを，Clausius–Clapeyron の式と呼ぶ．

理想気体の状態方程式と，$V_{\mathrm{g},m} \gg V_{\ell,m}$ より，

$$\frac{dp_v}{dT} \simeq \frac{L_m}{T V_{\mathrm{g},m}} = \frac{L_m p_v}{R T^2}$$

$$\leftrightarrow \ \frac{dp_v}{p_v} = \frac{L_m}{R} \frac{dT}{T^2} \tag{5.181}$$

となる．L_m は温度に依らないことを用いて，両辺を積分すると，

$$\ln p_v + A' = -\frac{L_m}{RT} \leftrightarrow p_v = A \exp\left(-\frac{L_m}{RT}\right) \tag{5.182}$$

を得る．ただし，A' は積分定数であり，$A = e^{-A'}$ である．

2. 富士山山頂 (638 hPa) での沸点を T_F とし，1013 hPa での沸点を $T_{1013 \ \mathrm{hPa}} = 373.15$ K とする．式 (5.177) より，

$$1013 = A \exp\left(\frac{L_m}{R T_{1013 \ \mathrm{hPa}}}\right) \tag{5.183}$$

と

$$638 = A \exp\left(\frac{L_m}{R T_\mathrm{F}}\right) \tag{5.184}$$

を得る．両式を用いて A を消去すると，

$$\begin{aligned}
T_\mathrm{F} &= 1 \Big/ \left(\frac{1}{T_{1013 \ \mathrm{hPa}}} - \frac{\ln(638/1013) \cdot R}{L_m}\right) \\
&= 1 \Big/ \left(\frac{1}{373.15 \ \mathrm{K}} + \frac{0.46 \cdot 8.3 \ \mathrm{J/(K \cdot mol)}}{41 \times 10^3 \ \mathrm{J/mol}}\right) \\
&= 3.6\!\!\!/0 \times 10^2 \ \mathrm{K} = 3.6 \times 10^2 \ \mathrm{K}
\end{aligned} \tag{5.185}$$

を得る．

| 問題 | 93 | 磁性体における相転移（1 次相転移）1 | 応用 |

磁性体において，相 A から相 B への 1 次相転移を考える．磁化密度が m であるときの相 A，相 B の Helmholtz の自由エネルギー密度を $f_A(m)$，$f_B(m)$ とする．ここで，磁化密度と Helmholtz の自由エネルギー密度はそれぞれ単位体積あたりの磁化と単位体積あたりの Helmholtz の自由エネルギーを表す．

1. 相 A と相 B が相共存しているとする．相 A の磁化密度は m_A であり，相 B の磁化密度は m_B であるとする．このとき，系全体での磁化密度 m の関数として，系全体での Helmholtz の自由エネルギー密度 $f_{AB}(m)$ を表せ．

2. 磁化密度 m の熱平衡状態は，Helmholtz の自由エネルギー密度を最小にする状態として実現する．$f_A(m)$ と $f_B(m)$ が

$$f_A(m) = 2m^2, \quad f_B(m) = m^2 + 2 \tag{5.186}$$

で与えられるとする．このとき，相 A の単一相，相 B の単一相，相 A と相 B の共存相が現れる m の範囲を求めよ．また，それぞれの場合について，系全体の Helmholtz の自由エネルギー密度 $f(m)$ を求めよ．

解 答

1. 相 A の体積，相 B の体積を V_A，V_B とする．このとき，$\alpha = V_A/(V_A+V_B)$ $(0 \le \alpha \le 1)$ と置くと，系全体の磁化密度と Helmholtz の自由エネルギー密度は

$$m = \frac{m_A V_A + m_B V_B}{V_A + V_B} = \alpha m_A + (1-\alpha) m_B \tag{5.187}$$

$$f_{AB}(m) = \frac{f_A(m_A) V_A + f_B(m_B) V_B}{V_A + V_B} = \alpha f_A(m_A) + (1-\alpha) f_B(m_B) \tag{5.188}$$

で与えられる．$0 \le \alpha \le 1$ であるので，m の定義域は，$m_A \le m_B$ のとき $m \in [m_A, m_B]$，$m_A \ge m_B$ のとき $m \in [m_B, m_A]$ となる．式 (5.187) より，

$$\alpha = \frac{m - m_B}{m_A - m_B} \tag{5.189}$$

であるので，式 (5.188) に代入して，

$$f_{AB}(m) = \frac{f_A(m_A) - f_B(m_B)}{m_A - m_B} m + \frac{m_A f_B(m_B) - m_B f_A(m_A)}{m_A - m_B} \tag{5.190}$$

と，m に関する 1 次式を得る．$m = m_A$ のとき $f_{AB}(m) = f_A(m)$，$m = m_B$ のとき $f_{AB}(m) = f_B(m)$ となる．つまり，$f_{AB}(m)$ は $(m_A, f_A(m_A))$ と $(m_B, f_B(m_B))$ を端点にもつ線分となる．

2. 系全体での磁化密度 m を与えたとき，$m \in [m_A, m_B]$ もしくは $m \in [m_B, m_A]$ を満たす全ての m_A と m_B に対し，最小となる $f_{AB}(m)$ を $\min f_{AB}(m)$ とおく．相共存状態は，$\min f_{AB}(m) < f_A(m)$ かつ $\min f_{AB}(m) < f_B(m)$ となる場合に

実現する．それは $f_A(m)$ と $f_B(m)$ の共通接線によって特徴付けられる．共通接線を $L(m) = am + b$ とおく（a と b は実数）．このとき，

$$f_A(m) - L(m) = 2m^2 - am - b = 0,$$
$$f_B(m) - L(m) = m^2 - am - b + 2 = 0 \tag{5.191}$$

は重解をもつ．重解をもつための必要十分条件は 2 次方程式の判別式が 0 となることであるから，それぞれの式に対し

$$a^2 + 8b = 0, \quad a^2 + 4(b-2) = 0 \tag{5.192}$$

を得る．したがって，2 つの解 $(a, b) = (4, -2)$ と $(a, b) = (-4, -2)$ を得る．$(a, b) = (4, -2)$ のとき共通接線は $f_A(m)$, $f_B(m)$ と $m = 1, 2$ で交点を持ち，$(a, b) = (-4, -2)$ のとき共通接線は $f_A(m)$, $f_B(m)$ と $m = -2, -1$ で交点をもつ．つまり，$1 < |m| < 2$ では，相 A と相 B の共存相が実現する．$|m| \leq 1$ では $f_A(m) < f_B(m)$ であるので，相 A の単一相が実現し，一方 $|m| \geq 2$ では $f_B(m) < f_A(m)$ であるので，相 B の単一相が実現する．したがって，系全体の Helmholtz の自由エネルギー密度は，

$$f(m) = \begin{cases} m^2 + 2 & \text{for} \quad m \leq -2 \\ -4m - 2 & \text{for} \quad -2 < m \leq -1 \\ 2m^2 & \text{for} \quad -1 < m \leq 1 \\ 4m - 2 & \text{for} \quad 1 < m \leq 2 \\ m^2 + 2 & \text{for} \quad m > 2 \end{cases} \tag{5.193}$$

となる．

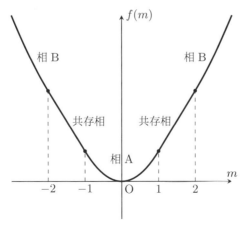

図 **5.9**　Helmholtz の自由エネルギー密度 $f(m)$

| 問題 | 94 | 磁性体における相転移（1 次相転移）2 | 応用 |

前問 93 に続き，磁性体での 1 次相転移を考える．この問題では，真空の透磁率を 1 とする単位系を用いる．磁化密度が m であるときの系全体の Helmholtz の自由エネルギー密度 $f(m)$ が，

$$f(m) = \begin{cases} m^2 + 2 & \text{for} & m \le -2 \\ -4m - 2 & \text{for} & -2 < m \le -1 \\ 2m^2 & \text{for} & -1 < m \le 1 \\ 4m - 2 & \text{for} & 1 < m \le 2 \\ m^2 + 2 & \text{for} & m > 2 \end{cases} \tag{5.194}$$

で与えられるとする．このとき，Gibbs の自由エネルギー密度 $g(\mathcal{H}) = f(m) - \mathcal{H}m$ を求めよ．ここで $\mathcal{H}$ は磁場であり，

$$\mathcal{H} = \frac{df}{dm} \tag{5.195}$$

で与えられる．また，相転移点での磁場の値 $\mathcal{H}_c$ を求めよ．

解答

1. $m \le -2$

   磁場は $\mathcal{H} = df/dm = 2m$ となるので，磁化密度 m は磁場の関数として $m = \mathcal{H}/2$ で与えられる．Gibbs の自由エネルギー密度は，

   $$g(\mathcal{H}) = m^2 + 2 - \mathcal{H}m = -\frac{\mathcal{H}^2}{4} + 2 \tag{5.196}$$

   となる．$m \le -2$ より，磁場の定義域は $\mathcal{H} \le -4$ となる．

2. $-2 < m \le -1$

   磁場は $\mathcal{H} = df/dm = -4$ となる．Gibbs の自由エネルギー密度は，

   $$g(\mathcal{H}) = -4m - 2 - \mathcal{H}m = -2 \tag{5.197}$$

   となる．

3. $-1 < m \le 1$

   磁場は $\mathcal{H} = df/dm = 4m$ となるので，磁化密度 m は磁場の関数として $m = \mathcal{H}/4$ で与えられる．Gibbs の自由エネルギー密度は，

   $$g(\mathcal{H}) = 2m^2 - \mathcal{H}m = -\frac{\mathcal{H}^2}{8} \tag{5.198}$$

   となる．$-1 < m \le 1$ より，磁場の定義域は $-4 < \mathcal{H} \le 4$ となる．

4. $1 < m \le 2$

   磁場は $\mathcal{H} = df/dm = 4$ となる．Gibbs の自由エネルギー密度は，

   $$g(\mathcal{H}) = 4m - 2 - \mathcal{H}m = -2 \tag{5.199}$$

となる.

5.　$m > 2$

磁場は $\mathcal{H} = df/dm = 2m$ となるので，磁化密度 m は磁場の関数として $m = \mathcal{H}/2$ で与えられる．Gibbs の自由エネルギー密度は，

$$g(\mathcal{H}) = m^2 + 2 - \mathcal{H}m = -\frac{\mathcal{H}^2}{4} + 2 \tag{5.200}$$

$m > 2$ より，磁場の定義域は $\mathcal{H} > 4$ となる.

以上の結果をまとめると，

$$g(\mathcal{H}) = \begin{cases} -\dfrac{\mathcal{H}^2}{4} + 2 & \text{for} \quad \mathcal{H} \le -4 \\[2mm] -\dfrac{\mathcal{H}^2}{8} & \text{for} \quad -4 < \mathcal{H} \le 4 \\[2mm] -\dfrac{\mathcal{H}^2}{4} + 2 & \text{for} \quad \mathcal{H} < 4 \end{cases} \tag{5.201}$$

となる．$1 \le m \le 2$ と $-2 \le m \le -1$ で与えられる相共存した状態が，Gibbs の自由エネルギー密度では $(\mathcal{H}, g(\mathcal{H})) = (4, -2)$ と $(\mathcal{H}, g(\mathcal{H})) = (-4, -2)$ の点として表されている.

1 次相転移点では，Gibbs の自由エネルギー密度の 1 次導関数が不連続な跳びを見せる．$dg(\mathcal{H})/d\mathcal{H}$ は，

$$\frac{dg(\mathcal{H})}{d\mathcal{H}} = \begin{cases} -\dfrac{\mathcal{H}}{2} & \text{for} \quad \mathcal{H} < -4 \\[2mm] -\dfrac{\mathcal{H}}{4} & \text{for} \quad -4 < \mathcal{H} < 4 \\[2mm] -\dfrac{\mathcal{H}}{2} & \text{for} \quad \mathcal{H} < 4 \end{cases} \tag{5.202}$$

となるので，Gibbs の自由エネルギー密度の 1 次導関数は $\mathcal{H} = \pm 4$ で不連続となる．したがって，相転移点は $\mathcal{H}_c = \pm 4$ で与えられる.

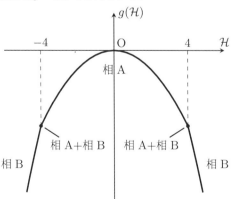

図 5.10　Gibbs の自由エネルギー密度 $g(\mathcal{H})$

| 問題 | 95 | 磁性体における相転移（2 次相転移） | 応用 |

　磁場一定のもとで温度を変化したときに起こる，磁性体の相転移を考える．この問題では，真空の透磁率を 1 とする単位系を用いる．磁化密度 m，温度 T に対し，Helmholtz の自由エネルギー密度 $f(m,T)$ を与える．高温領域 $T \geq T_c$ で，

$$f(m,T) = 2(T - T_c)m^2 + m^4, \tag{5.203}$$

低温領域 $T \leq T_c$ で，$m_0 = \sqrt{T_c - T}$ として，

$$f(m,T) = \begin{cases} 2(T - T_c)m^2 + m^4 & \text{for } |m| \geq m_0 \\ -(T - T_c)^2 & \text{for } |m| \leq m_0 \end{cases} \tag{5.204}$$

が成り立つとする．磁場 $\mathcal{H}$ は $\mathcal{H} = (\partial f/\partial m)_T$ で与えられる．このとき，$T = T_c$，$\mathcal{H} = 0$ において 2 次相転移を示す．

1. 温度を変化したとき，比熱 $\lim_{\mathcal{H} \to +0} C(\mathcal{H}, T)$ が $T = T_c$ で不連続に跳ぶことを示せ．

2. 磁化密度 $m(\mathcal{H}, T)$ は，相転移点近傍においてべき的な振る舞い

$$\begin{cases} \lim_{\mathcal{H} \to +0} m(\mathcal{H}, T) \propto (T_c - T)^\beta & \text{for } T < T_c \\ m(\mathcal{H}, T_c) \propto \mathcal{H}^{1/\delta} \end{cases} \tag{5.205}$$

を示す．このとき，指数 β, δ の値を求めよ．

3. 帯磁率 $\chi(\mathcal{H}, T)$ は，相転移点近傍においてべき的な振る舞い

$$\lim_{\mathcal{H} \to +0} \chi(\mathcal{H}, T) \propto |T_c - T|^{-\gamma} \tag{5.206}$$

を示す．このとき，指数 γ の値を求めよ．

2 次相転移点（臨界点）近傍で物理量に現れるべき的な振る舞いを特徴づける指数を臨界指数と呼ぶ．

解 答

　高温領域 $T > T_c$，転移点直上 $T = T_c$，低温領域 $T < T_c$ それぞれの場合について，Gibbs の自由エネルギー密度 $g(\mathcal{H}, T) = f(m,t) - \mathcal{H}m$ を評価する．

　まず，高温領域 $T > T_c$ を考える．磁場 $\mathcal{H}$ は，

$$\mathcal{H} = \left(\frac{\partial f(m,T)}{\partial m} \right)_T = 4(T - T_c)m + 4m^3 \tag{5.207}$$

となる．相転移点近傍において $\mathcal{H} \simeq 0$ であるから，

$$m = \mathcal{H}/[4(T - T_c)] + O(\mathcal{H}^3). \tag{5.208}$$

ここで，$\mathcal{H} \ll (T - T_c)$ を仮定している．ランダウの記号 $O(x^n)$（n は正の整数）は，

$x \to 0$ で x^n と同じくらいかまたはより速く 0 に近づくことを表す．よって，以下を得る．

$$g(\mathcal{H}, T) = f(m, T) - \mathcal{H}m = -\mathcal{H}^2/[8(T - T_\mathrm{c})] + O(\mathcal{H}^4) \tag{5.209}$$

次に，転移点直上 $T = T_\mathrm{c}$ を考える．磁場 $\mathcal{H}$ は，

$$\mathcal{H} = \left(\frac{\partial f(m, T)}{\partial m}\right)_T = 4m^3 \tag{5.210}$$

で与えられる．したがって，$m = (\mathcal{H}/4)^{1/3}$ となる．よって，以下を得る．

$$g(\mathcal{H}, T_\mathrm{c}) = f(m, T) - \mathcal{H}m = -3\,(\mathcal{H}/4)^{4/3} \tag{5.211}$$

最後に，低温領域 $T < T_\mathrm{c}$ を考える．磁場 $\mathcal{H}$ は，

$$\mathcal{H} = \left(\frac{\partial f(m, T)}{\partial m}\right)_T = \begin{cases} 4(T - T_\mathrm{c})m + 4m^3 & \text{for } |m| \geq m_0 \\ 0 & \text{for } |m| \leq m_0 \end{cases} \tag{5.212}$$

で与えられる．磁場が正（$\mathcal{H} > 0$）のとき，$m = m_0 + \tilde{m}$ とおく．このとき，

$$\mathcal{H} = 4(T - T_\mathrm{c})(m_0 + \tilde{m}) + 4(m_0 + \tilde{m})^3 = 8(T_\mathrm{c} - T)\tilde{m} + O(\tilde{m}^2)$$
$$\leftrightarrow \tilde{m} = \mathcal{H}/[8(T_\mathrm{c} - T)] + O(\mathcal{H}^2) \tag{5.213}$$

となる．よって，以下を得る．

$$g(\mathcal{H}, T) = 2(T - T_\mathrm{c})(m_0 + \tilde{m})^2 + (m_0 + \tilde{m})^4 - \mathcal{H}(m_0 + \tilde{m})$$
$$= -(T_\mathrm{c} - T)^2 - \mathcal{H}\sqrt{T_\mathrm{c} - T} - \frac{\mathcal{H}^2}{16(T_\mathrm{c} - T)} + O(\mathcal{H}^3) \tag{5.214}$$

1. 比熱 $C(\mathcal{H}, T)$ は，

$$C(\mathcal{H}, T) = -\left(\frac{\partial^2 g(\mathcal{H}, T)}{\partial T^2}\right)_\mathcal{H} \tag{5.215}$$

   である．高温領域では，$\lim_{\mathcal{H} \to +0} g(\mathcal{H}, T) = 0$ であるから，$\lim_{\mathcal{H} \to +0} C(\mathcal{H}, T) = 0$ となる．低温領域では，$\lim_{\mathcal{H} \to +0} g(\mathcal{H}, T) = -(T_\mathrm{c} - T)^2$ であるから，$\lim_{\mathcal{H} \to +0} C(\mathcal{H}, T) = 2$ となる．したがって，比熱は $T = T_\mathrm{c}$ において不連続な跳びを示す．

2. 磁化密度 $m(\mathcal{H}, T)$ は

$$m(\mathcal{H}, T) = -\left(\frac{\partial g(\mathcal{H}, T)}{\partial \mathcal{H}}\right)_T \tag{5.216}$$

   で与えられる．低温領域では，$m(\mathcal{H}, T) = \sqrt{T_\mathrm{c} - T} + O(\mathcal{H})$ より，$\lim_{\mathcal{H} \to +0} m(\mathcal{H}, T) = \sqrt{T_\mathrm{c} - T}$ となる．転移点直上では，$g(\mathcal{H}, T_\mathrm{c}) \propto \mathcal{H}^{4/3}$ より，$m(\mathcal{H}, T_\mathrm{c}) \propto \mathcal{H}^{1/3}$ となる．したがって，$\beta = 1/2$, $\delta = 3$ を得る．

3. 帯磁率 $\chi(\mathcal{H}, T)$ は

$$\chi(\mathcal{H}, T) = -\left(\frac{\partial^2 g(\mathcal{H}, T)}{\partial \mathcal{H}^2}\right)_T \tag{5.217}$$

   で与えられる．高温領域では，$\chi(\mathcal{H}, T) = 1/[4(T - T_\mathrm{c})] + O(\mathcal{H})$ より，$\lim_{\mathcal{H} \to +0} \chi(\mathcal{H}, T) = 1/[4(T - T_\mathrm{c})]$ となる．低温領域では，$\chi(\mathcal{H}, T) = 1/[8(T - T_\mathrm{c})] + O(\mathcal{H})$ より，$\lim_{\mathcal{H} \to +0} \chi(\mathcal{H}, T) = 1/[8(T - T_\mathrm{c})]$ となる．したがって，$\gamma = 1$ を得る．

| 問題 | 96 | Rushbrooke 不等式 | 応用 |

この問題では，真空の透磁率を 1 とする単位系を用いる.

1. 磁場 $\mathcal{H}$ 一定のときの比熱を $C_{\mathcal{H}}$，磁化 M 一定のときの比熱 C_M とするとき，

$$C_{\mathcal{H}} = C_M + \frac{T}{\chi}\left[\left(\frac{\partial M}{\partial T}\right)_{\mathcal{H}}\right]^2 \tag{5.218}$$

を導け. ただし，T は温度，$\chi = \left(\frac{\partial M}{\partial \mathcal{H}}\right)_T$ は等温帯磁率を表す.

2. 2 次相転移点 $T = T_c$ において，比熱 $C_{\mathcal{H}}$，磁化密度 M，帯磁率 χ の温度依存性が

$$\begin{cases} C_{\mathcal{H}} \propto |T - T_c|^{-\alpha} \\ M \propto (T_c - T)^{\beta} \quad (T < T_c) \\ \chi \propto |T - T_c|^{-\gamma} \end{cases} \tag{5.219}$$

と振る舞うとき，臨界指数の間に成り立つ不等式，

$$\alpha + 2\beta + \gamma \geq 2 \tag{5.220}$$

を示せ. ただし，熱力学的安定性の帰結により，$C_M > 0$ となることを用いても良い. この不等式は Rushbrooke 不等式と呼ばれる.

3. 問題 95 の場合に，

$$\alpha + 2\beta + \gamma = 2 \tag{5.221}$$

となることを示せ. ただし，この例のように 2 次相転移点において比熱が不連続に跳ぶときは $\alpha = 0$ とせよ.

解 説　2 次相転移点近傍においてさまざまな物理量はべき的に振る舞う. 物質が原子や分子から成り立つ事実から出発して熱平衡状態の性質を明らかにする統計力学では，

$$\alpha + 2\beta + \gamma = 2 \tag{5.222}$$

が成り立つことが知られている. この関係式をスケーリング関係式と呼ぶ. 他に成り立つ代表的なスケーリング関係式として，$\beta(1 + \delta) = 2 - \alpha$ や $\gamma = \beta(\delta - 1)$ などが知られている. Rushbrooke 不等式は熱力学から導かれる関係式であり，$\alpha + 2\beta + \gamma$ の下限を与える.

解 答

1. 問題 89 と同じようにして解く.

$$C_{\mathcal{H}} = \left(\frac{\partial H}{\partial T}\right)_{\mathcal{H}} = T\left(\frac{\partial S}{\partial T}\right)_{\mathcal{H}} \tag{5.223}$$

また，

$$\left(\frac{\partial S}{\partial T}\right)_{\mathcal{H}} = \left(\frac{\partial S}{\partial T}\right)_M + \left(\frac{\partial S}{\partial M}\right)_T \left(\frac{\partial M}{\partial T}\right)_{\mathcal{H}}$$

$$= \left(\frac{\partial S}{\partial T}\right)_M + \left(\frac{\partial \mathcal{H}}{\partial M}\right)_T \left[\left(\frac{\partial M}{\partial T}\right)_{\mathcal{H}}\right]^2$$

$$= \left(\frac{\partial S}{\partial T}\right)_M + \frac{1}{\chi} \left[\left(\frac{\partial M}{\partial T}\right)_{\mathcal{H}}\right]^2 \tag{5.224}$$

ただし，ここで Maxwell の関係式（問題 49 参照）

$$\left(\frac{\partial S}{\partial M}\right)_T = -\left(\frac{\partial \mathcal{H}}{\partial T}\right)_M = \left(\frac{\partial M}{\partial T}\right)_{\mathcal{H}} \left(\frac{\partial \mathcal{H}}{\partial M}\right)_T \tag{5.225}$$

を用いた．したがって，

$$C_{\mathcal{H}} = T\left\{\left(\frac{\partial S}{\partial T}\right)_M + \frac{1}{\chi}\left[\left(\frac{\partial M}{\partial T}\right)_{\mathcal{H}}\right]^2\right\}$$

$$= C_M + \frac{T}{\chi}\left[\left(\frac{\partial M}{\partial T}\right)_{\mathcal{H}}\right]^2 \tag{5.226}$$

となり，式 (5.218) を得る．

2. $C_M > 0$ より，

$$C_{\mathcal{H}} > \frac{T}{\chi}\left[\left(\frac{\partial M}{\partial T}\right)_{\mathcal{H}}\right]^2 \tag{5.227}$$

式 (5.219) と

$$\left(\frac{\partial M}{\partial T}\right)_{\mathcal{H}} \propto (T_c - T)^{\beta - 1} \tag{5.228}$$

を用いて，式 (5.227) の両辺の指数を比較することにより，

$$-\alpha \leq \gamma + 2(\beta - 1)$$

$$\leftrightarrow \ \alpha + 2\beta + \gamma \geq 2 \tag{5.229}$$

を得る．

3. 問題 95 では，比熱は転移点において不連続に跳ぶので $\alpha = 0$ となる．また，$\beta = 1/2$, $\gamma = 1$ であるので，

$$\alpha + 2\beta + \gamma = 2 \tag{5.230}$$

となる．

問題 95 で得られた α, β, γ, δ の値が，解説で挙げた他のスケーリング関係式を満たすことを確認してみよう．

Tea Time ‥‥‥‥‥‥‥‥‥‥‥‥‥‥‥‥‥‥‥● 見えない粒子を見る

　実験室で雲を発生させる，そうした目的から研究をスタートし，大発見をするに至った研究者が Charles Thomson Rees Wilson（以下，Wilson）である．雲ができる過程について見てみよう．湿った空気が気流に乗って上昇すると，気圧が下がる．空気は熱を伝えにくいため，この過程は断熱膨張と見なすことができる．空気が膨張するために使われる仕事が，空気がもつ内部エネルギーによって供給される結果，空気の温度は下がる．温度が下がると蒸気圧は小さくなるため，空気がある高さまで上昇すると，水蒸気の圧力は蒸気圧を上回る．水蒸気の圧力が蒸気圧よりも大きいということは，熱平衡状態と比べて空気が水蒸気をより多く含んでいることを意味する．この状態を過飽和状態と呼ぶ．過飽和状態は熱力学的には不安定な状態ではあるが，過飽和状態になってすぐに雲が発生することはない．水蒸気から発生した小さな水滴が目に見える大きさにまで成長するためには，水滴が互いに集まる必要があるが，表面張力がその成長を妨げるためである．雲が発生するためには，表面張力の効果を抑える凝結核が必要となる．大気中のちりが凝結核の役割を担う．

　Wilson は，ある側面がピストンによって動く密閉された箱の中に湿った空気を入れ，ピストンを引き抜くことで雲（霧）を発生させる装置を作成した．ここで予想していなかったことが起こる．驚くべきことに，空気に含まれるちりを注意深く取り除いたにもかかわらず，箱の中で雲が発生することを発見した．Wilson は，その原因を解明するための研究を行い，周囲を飛んでいる目に見えない放射線が箱の中の空気分子をイオン化し，そのイオンが凝結核の役割を担うためであることを突き止めた．こうしてもともと雲を発生させるために作られた実験装置が，Wilson だけでなく多くの研究者によって改良されることで，目で見ることの出来ない粒子を可視化し，その飛跡から粒子の性質を明らかにする画期的な装置となった．この実験装置は霧箱と呼ばれ，初期の原子物理学の発展に貢献し，その功績をもって Wilson はノーベル物理学賞を受賞している．

　霧箱は，今日では実験教材として用いられ，道具を集めさえすれば手作りで作成することができる．宇宙線として知られるミューオンは，1平方センチメートルを1分間に1回の割合で地上を通過する（手のひらには1秒間に1回の割合で通過する）．霧箱をドライアイスで冷やし，アルコール蒸気の過飽和状態を作ることで，ミューオンの飛跡を観測することができる．私たちの身の回りには，窒素分子や酸素分子といった空気中の原子・分子，ミューオンやニュートリノといった宇宙線など，目には見えないがさまざまな粒子が飛び交っている．最先端の科学では，予言されていながらまだ発見されていない粒子を追い求めたり，素性のわからない粒子の性質を明らかにしたりするための研究が日々進められている．今後の発見が楽しみである．

Chapter 6

発展的なトピック

熱力学は驚くほど広範囲の現象を普遍的に記述する枠組みを与える．この章では，多成分系，化学平衡，2準位系，ゴム，量子気体といったさまざまな具体例を通して，熱力学の理解を深めてゆこう．

問題 97 化学ポテンシャル (多成分系) 基本

K 成分からなる粒子系が一つの相になっている場合を考える．i 番目の成分の化学ポテンシャル μ_i は，

$$\mu_i = \left(\frac{\partial G}{\partial n_i}\right)_{T,p,\{n_j\}_{j\neq i}} \tag{6.1}$$

で与えられる．ここで，G は Gibbs の自由エネルギー，n_i は i 番目の成分の物質量を表す．

1. 化学ポテンシャル μ_i が温度，圧力，濃度 $\{c_i\}$ の関数で与えられることを示せ．ただし，濃度 c_i は

$$c_i = \frac{n_i}{n}, \quad n = \sum_{j=1}^{K} n_j \tag{6.2}$$

で与えられる．

2. $K = 1$ としたとき，温度 T，圧力 p における理想気体の化学ポテンシャル μ が，

$$\mu = C_{p,m}(T - T_0) - C_{p,m}T\ln\left(\frac{T}{T_0}\right) + RT\ln\left(\frac{p}{p_0}\right) - TS_{0,m} + H_{0,m} \tag{6.3}$$

で与えられることを示せ．ただし，$C_{p,m}$ は定圧モル熱容量であり，$S_{0,m}$ と $H_{0,m}$ は温度 T_0，圧力 p_0 でのモルエントロピーとモルエンタルピー，R は気体定数である．

解答

1. Gibbs の自由エネルギー $G(T,p,\{n_i\}_{i=1}^K)$ は温度 T，圧力 p，各成分の物質量 n_i の関数である．いま系を γ 倍に大きくしたときを考えよう．このとき，全ての示量変数，つまりエントロピー，体積，物質量，Gibbs の自由エネルギーは γ 倍される．一方，全ての示強変数，つまり温度，圧力，化学ポテンシャルの値は変わらない．したがって，

$$\gamma G(T,p,\{n_i\}_{i=1}^K) = G(T,p,\{\gamma n_i\}_{i=1}^K) \tag{6.4}$$

を得る．つまり，Gibbs の自由エネルギーは $\{n_i\}_{i=1}^K$ に対して 1 次の斉次（同次）式となる．両辺を γ で微分すると，

$$G(T,p,\{n_i\}_{i=1}^K) = \sum_{i=1}^{K} n_i \left(\frac{\partial G(T,p,\gamma n_1,\cdots \gamma n_{i-1},x_i,\gamma n_{i+1},\cdots)}{\partial x_i}\right)_{x_i=\gamma n_i} \tag{6.5}$$

となる. $\gamma = 1$ とし, 式 (6.1) を用いると,

$$G(T, p, \{n_i\}_{i=1}^K) = \sum_{i=1}^K n_i \left(\frac{\partial G}{\partial n_i}\right)_{T,p,\{n_j\}_{j\neq i}}$$
$$= \sum_{i=1}^K n_i \mu_i \tag{6.6}$$

を得る. 化学ポテンシャル μ_i は T, p, $\{n_i\}_{i=1}^K$ の関数であるが, Gibbs の自由エネルギーが $\{n_i\}_{i=1}^K$ に対して 1 次の斉次式であるので, μ_i は $\{n_i\}_{i=1}^K$ に対して 0 次の斉次式となる. したがって, 化学ポテンシャル μ_i は物質量の比である濃度 c_i と温度, 圧力の関数となる.

2. 物質量 n の理想気体の Gibbs の自由エネルギー G は, エンタルピー H とエントロピー S を用いて,

$$G = H - TS = n(H_m - TS_m) \tag{6.7}$$

と与えられる. ここで, H_m, S_m はモルエンタルピー, モルエントロピーである. 式 (6.6) より, $G = n\mu$ であるので,

$$\mu = H_m - TS_m \tag{6.8}$$

まず, エンタルピーを評価する.

$$\left(\frac{\partial H_m}{\partial T}\right)_p = C_{p,m}, \quad \left(\frac{\partial H_m}{\partial p}\right)_T = 0 \tag{6.9}$$

より,

$$H_m(T, p) = \int_{T_0}^T C_{p,m} dT + H_m(T_0, p)$$
$$= C_{p,m}(T - T_0) + H_{0,m} \tag{6.10}$$

を得る. 次に, エントロピーを評価する.

$$\left(\frac{\partial S_m}{\partial T}\right)_p = \frac{C_{p,m}}{T}, \quad \left(\frac{\partial S_m}{\partial p}\right)_T = -\left(\frac{\partial V}{\partial T}\right)_p = -\frac{R}{p} \tag{6.11}$$

より,

$$S_m(T, p) = \int_{T_0}^T \frac{C_{p,m}}{T} dT + S_m(T_0, p)$$
$$= C_{p,m}\ln\frac{T}{T_0} - \int_{p_0}^p \frac{R}{p} dp + S_{0,m}$$
$$= C_{p,m}\ln\frac{T}{T_0} - R\ln\frac{p}{p_0} + S_{0,m} \tag{6.12}$$

を得る. 式 (6.10) と式 (6.12) を式 (6.8) に代入して,

$$\mu = C_{p,m}(T - T_0) - C_{p,m}T\ln\left(\frac{T}{T_0}\right) + RT\ln\left(\frac{p}{p_0}\right) - TS_{0,m} + H_{0,m} \tag{6.13}$$

を得る.

問題	98	Gibbs の相律	基本

K 個の成分からなる粒子系において，ある温度・圧力のもとで，J 個の相が共存している場合を考える．このとき

$$J \leq K + 2 \qquad (6.14)$$

となることを示せ．これを Gibbs の相律と呼ぶ．ただし，K 個の成分は化学反応によって互いに結合することはないものとする．

解説　$K = 1$ の場合に Gibbs の相律が意味するところを，水分子 H_2O の相図を例に考えよう．式 (6.14) より，

$$J \leq 3 \qquad (6.15)$$

を得る．J は正の整数であるので，J は 1，2，3 のいずれかの値を取る．

1. $J = 1$ のとき
   相図上で 2 次元に広がった領域によって表される．この領域では，氷もしくは水もしくは水蒸気の単一相が実現する．

2. $J = 2$ のとき
   相図上で曲線によって表される．この曲線は蒸気圧曲線，融解曲線，昇華曲線に当り，それぞれ水と水蒸気，氷と水，氷と水蒸気が共存する．

3. $J = 3$ のとき
   相図上で点によって表される．この点は三重点に当たり，氷，水，水蒸気が共存する．

Gibbs の相律によって，$K = 1$ では四重点は存在しないことがわかる．

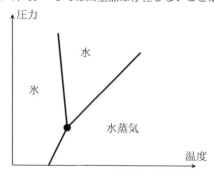

図 6.1　水分子 H_2O の相図．黒丸は三重点を表す．

解答

熱平衡条件から与えられる独立な式の数を求める．等温・等圧系では全系の Gibbs の自由エネルギー G を最小にする状態が熱平衡状態として実現する．相 j の Gibbs の自

由エネルギー G_j は,

$$G_j = \sum_{k=1}^{K} \mu_{jk} n_{jk} \tag{6.16}$$

で与えられる（問題 97 の式 (6.6) 参照）. ここで, μ_{jk}, n_{jk} は j 番目の相にある k 番目の成分の化学ポテンシャル, 物質量である. 熱平衡条件は,

$$\delta G = \sum_{j=1}^{J} \delta G_j \geq 0 \tag{6.17}$$

で与えられる（問題 78 参照）. したがって, 仮想的変位 δn_{jk} の 1 次の変分に対して,

$$0 = \sum_{j=1}^{J} \sum_{k=1}^{K} \left(\frac{\partial G_j}{\partial n_{jk}} \right)_{T,p,\{n_{\ell m}\}_{(\ell m) \neq (jk)}} \delta n_{jk} = \sum_{j=1}^{J} \sum_{k=1}^{K} \mu_{jk} \delta n_{jk} \tag{6.18}$$

を得る. それぞれの成分の全物質量は一定であるので δn_{jk} は互いに独立でない. つまり, k 番目の成分に対して,

$$\sum_{j=1}^{J} n_{jk} = \text{const.} \tag{6.19}$$

であるから, δn_{jk} の間には各 k に対して

$$\sum_{j=1}^{J} \delta n_{jk} = 0 \tag{6.20}$$

が成り立つ. したがって, 式 (6.18) と式 (6.20) から $J \times K - K$ 個の独立な式が得られる. 次に熱平衡条件から得られる式に含まれる独立変数の数を求める. これらの式は化学ポテンシャル μ_{jk} によって与えられるので, 変数として温度, 圧力, 濃度 $c_{jk} = n_{jk} / \sum_{k'=1}^{K} n_{jk'}$ をもつ. 濃度は各 j に対して $\sum_{k=1}^{K} c_{jk} = 1$ を満たすので, 濃度によって与えられる独立変数の個数は $J \times K - J$ 個である. 温度と圧力を加えて, 独立変数の個数は $J \times K + 2 - J$ で与えられる. 熱平衡条件から得られる式が解を与えるためには, 独立変数の個数が独立な式の個数より多い, もしくは等しい必要がある. したがって,

$$J \times K + 2 - J \geq J \times K - K$$
$$\leftrightarrow J \leq K + 2 \tag{6.21}$$

となり, Gibbs の相律（式 (6.14)）を得る. Gibbs の相律より, K 個の成分からなる系が共存することのできる相の最大個数は $K + 2$ 個であることがわかる.

| 問題 | 99 | 理想混合気体での化学ポテンシャル | 基本 |

断熱容器内が仕切りによって容器 A と容器 B に完全に分かれているとする. 容器 A には成分 A からなる理想気体 A が n_A mol, 容器 B には成分 B からなる理想気体 B が n_B mol 入っている. 容器 A の体積を V_A, 容器 B の体積を V_B とし, それぞれ温度 T, 圧力 p の熱平衡状態にあるとする. いま仕切りを取り除いたとする. すると, 2 つの容器に入っていた気体は混合し, 温度 T_e, 圧力 p_e の熱平衡状態に達する. 異なる成分をもつ理想気体を混合した気体を理想混合気体と呼ぶ.

1. T_e, p_e を求めよ.

2. 気体を混合することで生じるエントロピー変化 ΔS を, n_A と n_B の関数として求めよ. これを混合エントロピーと呼ぶ.

3. 理想混合気体での化学ポテンシャル μ_A, μ_B を求めよ. ただし, 理想気体 A もしくは理想気体 B がそれぞれ単成分で存在するときの化学ポテンシャルを $\mu_A^{(0)}(T,p)$, $\mu_B^{(0)}(T,p)$（問題 97 参照）とする. ただし, 気体定数を R とせよ.

解 説　理想気体である場合にも, 混合することで化学ポテンシャルの値は変化する.

解 答

1. まず, 理想気体 A に着目する. 仕切りが取り除かれると, 理想気体 A は容器 B の領域に断熱自由膨張する. 断熱自由膨張では熱の出入りが無く, 仕事もしないので, 熱力学第 1 法則により, 理想気体 A の内部エネルギー変化を ΔU_A とすると, $\Delta U_A = 0$ である. 同様にして, 理想気体 B の内部エネルギー変化 ΔU_B は $\Delta U_B = 0$ となる. 理想気体では,

$$\left(\frac{\partial U_A}{\partial V} \right)_T = \left(\frac{\partial U_B}{\partial V} \right)_T = 0 \tag{6.22}$$

が成り立つので, 理想気体 A と理想気体 B の定積熱容量を C_A, C_B とすると,

$$\Delta U_A + \Delta U_B = (C_A + C_B)\Delta T = 0. \tag{6.23}$$

熱容量は正であるので, 温度変化 $\Delta T = 0$ となり, $T_e = T$ を得る.

理想気体の状態方程式より, 理想気体 A と理想気体 B の圧力 p_A と p_B は, それぞれ

$$p_A = \frac{V_A}{V_A + V_B}p, \quad p_B = \frac{V_B}{V_A + V_B}p \tag{6.24}$$

となる. したがって, 混合気体の圧力は

$$p_e = p_A + p_B = p \tag{6.25}$$

となる.

2. まず理想気体 A に着目する．エントロピー S_A の変化を求めるため，体積 V_A の状態から体積 $V_A + V_B$ への準静的等温過程を考える．理想気体の等温過程において内部エネルギー変化は 0 であるので，

$$\left(\frac{\partial S_A}{\partial V}\right)_T = \frac{1}{T}\left[p_A - \left(\frac{\partial U}{\partial V}\right)_T\right] = \frac{p_A}{T} = \frac{n_A R}{V} \tag{6.26}$$

を得る．よって，理想気体 A のエントロピー変化 ΔS_A は，

$$\Delta S_A = \int_{V_A}^{V_A + V_B} \frac{n_A R}{V} dV = -n_A R \ln \frac{V_A}{V_A + V_B} \tag{6.27}$$

となる．同様にして，理想気体 B のエントロピー変化 ΔS_B は，

$$\Delta S_B = \int_{V_B}^{V_A + V_B} \frac{n_B R}{V} dV = -n_B R \ln \frac{V_B}{V_A + V_B} \tag{6.28}$$

となる．したがって，混合エントロピーは

$$\Delta S = \Delta S_A + \Delta S_B = -R \sum_{\alpha \in \{A,B\}} n_\alpha \ln \frac{V_\alpha}{V_A + V_B}$$

$$= -R \sum_{\alpha \in \{A,B\}} n_\alpha \ln \frac{n_\alpha}{n_A + n_B} > 0 \tag{6.29}$$

で与えられる．

3. 全系の Gibbs の自由エネルギー G を求める．エンタルピーを H，エントロピーを S としたとき $G = H - TS$ であるので，気体を混合することで生じる Gibbs の自由エネルギーの変化 ΔG は，

$$\Delta G = -T\Delta S = RT \sum_{\alpha \in \{A,B\}} n_\alpha \ln \frac{n_\alpha}{n_A + n_B} \tag{6.30}$$

で与えられる．したがって，

$$G = n_A \mu_A^{(0)}(T,p) + n_B \mu_B^{(0)}(T,p) + RT \sum_{\alpha \in \{A,B\}} n_\alpha \ln \frac{n_\alpha}{n_A + n_B} \tag{6.31}$$

を得る．成分 A の化学ポテンシャルは，

$$\mu_A = \left(\frac{\partial G}{\partial n_A}\right)_{p,T,n_B} = \mu_A^{(0)}(T,p) + RT \ln \frac{n_A}{n_A + n_B} \tag{6.32}$$

となる．同様に，成分 B の化学ポテンシャルは，

$$\mu_B = \left(\frac{\partial G}{\partial n_B}\right)_{p,T,n_A} = \mu_B^{(0)}(T,p) + RT \ln \frac{n_B}{n_A + n_B} \tag{6.33}$$

となる．

一般に K 個の異なる成分からなる理想混合気体において，成分 α $(\alpha = 1, \cdots, K)$ の化学ポテンシャルは，

$$\mu_\alpha = \mu_\alpha^{(0)}(T,p) + RT \ln \frac{n_\alpha}{n} \quad \left(n = \sum_{\alpha=1}^{K} n_\alpha\right) \tag{6.34}$$

となる．

問題	100	質量作用の法則	応用

等温・等圧系において，いくつかの物質からなる混合物が互いに化学反応する場合の熱平衡状態について考えよう．m 個の物質からなる混合物から m' 個の物質からなる混合物を生成する化学反応を表す反応方程式を

$$\sum_{i=1}^{m} n_i^{反応物} A_i \to \sum_{i=m+1}^{m+m'} n_i^{生成物} A_i \tag{6.35}$$

と書く．ここで，A_i は各物質を表し，$n_i^{反応物}$ と $n_i^{生成物}$ は化学反応によって消失もしくは生成する A_i の物質量を表す．

1. 反応物 $(i = 1, \cdots, m)$ に対して $\nu_i = -n_i^{反応物}$，生成物 $(i = m+1, \cdots, m+m')$ に対して $\nu_i = n_i^{生成物}$ で，$\{\nu_i\}_{i=1}^{m+m'}$ を与える．このとき熱平衡状態で

$$\sum_{i=1}^{m+m'} \mu_i \nu_i = 0 \tag{6.36}$$

が成り立つことを示せ．ここで，μ_i は物質 A_i の化学ポテンシャルを表す．

2. 全ての物質が理想気体として記述できる場合を考える．問題 99 で得た理想混合気体の化学ポテンシャルの表式 (式 (6.34)) を用いて，質量作用の法則，

$$\prod_{i=1}^{m+m'} c_i^{\nu_i} = K, \quad \ln K = -\frac{1}{RT} \sum_{i=1}^{m+m'} \nu_i \mu_i^{(0)}(T, p) \tag{6.37}$$

を導け．ただし，c_i は濃度であり，$c_i = n_i \big/ \sum_{j=1}^{m+m'} n_j$ で与えられる．ここで，K を平衡定数と呼ぶ．

3. アンモニアを生成する化学反応を考える．反応方程式

$$N_2 + 3H_2 \to 2NH_3 \tag{6.38}$$

の平衡定数が圧力 p，温度 T で，$K = 3/16$ で与えられるとする．窒素分子を 1 mol，水素分子を 3 mol 封入した容器において，圧力 p，温度 T の熱平衡状態で生成するアンモニア分子の物質量を求めよ．

解答

1. 等温・等圧系において，熱平衡状態は Gibbs の自由エネルギー G が最小の状態として実現する．熱平衡条件 $\delta G \geq 0$ より，物質 A_i の物質量を n_i とおくと，

$$0 = \sum_{i=1}^{m+m'} \left(\frac{\partial G}{\partial n_i} \right)_{\{n_j\}_{j \neq i}} \delta n_i = \sum_{i=1}^{m+m'} \mu_i \delta n_i \tag{6.39}$$

を得る．反応方程式 (6.35) で記述される化学反応において，

$$\frac{\delta n_1}{\nu_1} = \cdots = \frac{\delta n_{m+m'}}{\nu_{m+m'}} \leftrightarrow \delta n_i = C\nu_i \quad (i = 1, \ldots, m+m') \tag{6.40}$$

を得る（C は定数）．式 (6.39) に代入して，

$$\sum_{i=1}^{m+m'} \mu_i \nu_i = 0 \tag{6.41}$$

2. 理想混合気体の化学ポテンシャルの表式 (式 (6.34))

$$\mu_i = \mu_i^{(0)}(T, p) + RT \ln c_i \tag{6.42}$$

を式 (6.41) に代入すると，

$$\sum_{i=1}^{m+m'} \nu_i [\mu_i^{(0)}(T, p) + RT \ln c_i] = 0$$

$$\leftrightarrow \sum_{i=1}^{m+m'} \nu_i \ln c_i = -\frac{1}{RT} \sum_{i=1}^{m+m'} \nu_i \mu_i^{(0)}(T, p) = \ln K \tag{6.43}$$

となる．両辺を指数関数の肩に乗せることで，質量作用の法則が得られる．

$$\prod_{i=1}^{m+m'} c_i^{\nu_i} = K. \tag{6.44}$$

3. 反応方程式より $\nu_1 = 1, \nu_2 = 3, \nu_3 = -2$ となる．ラベル 1 は窒素分子，ラベル 2 は水素分子，ラベル 3 はアンモニア分子を表す．質量作用の法則より，

$$\prod_{i=1}^{3} c_i^{\nu_i} = \frac{c_1 c_2^3}{c_3^2} = K = \frac{3}{16} \tag{6.45}$$

また，濃度は $c_i = n_i / \sum_{j=1}^{3} n_j$ で与えられているので，

$$c_1 + c_2 + c_3 = 1 \tag{6.46}$$

窒素原子の全物質量 $n_{\rm N}$，水素原子 $n_{\rm H}$ の全物質量は保存するので，

$$\frac{n_{\rm N}}{n_{\rm H}} = \frac{2c_1 + c_3}{2c_2 + 3c_3} = \frac{1}{3} \tag{6.47}$$

となる．独立変数の数と独立な式の数がそれぞれ 3 個ずつあるので，$\{c_i\}_{i=1}^{3}$ を全て求めることができる．式 (6.47) より $3c_1 = c_2$，これと式 (6.45) より $c_3 = 12c_1^2$ を得る．式 (6.46) に代入して，

$$12c_1^2 + 4c_1 = 1 \tag{6.48}$$

を得る．この 2 次方程式の $c_1 > 0$ の解として，$c_1 = 1/6$ が得られる．したがって，$(c_1, c_2, c_3) = (1/6, 1/2, 1/3)$ となり，これより $n_1 : n_2 : n_3 = 1 : 3 : 2$ となる．窒素原子の全個数は 2 mol であるから，

$$2n_1 + n_3 = 2 \leftrightarrow 2n_3 = 2 \leftrightarrow n_3 = 1 \tag{6.49}$$

したがって，生成されるアンモニア分子は 1 mol となる．

問題 *101* **Le Chatelier の原理**　　　　　　　　　　　　　　**応用**

等温，等圧系において，D 個の成分からなる理想混合気体が互いに化学反応する場合の熱平衡状態について考えよう．

1. 平衡定数 K，

$$\ln K = -\frac{1}{RT} \sum_{i=1}^{D} \nu_i \mu_i^{(0)}(T,p) \tag{6.50}$$

を用いて，

$$\begin{cases} \left(\dfrac{\partial \ln K}{\partial p}\right)_T = -\dfrac{V_m}{RT} \displaystyle\sum_{i=1}^{D} \nu_i \\[4mm] \left(\dfrac{\partial \ln K}{\partial T}\right)_p = \dfrac{1}{RT^2} \displaystyle\sum_{i=1}^{D} \nu_i H_{i,m} \end{cases} \tag{6.51}$$

が成り立つことを示せ．ただし，V_m はモル体積を，$H_{i,m}$ は成分 i のモルエンタルピーを表す．

2. 塩素分子 Cl_2 と酸素分子 O_2 が化学反応して一酸化二塩素分子 Cl_2O になる過程を考える．反応方程式は

$$2Cl_2 + O_2 \rightarrow 2Cl_2O \tag{6.52}$$

で与えられる．温度 T，圧力 p において，この反応は吸熱反応となる．反応物，生成物ともに理想気体として記述できるとする．いま温度 T，圧力 p において熱平衡状態にあるとする．等温過程において系の圧力を微かに大きくするとき，熱平衡状態において一酸化二塩素分子の量は増加するか減少するかを説明せよ．また，定圧過程で系の温度を微かに大きくするとき，熱平衡状態において一酸化二塩素分子の量は増加するか減少するかを説明せよ．

解説　Le Chatelier の原理は，熱平衡状態にある系において，温度や圧力など熱力学変数を変化させると，その変化を打ち消すように熱平衡状態は変化すると主張する．

1. 圧力を変化させた場合

   等温系で圧力を大きくすると，Le Chatelier の原理により，熱平衡状態は圧力を減少する方向，つまり気体分子の個数を小さくする方向に進む．したがって，物質量が増加（減少）する反応では，圧力を大きくすると生成物が減少（増加）する．

2. 温度を変化させた場合

   等圧系で温度を高くすると，Le Chatelier の原理により，熱平衡状態は温度を下げる方向，つまり熱を吸収する方向に進む．したがって，吸熱反応（発熱反応）では，温度を高くすると生成物が増加（減少）する．

　式 (6.51) は Le Chatelier の原理を定量的に表している．つまり，例えば温度を変化させたときに，熱平衡状態において生成物の物質量がどれだけ変化するかを求めることができる．

解 答

1. 化学ポテンシャル $\mu_i^{(0)}(T,p)$ の全微分は，問題 77 より，

$$
\begin{aligned}
d\mu_i^{(0)} &= -\frac{S_i}{n_i}dT + \frac{V_i}{n_i}dp \\
&= -S_{i,m}dT + V_m dp
\end{aligned}
\tag{6.53}
$$

で与えられる．ここで，$S_{i,m}$ はモルエントロピーを表す．よって，以下を得る．

$$
\left(\frac{\partial \ln K}{\partial p}\right)_T = -\frac{1}{RT}\sum_{i=1}^{D}\nu_i\left(\frac{\partial \mu_i^{(0)}}{\partial p}\right)_T = -\frac{V_m}{RT}\sum_{i=1}^{D}\nu_i
\tag{6.54}
$$

また，以下を得る．

$$
\begin{aligned}
\left(\frac{\partial \ln K}{\partial T}\right)_p &= \frac{1}{RT^2}\sum_{i=1}^{D}\nu_i\mu_i^{(0)} - \frac{1}{RT}\sum_{i=1}^{D}\nu_i\left(\frac{\partial \mu_i^{(0)}}{\partial T}\right)_p \\
&= \frac{v}{RT^2}\sum_{i=1}^{D}\nu_i(\mu_i^{(0)} + TS_{i,m}) \\
&= \frac{v}{RT^2}\sum_{i=1}^{D}\nu_i H_{i,m}
\end{aligned}
\tag{6.55}
$$

2. 反応方程式 (6.52) において $D=3$ であり，$\nu_1 = -2$，$\nu_2 = -1$，$\nu_3 = 2$ である．$\sum_{i=1}^{3}\nu_i = -1 < 0$ であるので，式 (6.54) より

$$
\left(\frac{\partial \ln K}{\partial p}\right)_T > 0
\tag{6.56}
$$

となる．圧力を大きくすると，平衡定数 K の値が大きくなるので，生成物である一酸化二塩素分子の量は増加する．

また，この反応は吸熱反応であるので，$\sum_{i=1}^{3}\nu_i H_{i,m} > 0$ となる．したがって，式 (6.55) より

$$
\left(\frac{\partial \ln K}{\partial T}\right)_p > 0
\tag{6.57}
$$

となる．温度を大きくすると，平衡定数 K の値が大きくなるので，生成物である一酸化二塩素分子の量は増加する．

これらの結果は，Le Chatelier の原理を用いた結果と一致する．

問題 | **102** | **2 準位系** | 応用

等温・等圧系において，2 成分 A と B からなる理想混合気体を考える．A と B は互いに化学反応し，A が B に変わる際に 1 mol 当り ΔH_m の熱を放出し，B が A に変わる際に 1 mol 当り ΔH_m の熱を吸収する．ΔH_m は温度，圧力によらず一定であるとする．反応方程式は，

$$A \to B \tag{6.58}$$

で与えられる．

1. 2 成分 A，B を合わせた全物質量を n とするとき，熱平衡状態における成分 A の物質量 n_A および成分 B の物質量 n_B を全物質量 n，温度 T，ΔH_m の関数として求めよ．ただし，成分 A が単独で存在するときのモルエントロピーと成分 B が単独で存在するときのモルエントロピーは互いに等しいとする．

2. 成分 A が単独で存在するときのモル熱容量と成分 B が単独で存在するときのモル熱容量は等しく，$C_{p,m}$ とする．混合気体の定圧熱容量 C_p を求め，低温の場合（$RT \ll \Delta h$）と高温の場合（$RT \gg \Delta h$）の振る舞いを調べよ．

解説　2 準位系とは，個々の粒子が 2 つの取りうる状態をもつ系である．例えば，原子を構成する電子はスピンと呼ばれる自由度をもつ．スピンは磁場に対して平行な方向を向いた状態と反平行な方向を向いた状態の 2 つの状態をもつ．磁性はスピンによって説明されるため，2 準位系は常磁性や強磁性を記述するモデルとして用いられる．2 準位系の比熱は，温度に対してピークをもつ．このような比熱を Schottky 比熱と呼ぶ．

解答

1. 質量作用の法則より，

$$\left(\frac{n_A}{n}\right)^{\nu_A}\left(\frac{n_B}{n}\right)^{\nu_B} = K, \quad \ln K = -\frac{1}{RT}(\nu_A\mu_A^{(0)} + \nu_B\mu_B^{(0)}) \tag{6.59}$$

が成り立つ．ここで，$\mu_\alpha^{(0)} = H_{\alpha,m} - TS_{\alpha,m}$ は成分 α $(\alpha \in \{A, B\})$ が単独で存在するときの化学ポテンシャルである．反応方程式において，

$$\nu_A = -1, \quad \nu_B = 1 \tag{6.60}$$

である．モルエンタルピーに対して $H_{A,m} = H_{B,m} + \Delta H_m$ が成り立ち，仮定よりモルエントロピーに対して $S_{A,m} = S_{B,m}$ が成り立つので，

$$\mu_A^{(0)} - \mu_B^{(0)} = \Delta H_m \tag{6.61}$$

を得る．式 (6.60)，式 (6.61) より，質量作用の法則 (式 (6.59)) は

$$\frac{n_B}{n_A} = K, \quad \ln K = \frac{1}{RT}(\mu_A^{(0)} - \mu_B^{(0)}) = \frac{\Delta H_m}{RT} \tag{6.62}$$

となる. $n_A + n_B = n$ であるから,

$$(n_A, n_B) = \left(\frac{n e^{-\Delta H_m/RT}}{1 + e^{-\Delta H_m/RT}}, \frac{n}{1 + e^{-\Delta H_m/RT}} \right) \tag{6.63}$$

これは, Maxwell–Boltzmann の法則を 2 準位系に適用した結果と一致する.

2. 全系のエンタルピー H は,

$$
\begin{aligned}
H &= n_A H_{A,m} + n_B H_{B,m} \\
&= n \left(\frac{H_{A,m} e^{-\Delta H_m/RT}}{1 + e^{-\Delta H_m/RT}} + \frac{H_{B,m}}{1 + e^{-\Delta H_m/RT}} \right) \\
&= n \left(H_{B,m} + \frac{\Delta H_m e^{-\Delta H_m/RT}}{1 + e^{-\Delta H_m/RT}} \right)
\end{aligned} \tag{6.64}
$$

となる. $\left(\frac{\partial H_{B,m}}{\partial T} \right)_p = C_{p,m}$ より, 定圧熱容量 C_p として

$$C_p = \left(\frac{\partial H}{\partial T} \right)_p = n \left(C_{p,m} + R \left(\frac{\Delta H_m}{2RT} \right)^2 \cosh^{-2} \left(\frac{\Delta H_m}{2RT} \right) \right) \tag{6.65}$$

低温 $(RT \ll \Delta H_m)$ では, $\cosh^{-2}(\Delta H_m/(2RT)) \simeq 4 \exp(-\Delta H_m/(RT))$ より,

$$C_p \simeq n \left[C_{p,m} + R \left(\frac{\Delta H_m}{RT} \right)^2 \exp \left(-\frac{\Delta H_m}{RT} \right) \right] \simeq n C_{p,m} \tag{6.66}$$

これは, 低温ではほぼ全ての気体が化学ポテンシャルの小さな成分 B となるため, 成分 B の理想気体の定圧熱容量と一致することを表す. 一方, 高温 $(RT \gg \Delta H_m)$ では, $\cosh(\Delta H_m/(2RT)) \simeq 1$ より,

$$C_p \simeq n \left[C_{p,m} + R \left(\frac{\Delta H_m}{2RT} \right)^2 \right] \simeq n C_{p,m} \tag{6.67}$$

高温では, 成分 A の気体分子と成分 B の気体分子がほぼ同数存在する. 温度を変化させたとしても, 個数比はほぼ変化しないので, 熱容量は成分 A の気体と成分 B の気体が半数ずつ分かれて存在する場合とほぼ等しくなる. 最後に, 中間の温度領域 $(RT \sim \Delta H_m)$ について考える. このとき, 系に加えた熱は, 成分 B の気体分子を成分 A の気体分子に変えることに使われるため, 熱容量は $n C_{p,m}$ より大きくなる. 実際に図 6.2 からわかるように, 熱容量は温度に対してピークをもつ ($RT/\Delta H_m \simeq 0.42$ の辺りに極大点をもつ).

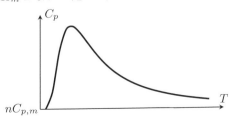

図 **6.2** 2 準位系の熱容量

問題 103 ゴム弾性 　　　基本

ゴム弾性について考える．ゴム紐の内部エネルギーを U，エントロピーを S とする．ゴム紐の長さを L，ゴム紐の張力を σ とすると，内部エネルギー U の全微分は，

$$dU = TdS + \sigma dL \tag{6.68}$$

で与えられる．いま，ゴム紐の長さ L が一定の条件の下で，張力 σ と温度 T との間の関係を調べたところ，a を定数として

$$\sigma = aT \tag{6.69}$$

を得た．

1. 断熱過程において準静的にゴム紐を伸ばした際の温度変化が，

$$\frac{dT}{dL} = \frac{aT}{C_L} \tag{6.70}$$

となることを導け．ただし，ここで定長熱容量 C_L は，温度に依らない定数とする．

2. 温度 $20^\circ\mathrm{C}$ ($293.15\ \mathrm{K}$) の熱平衡状態において，ゴム紐の長さが $1.00\ \mathrm{cm}$ であったとする．いま準静的断熱過程においてゴム紐の長さを $2.00\ \mathrm{cm}$ にしたとき，ゴム紐の温度を求めよ．ただし，$a = 4.90 \times 10^3\ \mathrm{N/(m^2 \cdot K)}$，$C_L = 1.90 \times 10^3\ \mathrm{N \cdot m/K}$ とする．

解 説

ゴム紐と理想気体とを比較する．式 (6.68) より，ゴム紐の張力と長さはそれぞれ理想気体の圧力と体積に対応する．また，式 (6.69) より，定積系において理想気体の圧力が温度に比例する（Gay–Lussac の法則）のと同様に，長さ一定の条件の下でゴム紐の張力は温度に比例する．その結果，断熱過程において，理想気体を圧縮すると気体の温度が上昇するのと同様に，ゴム紐を伸ばすとゴム紐の温度が上昇する．この温度変化は，輪ゴムを伸ばしたあと，すぐに唇の上に輪ゴムを当てることで実感することができる．一方で，金属でできたばねの弾性や結晶の弾性は温度にほとんど依存しない．そのため，断熱過程において，ばねの長さや結晶の体積を変化させたとしても，ばねの温度や結晶の温度はほとんど変化しない．

解 答

1. 準静的断熱過程において，エントロピーは一定であるから，式 (6.68) より，

$$dU - \sigma dL = 0$$

$$\leftrightarrow C_L dT + \left[\left(\frac{\partial U}{\partial L}\right)_T - \sigma\right]dL = 0$$

$$\leftrightarrow \frac{dT}{dL} = -\frac{1}{C_L}\left[\left(\frac{\partial U}{\partial L}\right)_T - \sigma\right] \tag{6.71}$$

を得る. また, 式 (6.68) より

$$\left(\frac{\partial U}{\partial L}\right)_T = T\left(\frac{\partial S}{\partial L}\right)_T + \sigma$$

$$= -T\left(\frac{\partial \sigma}{\partial T}\right)_L + \sigma \tag{6.72}$$

ただし, ここで Maxwell の関係式 (問題 54 参照),

$$\left(\frac{\partial S}{\partial L}\right)_T = -\left(\frac{\partial \sigma}{\partial T}\right)_L \tag{6.73}$$

を用いた. 式 (6.72) を式 (6.71) に代入し,

$$\frac{dT}{dL} = \frac{T}{C_L}\left[\left(\frac{\partial \sigma}{\partial T}\right)_L\right] = \frac{aT}{C_L} \tag{6.74}$$

を得る.

2. 式 (6.74) より,

$$\frac{dT}{T} = \frac{a}{C_L}dL \tag{6.75}$$

両辺を積分して,

$$\ln\frac{T}{T_0} = \frac{a}{C_L}(L - L_0)$$

$$\leftrightarrow T = T_0\exp\left[\frac{a}{C_L}(L - L_0)\right] \tag{6.76}$$

を得る. $T_0 = 293.15$ K, $a = 4.9\times10^3$ N/(m$^2\cdot$ K), $C_L = 1.9\times10^3$ N $\cdot$ m/K, $L = 2.00$ cm, $L_0 = 1.00$ cm を代入すると,

$$T = 293.15 \times \exp\left(\frac{4.90 \times 10^3 \times (2.00 - 1.00) \times 10^{-2}}{1.90 \times 10^3}\right) \text{ K}$$

$$= 293.15 \times \exp(2.58 \times 10^{-2}) \text{ K} \tag{6.77}$$

となる. 指数関数を Taylor 展開すると, 1 次のオーダーまでで $\exp x = 1 + x$ であるので,

$$T = 293.15 \times (1 + 2.58 \times 10^{-2}) \text{ K}$$

$$= 300.7 \text{ K} \tag{6.78}$$

となる. したがって, ゴム紐の温度は 301 K (28 $^\circ$C) となる.

| 問題 | *104* | 量子気体 | 応用 |

状態方程式が,

$$pV = \alpha U \tag{6.79}$$

で与えられる気体について考えよう. ここで α は定数とする. 内部エネルギー密度 U/V が温度だけの関数であるとき, 以下の問いに答えよ.

1. 内部エネルギー密度が $T^{\frac{\alpha+1}{\alpha}}$ に比例することを示せ.
2. 準静的断熱過程において体積 V を変化させたとき, 温度 T が $V^{-\alpha}$ に比例することを示せ.

解 説　$\alpha = 1/3$ と $\alpha = 2/3$ はそれぞれ光子気体（光や電磁波）, 低温における理想 Bose 気体（量子論において Bose 統計に従う粒子からなる気体）に対応する. 内部エネルギー密度は, 量子論を特徴づける物理定数として知られる Planck 定数 h に依存する.

1. 光子気体

光子気体の内部エネルギー密度は,

$$\frac{U}{V} = \sigma T^4, \quad \sigma = \frac{8\pi^5 k_{\mathrm{B}}^4}{15c^3 h^3} \tag{6.80}$$

で与えられる. この関係式を Stefan–Boltzmann の法則と呼ぶ. ここで, k_{B} は Boltzmann 定数, c は光速を表す.

2. 理想 Bose 気体（低温）

理想 Bose 気体は, 低温において Bose–Einstein 凝縮を示す. Bose–Einstein 凝縮は, ルビジウム原子などのアルカリ原子気体を用いて実現している. 理想 Bose 気体の内部エネルギー密度は, 低温において

$$\frac{U}{V} = \frac{9\sqrt{2}\pi^2 m^{\frac{3}{2}} k_{\mathrm{B}}^{\frac{5}{2}}}{4h^3} T^{\frac{5}{2}} \tag{6.81}$$

となる. ここで m は Bose 粒子の質量を表す.

解 答

1. エネルギー方程式

$$\left(\frac{\partial U}{\partial V}\right)_T = -p + T\left(\frac{\partial p}{\partial T}\right)_V \tag{6.82}$$

に状態方程式を代入し,

$$\left(\frac{\partial U}{\partial V}\right)_T = -\alpha\frac{U}{V} + \alpha\frac{T}{V}\left(\frac{\partial U}{\partial T}\right)_V \tag{6.83}$$

を得る．いま，内部エネルギー密度は温度だけに依存するので，$f(T)$ を T の関数として

$$U = Vf(T) \tag{6.84}$$

とおくことができる．式 (6.83) に代入し，

$$f(T) = -\alpha f(T) + \alpha T \frac{df(T)}{dT}$$
$$\leftrightarrow \quad \frac{df(T)}{f(T)} = \frac{\alpha + 1}{\alpha} \frac{T}{dT} \tag{6.85}$$

となる．両辺を積分して，

$$\ln f(T) = \frac{\alpha + 1}{\alpha} \ln T + C'$$
$$\leftrightarrow \quad f(T) = \frac{U}{V} = CT^{\frac{\alpha+1}{\alpha}} \tag{6.86}$$

を得る．ここで，C' は積分定数であり，$C = \exp C'$ で与えられる．したがって，内部エネルギー密度が $T^{\frac{\alpha+1}{\alpha}}$ に比例することが示せた．

2. エントロピー S の全微分，

$$dS = \frac{dU}{T} + \frac{p}{T}dV$$
$$= \frac{1}{T}\left(\frac{\partial U}{\partial T}\right)_V dT + \frac{1}{T}\left[\left(\frac{\partial U}{\partial V}\right)_T + p\right]dV \tag{6.87}$$

を用いる．

$$U = CVT^{\frac{\alpha+1}{\alpha}}, \quad p = \alpha\frac{U}{V} = \alpha CT^{\frac{\alpha+1}{\alpha}} \tag{6.88}$$

を代入すると，

$$dS = \frac{\alpha + 1}{\alpha}CT^{\frac{1}{\alpha}-1}(VdT + \alpha TdV) \tag{6.89}$$

を得る．準静的断熱過程では $dS = 0$ となるので，

$$0 = dS = \frac{\alpha + 1}{\alpha}CT^{\frac{1}{\alpha}-1}(VdT + \alpha TdV)$$
$$\leftrightarrow \quad \frac{dT}{T} = -\alpha\frac{dV}{V} \tag{6.90}$$

となる．両辺を積分して，

$$\ln T = -\alpha \ln V + D'$$
$$\leftrightarrow \quad T = DV^{-\alpha} \tag{6.91}$$

となる．ただし，D' は積分定数であり，$D = \exp D'$ で与えられる．したがって，準静的断熱過程において温度は $V^{-\alpha}$ に比例することが示せた．

問題 *105*　熱力学第 3 法則　基本

　熱力学第 3 法則では，絶対零度において系のエントロピー S は物質に固有の定数になることを主張する．つまり，

$$\lim_{T \to 0} S(T, V) = S_0 \tag{6.92}$$

この法則は，エントロピーの付加定数を定める．熱力学第 3 法則を用いて，以下を示せ．

1. 定積熱容量 C_V が絶対零度において 0 となることを示せ．

$$\lim_{T \to 0} C_V = 0 \tag{6.93}$$

2. 以下の関係式を示せ．

$$\lim_{T \to 0} \left(\frac{\partial p}{\partial T} \right)_V = 0 \tag{6.94}$$

3. 単原子分子からなる n mol の理想気体では，$C_V = 3nR/2$，また $\left(\frac{\partial p}{\partial T} \right)_V = nR/V$ であるから，式 (6.93) や式 (6.94) を満たさない．このことは，絶対零度における熱平衡状態は，理想気体では記述できないことを表している．一方，問題 104 で扱った理想 Bose 気体では，式 (6.93)，(6.94) が成り立つことを示せ．

解説　熱力学第 3 法則から，絶対零度は有限回数の熱力学的過程では決して到達できないことが示される．例えば，図 6.3 の実線のように $S(p_1, T)$ と $S(p_2, T)$ が与えられたとき，準静的な断熱過程と等温過程を用いて，初期状態にある気体の温度を下げることを考える．熱力学第 3 法則より，$S(p_1, T)$ と $S(p_2, T)$ の 2 つの曲線は温度 0 で互いに交わる．図において，破線が準静的断熱過程，点線が準静的等温過程を表す．過程が進むにつれ，断熱膨張による温度の変化 ΔT が小さくなり，温度が 0 に近づくにつれ ΔT は 0 に近づく．このことは，絶対温度は漸近的にしか到達できないことを示している．

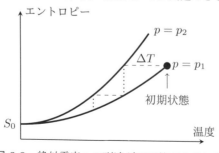

図 **6.3**　絶対零度への到達が不可能であること

解 答

1. 定積熱容量は,

$$C_V(T) = T\left(\frac{\partial S}{\partial T}\right)_V \tag{6.95}$$

で与えられる. したがって,

$$S(T,V) = \int_0^T \frac{C_V(T')}{T'}dT' + S(0,V) \tag{6.96}$$

となる. 熱力学第 3 法則により $S(0,V) = S_0$ となる. 背理法によって. 定積熱容量が絶対零度において 0 となることを示す. 定積熱容量が絶対零度において有限の値となることを仮定する. すると, 式 (6.96) の被積分関数は $T' \simeq 0$ において, C/T' のように振る舞う (ここで C は定数である).

$$\int_0^T \frac{C}{T'}dT' = C[\ln T']_{T'=0}^{T'=T} = \infty \tag{6.97}$$

であるので, 有限温度においてエントロピーの値は発散する. 一方で, エントロピーは有限であるので, これは矛盾である. したがって, 定積熱容量が絶対零度において 0 となることが示される.

2. Maxwell の関係式 (問題 48 参照)

$$\left(\frac{\partial p}{\partial T}\right)_V = \left(\frac{\partial S}{\partial V}\right)_T \tag{6.98}$$

より,

$$\lim_{T\to 0}\left(\frac{\partial p}{\partial T}\right)_V = \lim_{T\to 0}\left(\frac{\partial S}{\partial V}\right)_T$$
$$= \left(\frac{\partial S_0}{\partial V}\right)_T = 0 \tag{6.99}$$

より示される.

3. 理想 Bose 気体の内部エネルギー U は, 定数を C として

$$U = CVT^{\frac{5}{2}} \tag{6.100}$$

で与えられる. したがって,

$$C_V = \left(\frac{\partial U}{\partial T}\right)_V = \frac{5}{2}CVT^{\frac{3}{2}} \tag{6.101}$$

となり, $\lim_{T\to 0} C_V = 0$ となる. また, $pV = 2U/3$ であるから,

$$\left(\frac{\partial p}{\partial T}\right)_V = \frac{2}{3V}\left(\frac{\partial U}{\partial T}\right)_V = \frac{2}{3V}C_V \tag{6.102}$$

定積熱容量は絶対零度で 0 であるので, $\lim_{T\to 0}\left(\frac{\partial p}{\partial T}\right)_V = 0$ を得る.

Tea Time ································· ● Avogadro 定数

Avogadro 定数は 1 mol を構成する粒子の個数を示す定数である．現在，その定数は $N_A = 6.02214076 \times 10^{23}\mathrm{mol}^{-1}$ と定義されている．いまわたしたちは身の回りの全ての物質が原子や分子から成り立っていることを知っている．現在の技術では，原子 1 つ 1 つを可視化するだけでなく，原子を 1 つずつ動かすことまで可能となっている．一方で，まだ原子を見ることの出来なかった時代において，原子の実在性を明らかにすることは，挑戦的で困難な問題の 1 つであった．多くの科学者が Avogadro 定数を求めるさまざまな方法を考案した．それらの異なる方法を用いて得られた Avogadro 定数の値がほとんど等しい値を取ることをもって，原子の実在性が揺るぎない事実として受け止められるようになっていった．ここでは，Avogadro 定数を与える方法のうちの 1 つを紹介しよう．

Brown 運動は，液体内の微粒子が示す運動であり，植物学者の Robert Brown（以下，Brown）によって発見された．Brown は，数 μm ほどの大きさの花粉を水に浸し，顕微鏡で観察すると，花粉が水中で不規則に動き続けることを発見した．Brown は実験を繰り返し，花粉の運動が水の流れや蒸発によるものでないこと，また岩石や金属などの無機物においても同様の運動が生じることを明らかにした．経験的には，外力のないとき水中での物質の運動は水の抵抗を受けて止まる．したがって，Brown 運動のようにいつまでも続く運動が起こるということは経験と矛盾する不思議な現象であった．Brown 運動が起こる理由の解明は，Brown の没後 Albert Einstein（以下，Einstein）によって行われることとなる．Einstein は分子運動論を用いた．つまり，微粒子の運動は，水を構成している多数の水分子が微粒子に衝突するために起こると仮定した．その仮定に基づくと，微粒子の不規則な運動を注意深く観測することによって，水分子のもつ性質を明らかにすることができるのではないかと考えることができる．実際に Einstein は，微粒子の平均 2 乗距離と観測時間との間に比例関係が成り立つこと，そしてその比例係数から Avogadro 定数を得ることができるということを理論的に示すことに成功した．その後，Jean Baptiste Perrin が，実験的に Einstein の理論を確かめ，Avogadro 定数を求めた．

この世界には，Avogadro 定数のほかにさまざまな物理定数が存在する．本書においても，気体定数，熱の仕事当量，Boltzmann 定数，Planck 定数，光速が現れた．それぞれの物理定数をめぐるこれまでの研究を追うことで，科学の発展の歴史の一部を垣間見ることができる．これからいろいろな理論や実験に触れるにあたり，新たな物理定数と出会った際には，そうした歴史について調べてみると発見がきっとあることだろう．

参考文献

[1] 橋爪夏樹『熱・統計力学入門』岩波全書 (1981).

[2] A. ゾンマーフェルト（著），大野鑑子（訳）『ゾンマーフェルト理論物理学講座　第五巻・熱力学および統計力学』講談社 (1981).

[3] 戸田 盛和（著）『熱・統計力学 (物理入門コース 7)』岩波書店 (1983).

[4] 瀬川洋（著），香川喜一郎（著），堀部稔（著），大槻義彦（編）『熱・統計力学演習』サイエンス社 (1986).

[5] 三宅哲『熱力学』裳華房 (1989).

[6] ランダウ（著），リフシッツ（著），小林秋男（訳），小川岩雄（訳），富永五郎（訳），浜田達二（訳），横田伊佐秋（訳）『統計物理学　第三版　下』岩波書店 (1993).

[7] 久保亮五『ゴム弾性 [初版復刻版]』裳華房 (1996).

[8] 伊東 敏雄（著）『な〜るほど!の熱学』学術図書出版社 (1999).

[9] 菊川芳夫（著），二宮正夫（編），北原和夫（編），並木雅俊（編），杉山忠男（編）『講談社基礎物理学シリーズ 3 熱力学』講談社 (2010).

[10] 原田義也『化学熱力学』裳華房 (2012).

[11] アインシュタイン（著），インフェルト（著），石原純（訳）『物理学はいかに創られたか　上巻』岩波新書 (2013).

[12] 江沢洋『だれが原子をみたか』岩波書店 (2013).

[13] 小野嘉之『初歩の統計力学を取り入れた熱力学』朝倉書店 (2015).

[14] 益川敏英（監修），植松恒夫（編），青山秀明（編），宮下精二（著）『基幹講座 物理学 熱力学』東京図書 (2019).

[15] 前野昌弘『よくわかる熱力学』東京図書 (2020).

[16] 自然科学研究機構　国立天文台『理科年表　2021』丸善出版株式会社 (2020).

索 引

■著者紹介

<ruby>田中<rt>た なか</rt></ruby> <ruby>宗<rt>しゅう</rt></ruby>
　東京大学大学院理学系研究科物理学専攻　博士後期課程修了
　博士（理学）
　現在，慶應義塾大学理工学部物理情報工学科准教授，早稲田大学グリーン・コンピューティング・システム研究機構客員准教授

　主な編著書
　　『Frontiers in Quantum Information Research - Proceedings of The summer School on Decoherence, Entanglement and Entropy and Proceedings of the Workshop on MPS and DMRG』 World Scientific, 2012, 共同編集
　　『Interface between Quantum Information and Statistical Physics』 World Scientific, 2012, 共同編集
　　『Lectures on Quantum Computing, Thermodynamics and Statistical Physics』 World Scientific, 2012, 共同編集
　　『Physics, Mathematics, and All That Quantum Jazz』 World Scientific, 2014, 共同編集
　　『Quantum Spin Glasses, Annealing and Computation』 Cambridge University Press, 2017, 共著

<ruby>轟木<rt>とどろ き</rt></ruby> <ruby>義一<rt>のりかず</rt></ruby>
　東京大学大学院工学系研究科物理工学専攻　博士後期課程修了
　博士（工学）
　現在，千葉工業大学創造工学部教授

<ruby>田村<rt>た むら</rt></ruby> <ruby>亮<rt>りょう</rt></ruby>
　東京大学大学院理学系研究科物理学専攻　博士後期課程修了
　博士（理学）
　現在，国立研究開発法人 物質・材料研究機構 国際ナノアーキテクトニクス研究拠点 主任研究員，東京大学大学院新領域創成科学研究科 メディカル情報生命専攻講師

　主な著書
　　『Quantum Spin Glasses, Annealing and Computation』 Cambridge University Press, 2017, 共著

<ruby>白井<rt>しら い</rt></ruby> <ruby>達彦<rt>たつひこ</rt></ruby>
　東京大学大学院理学系研究科物理学専攻　博士後期課程修了
　博士（理学）
　現在，早稲田大学基幹理工学部情報通信学科講師

所　裕子
<ruby>所<rt>ところ</rt></ruby>　<ruby>裕子<rt>ひろこ</rt></ruby>

東京大学大学院工学系研究科先端学際工学専攻　博士後期課程修了
博士（工学）
現在，筑波大学数理物質系教授

主な著書
『Handbook of Nano-optics and Nanophotonics』 Springer, 2013, 共著
『Molecular Magnetic Materials』 Wiley-VCH, 2016, 共著
『フォノンエンジニアリング〜マイクロ・ナノスケールの次世代熱制御技術〜』(株)
エヌ・ティー・エス，2017, 共著
『CSJ カレントビュー 有機・無機材料の相転移ダイナミクス』 化学同人, 2020,
共著

弱点克服 大学生の熱力学

2021 年 11 月 25 日　第 1 刷発行　　Printed in Japan

著者　田中　宗・轟木義一・田村　亮
　　　白井達彦・所　裕子

発行所　東京図書株式会社
〒 102-0072 東京都千代田区飯田橋 3-11-19
振替 00140-4-13803 電話 03(3288)9461
http://www.tokyo-tosho.co.jp

ISBN 978-4-489-02371-2

●物理学者が書いた、図解満載の数学の教科書

ヴィジュアルガイド 物理数学
～ 1変数の微積分と常微分方程式 ～

前野昌弘 著　　B5判　定価 2640 円　ISBN 978-4-489-02240-1

科学を学ぶ者は数学を避けて通るわけにはいかない。なぜなら、数学は現象を表現したいと願った先人達がつくり上げたものだから。本書は「自然を知るために必要な数学」をカラーの図をふんだんに用いてわかりやすく解説した、いろもの物理学者の待望の新シリーズ第一弾。その主たる目標は、微積分そして微分方程式を"使いこなせる"ようになること。「微積分、あれって何に使うの？」という疑問をもっている人でも、「微積分ってなんてありがたいものなの！」と必ずや感動できる。

●いろもの物理学者のシリーズ第2弾！

ヴィジュアルガイド 物理数学
～ 多変数関数と偏微分 ～

前野昌弘 著　　B5判　定価 2640 円　ISBN 978-4-489-02272-2

「自然という敵は強大で難物。数学はそれに立ち向かう武器である。」いろもの物理学者が「初学者にとって飛び越える行間の少ない本」を目指して書いた、数学シリーズ第二弾。数式の意味を正しく理解できる特徴的な図や、変数や定数、演算子を簡単に区別できる色付き文字など「見てわかる」にこだわったカラーの参考書。1変数関数と常微分方程式の復習からはじめ、多変数関数と偏微分へと進む。さらに、実際の場面で使える数学のためにベクトル解析の基礎や偏微分方程式も扱う。

●図解と直観の前田テクニック！

大学1・2年生のためのすぐわかる物理

前田和貞 著　　A5判　定価 3080 円　ISBN 978-4-489-00604-3

図解と直観を主軸とした丁寧な解説で数十万人の愛読者を勝ち得てきた『前田の物理』の著者が、大学で学ぶ学生のために物理学の入門書を書き下ろした。高校で物理を選択しなかった人、高校物理の重要点を確認して大学の物理へスムーズに移行することを望む人には、最適の本である。

●図解と直観で解く！　厳選 80 題

大学1・2年生のためのすぐわかる演習物理

前田和貞 著　　A5判　定価 3080 円　ISBN 978-4-489-00667-8

前著『大学1・2年生のためのすぐわかる物理』で基礎を固め、さらに実戦力をつけたい人のために、80 題の演習問題に解説と解答を付けた。図解と直観の「前田テクニック」が、本書でも生きている。大学 1、2 年生だけでなく、編入や大学院進学をめざしている人にも最適の書。